Alexander Christiani | Frank M. Scheelen

Stärken stärken

Alexander Christiani | Frank M. Scheelen

Stärken stärken

Talente entdecken, entwickeln und einsetzen

Mit Begabungsanalyse und individuellem Talententwicklungsprogramm

REDLINE WIRTSCHAFT

Bibliografische Information der Deutschen Nationalbibliothek

Die Deutsche Nationalbibliothek verzeichnet diese Publikation in der Deutschen Nationalbibliografie.
Detaillierte bibliografische Daten sind im Internet über http://dnb.d-nb.de abrufbar.

ISBN 978-3-636-01599-0

Unsere Web-Adresse:
www.redline-wirtschaft.de

2., aktualisierte Auflage

Redaktion: Christine Hoffmeister, Münster
Umschlaggestaltung: Thomas Uhlig, www.coverdesign.net
Umschlagabbildung: iStock
Satz: Jürgen Echter, Landsberg am Lech
Printed in Austria

Inhaltsverzeichnis

Vorwort von Brian Tracy

Dies ist eines der wichtigsten Bücher, das Sie je lesen werden. Die Ideen und Strategien auf den folgenden Seiten können Ihr Leben schneller und erfolgreicher verändern, als Sie es sich heute vorstellen können. Wenn Sie lernen, wie Sie nicht nur Ihre eigenen Talente und besonderen Fähigkeiten identifizieren, sondern auch die Ihrer Mitarbeiter, werden Sie in der Lage sein, Ihre Produktivität, Ihre Profitabilität und Ihren Erfolg in jedem Bereich Ihres Berufs- und Privatlebens dramatisch zu verbessern.

In den letzten 20 Jahren habe ich mit mehr als 250 000 Managern aus 500 Unternehmen in 23 Ländern gearbeitet. Ich habe viele Stunden als Coach und Berater mit Topmanagern von Milliarden-Dollar-Unternehmen verbracht. Dabei hat sich in jedem einzelnen Fall bestätigt, dass das wichtigste Thema, mit dem sich Führungskräfte aller Ebenen täglich auseinandersetzen müssen, der richtige Einsatz ihrer eigenen Talente und ihrer besten Humanressourcen sind – zu ihrem wie auch zum Nutzen anderer.

Als Manager gehört es zu Ihrem Job, die Erledigung von Aufgaben zu delegieren. Darüber hinaus ist es Ihre Verantwortung, dafür zu sorgen, dass jeder Mitarbeiter zum Unternehmenserfolg beiträgt, indem er sein Bestes gibt. Dieses Ziel können Sie nur erreichen, wenn Sie die Fähigkeit entwickeln, Ihre Mitarbeiter dort zu positionieren, wo sie ihre Talente am besten entfalten können. Tatsache ist jedoch, dass Berufstätige durchschnittlich nur 10 Prozent ihres Potenzials nutzen. Das liegt daran, dass die meisten Menschen nicht das tun, was ihren Fähigkeiten entspricht – dabei entspringen Lebensfreude und Zufriedenheit gerade daraus, dass man sich mit Dingen beschäftigt, die einem liegen. Ein Großteil der Frustration am Arbeitsplatz resultiert aus dem Versuch, gute Arbeit auf einem Gebiet zu leisten, für das man nicht hundertprozentig geeignet ist. Das gilt beinahe für jeden berufstätigen Menschen.

Nach mehr als 2000 Radio- und TV-Interviews, in denen ich oft nach dem „Erfolgsgeheimnis“ gefragt wurde, bin ich schließlich zu der Überzeugung gelangt, dass es darauf eine sehr einfache Antwort gibt: „Finden Sie heraus, was Sie gerne tun, werden Sie darin richtig gut und widmen Sie diesem Arbeitsgebiet jeden Tag mehr Zeit.“ Aus 20 Prozent Ihrer Aktivitäten erwächst 80 Prozent des Werts Ihrer Tätigkeit. Oft sind es sogar nur 10 Prozent, die für 90 Prozent Wert verantwortlich sind. Es ist Ihre Verantwortung – gegenüber sich selbst und Ihrem Unternehmen –, die zwei oder drei Gebiete aufzuspüren, auf denen Sie zu Bestleistungen in der Lage sind, und sich dann ganz darauf zu konzentrieren. Wenn Sie erst einmal Ihren ganz persönlichen „Bestleistungsbereich“ ausfindig gemacht haben, sollten Sie jeden Ihrer Mitarbeiter darin unterstützen, das Gleiche zu tun. Dieses Buch wird Ihnen dabei helfen, diese wichtige Aufgabe schneller, besser und leichter zu lösen, als alle vergleichbaren Werke.

Meine Freunde und Kollegen Alexander Christiani und Frank M. Scheelen, die dieses exzellente Buch geschrieben haben, sind die kompetentesten und erfahrensten Experten auf dem Gebiet Human Resources, mit denen ich je zusammengearbeitet habe. Sie verbinden auf großartige Weise profunde Sachkenntnis mit jahrzehntelanger Erfahrung in der persönlichen Beratung. Die hier vorgestellten Ideen und Strategien werden Ihnen die jahrelange harte Arbeit ersparen, die Sie sonst aufbringen müssten, um einen vergleichbaren persönlichen und beruflichen Erfolg zu erzielen. Dieses Buch sollte für jeden Manager Pflichtlektüre und Aufruf zum Handeln sein. Wenn Sie den praxisnahen Ratschlägen folgen, wird dies mehr zu Ihrem Aufstieg an die Spitze leisten, als alles andere. Ich wünsche Ihnen dabei viel Erfolg!

Ihr Brian Tracy
Bestseller-Autor/Speaker www.brian-tracy.de

Vorwort

Liebe Leserin, lieber Leser,

wahrhaft und dauerhaft glücklich sind wir nur, wenn wir die Gelegenheit haben, unsere größten Talente und Begabungen zu entfalten und unsere Stärken zu entwickeln.

Leider lebten wir bis vor wenigen Jahren in einer Welt, in der unsere einzigartigen Begabungen und unsere individuellen Talente aus Gründen der Political Correctness geleugnet wurden:

Für den Irrglauben vieler Demokraten, die Gleichheit der Menschen vor dem Gesetz ergebe sich aus der Gleichheit der Menschen selbst, haben wir in unserem Bildungssystem einen hohen Preis gezahlt.

Die Ergebnisse der Zwillingsforschung, die bei getrennt aufgewachsenen eineiigen Zwillingen im Erwachsenenalter den gleichen Intelligenzquotienten nachweisen konnte, sind jahrzehntelang nicht zur Kenntnis genommen worden.

Erst die Fortschritte der Molekularbiologie und der Genmedizin haben in den letzten Jahren dazu geführt, dass wir die These von der Vielfalt angeborener Begabungen ernst nehmen, nachdem Babys mit Wunschhaarfarbe und Wunschbegabungen in der Präimplantationsdiagnostik in greifbare Nähe rücken.

Es wird sicher noch Jahrzehnte dauern, bis unser Bildungswesen beginnt, unsere Talente und Begabungen systematisch zu erheben und individuell zu fördern.

Das Problem liegt dabei nicht nur in der Überwindung des Konzepts jahrzehntelanger Gleichbehandlung unterschiedlichster Talente.

Es fehlt darüber hinaus die Bereitschaft, Talente wie Kreativität oder künstlerische und musikalische Begabungen zu fördern, denen in unserer Gesellschaft nur ein geringer Stellenwert zukommt.

Unsere Pädagogen sind auch mit dem Konzept unterschiedlicher Lernstile nicht vertraut, weshalb assoziativ-kreativ begabte Kinder es in einer logisch-analytisch strukturierten Lernwelt doppelt schwer haben.

Bei dieser kulturell bedingten Begabungs- und Talentfeindlichkeit erstaunt es kaum, dass in internationalen Untersuchungen nur jeder fünfte Erwachsene aussagt, dass er an seinem Arbeitsplatz täglich die Gelegenheit hat, etwas zu tun, das seinen individuellen Stärken entspricht.

Die Verschwendung von menschlichen Ressourcen und Talenten an der falschen Stelle, die seelischen Verkrüppelungen von vielen, die ein Berufsleben lang Dinge tun, die ihre Seele verstummen lässt, sollte uns betroffen machen und aus unserer Gleichgültigkeit reißen.

Eine Welt, in der Menschen von Kindesbeinen an in ihrer Einzigartigkeit gefördert werden, in der kleine Künstler, Musiker, kreative Köpfe und Mini-Athleten genauso anerkannt sind wie alle anderen Talente, wirkt auf uns sehr inspirierend.

Wir träumen von einer Welt, in der Lehrer Talent-Scouts und Talent-Coaches sind und in der Schulabgänger um ihre Stärken und Schwächen wissen – eine Welt, in der unsere Stärken uns Selbstvertrauen geben und in der unsere Wertschätzung für die komplementären Begabungen anderer uns zu starken Teams zusammenschweißt.

Wir träumen weiter von einer Welt, in der bei der heutigen Berufsvielfalt nahezu jeder eine berufliche Aufgabe hat, die mit seinen wichtigsten Begabungen übereinstimmt, und in der mindestens 80 Prozent aller Menschen in zukünftigen Befragungen aussagen, dass sie täglich tun können, was ihnen am meisten liegt.

Als Management-Coaches beobachten wir seit vielen Jahren, dass nur die Menschen beruflich und privat vorankommen und auf Dauer glücklich und zufrieden sind, die die Fesseln unseres Bildungssystems abstreifen und auf eigene Faust beginnen, aus ihren individuellen Intelligenzen, Talenten und Begabungsstärken das meiste zu machen.

Wir begleiten viele dieser Spitzenleister seit Jahren und haben viele „Einzelperlen" der Begabungsforschung zusammengetragen, um unseren Seminarteilnehmern und Coaching-Klienten den Weg zur Selbsterkenntnis und zu einem talentezentrierten Leben zu erleichtern.

Auch wenn es heute noch kein in sich abgeschlossenes, konsistentes Modell zur Talententwicklung in der Psychologie gibt, so existieren doch eine ganze Reihe höchst hilfreicher Tests und viele Übungen, die uns den Weg zu einem starken talentezentrierten Leben weisen.

Dieses Buch entstand aus der Summe unserer gemeinsamen Coaching-Erfahrung und den Erkenntnissen, die wir mit uns selbst auf dem Weg der Entwicklung unserer eigenen Talente gesammelt haben.

Wertvolle Impulse für die verwendeten Testverfahren stammen von der INSIGHTS MDI®, der Motivatorenanalyse und unseren Partnern bei young world in München, denen wir herzlich danken für die in diesem Buch zur Verfügung gestellten Tests für die verschiedenen Grundintelligenzen.

Inspiriert über diese Erfahrungen zu schreiben, wurden wir vor allem durch Spitzenreiter, die bereits intuitiv den Weg zu einem stärkezentrierten Leben gefunden hatten. So erläuterte uns beispielsweise der österreichische Unternehmer Werner Gröbl das Geheimnis seines beruflichen Erfolges und privaten Glücks mit der Formel 1/3+1/3+1/3: Ein Drittel seiner Zeit widmet er konzentriert seinem unternehmerischen Talent (und baute damit in 15 Jahren ein Unternehmen mit 1200 Mitarbeitern auf), ein Drittel seinen sportlichen Ambitionen (er ist einer der erfolgreichsten Privat-Rennfahrer weltweit) und ein Drittel seiner Familie (mit mindestens 10 Wochen gemeinsamem Jahresurlaub). Werner Gröbl ist – wie viele Spitzenreiter – fest davon überzeugt, dass die Ursache seines Erfolges gerade darin liegt, sich all seinen wichtigen Talenten zu widmen und den Rest konsequent zu delegieren.

Wir möchten mit diesem Buch unseren Beitrag dazu leisten, dass das Gleichheitsprinzip in der Bildung nicht bedeuten darf, Menschen in ihrer faszinierenden Talentvielfalt über einen Kamm zu scheren. Gleichbehandlung im Lichte der menschlichen Vielfalt kann nur bedeuten, jeden Menschen in seinen Talenten, Begabungen und Stärken individuell zu fördern. Wir wissen aus Erfahrung, wie viel Lernfreude und Motivation es freisetzt, wenn wir alle das tun können, was wir schon von Kindesbeinen an am liebsten getan haben und was wir in aller Regel auch am besten können.

Auch wenn unser Bildungssystem für den Schritt von der Massenware zum maßgeschneiderten „Talententwicklungsanzug" noch Zeit braucht: für uns, unsere Familie und die Teams, in denen und mit denen wir arbeiten, können wir den Weg des talentezentrierten Lebens und Arbeitens bereits gehen.

Wir wünschen Ihnen, dass Sie auf diesem Weg für sich und Ihre Familie und Arbeitskollegen genauso profitieren, wie wir es tun durften. Mit den besten Wünschen für eine „stärkenstarke" Zukunft!

Alexander Christiani
Frank M. Scheelen

Im Juli 2008

Teil I: Die Renaissance der Stärke

1. Kapitel: Die Geschichte der Ungleichheit

„Die Tragödie unseres Lebens ist nicht,
dass wir keine Talente haben,
sondern dass wir versäumen,
die zu nutzen, die wir haben."

Der Trugschluss des Prokrustes

Kurz nachdem im alten Athen die Demokratie eingeführt worden war, beauftragte der Areopag – der höchste Gerichtshof der damaligen Zeit – das renommierte Akademiemitglied Prokrustes, die Unterschiede zwischen den Menschen zu bestimmen. Prokrustes entwickelte als Messwerkzeug das nach ihm benannte und weltbekannt gewordene Folterbett. Dort stauchte und streckte er die Athener Bürger so lange, bis alle einwandfrei hineinpassten. Anschließend teilte er seinen verwunderten Auftraggebern lapidar mit: „Alle Athener sind gleich groß."[1]

Die Vorstellung, wie ein angesehener Wissenschaftler – umringt von Richterkollegen unterschiedlichster Größe und Statur – das Offensichtliche leugnet und seinen erstaunten Zuhörern die These von

[1] Dietrich Schwanitz, *Bildung, Alles was man wissen muss*, München 2002, S. 603

den gleich großen Athenern verkauft, entbehrt nicht einer gewissen Komik.

Was könnte Prokrustes motiviert haben, gegen das Prinzip intellektueller Redlichkeit zu verstoßen und seinen Ruf als Wissenschaftler zu ruinieren? Wie sich herausstellte, war Prokrustes ein blühender Anhänger der Demokratie. Und weil er glaubte, die Gleichheit vor dem Gesetz leite sich aus der Gleichheit der Menschen selbst ab, beseitigte er bei seinen Messungen alle Unterschiede, um die zarte Pflanze der jungen Demokratie nicht zu gefährden.

Prokrustes hatte damit das Wesen der Demokratie gründlich missverstanden: Die Demokratie unterstellt nämlich nicht die Gleichheit der Menschen, sondern *ignoriert die zwischen ihnen bestehenden Unterschiede* und erklärt sie als nicht relevant für die demokratische Gesellschaft. Sie leugnet nicht die Unterschiede in Geschlecht, Abstammung, Religion, Begabung, Größe, finanziellen Möglichkeiten oder Haarfarbe, sondern erklärt die Menschen *trotz all dieser Unterschiede als vor dem Gesetz gleich* und mit gleichen Rechten ausgestattet. Kurz: *Die Demokratie erklärt die Menschen nicht für gleich, sondern für gleichwertig.* Sie bietet uns damit ein faszinierendes Konzept für die demokratische Gesellschaft: Unsere Gleichwertigkeit trotz aller individuellen Unterschiede ist die Voraussetzung und Plattform dafür, dass wir unsere Einzigartigkeit und die Vielfalt unserer Begabungen, Talente und Interessen entfalten können, ohne deswegen Nachteile für unsere Stellung in der Gesellschaft befürchten zu müssen.

Prokrustes war der Erste, der das brillante Konzept der Demokratie nicht verstanden hatte, weshalb sein Denkfehler auch als „Trugschluss des Prokrustes" in die Philosophiegeschichte einging. Nachdem die Demokratie sich als Staatsform nun 2000 Jahre bewährt und ihren Siegeszug vom alten Athen rund um die Welt angetreten hat, könnte man vermuten, dass wir zwischenzeitlich den Denkfehler des Prokrustes zu den Akten legen können. Dies ist jedoch leider nicht der Fall.

Prokrustes und die moderne Intelligenzforschung

Dass wir Menschen uns nicht nur äußerlich in Größe und Augenfarbe, sondern auch in unserer Persönlichkeit und unseren Talenten und Begabungen unterscheiden, ist unvoreingenommenen Beobachtern seit langem klar:

- Eltern bemerken beispielsweise sehr früh, dass ihre Kinder nicht als „unbeschriebenes Blatt auf die Welt kommen“ – wie der Volksmund diese Erkenntnis schon vor Jahrhunderten zusammengefasst hat. „Tobias ist unser Sportler und Angelika unser Rechengenie“, „Carsten ist erst sieben, aber er findet sich in jedem Skigebiet auf Anhieb zurecht. Neulich im Nebel hat er uns sicher ins Tal zurückgebracht“, sagt die stolze Mutter. „Unser Jüngster hat Musik im Blut, unser Ältester kann keinen Ton halten“, erzählte mir neulich ein Nachbar, der selbst begeisterter Hobbymusiker ist.
- Kindergärtnerinnen und Lehrer beobachten naturgemäß eine noch größere Bandbreite von Begabungen, wenn es zum Beispiel um Lerngeschwindigkeit, Aufnahmevermögen, Lese- und Rechenleistungen oder irgendein anderes menschliches Talent geht.
- Interessanterweise werden solche anfänglichen Talentunterschiede im Laufe unseres Lebens trotz gleicher Aus- und Weiterbildung eher größer als kleiner. Wer als Zweijähriger etwas weniger taumelig war als seine Altersgenossen, der überflügelt sie möglicherweise als Zehnjähriger im Schwimmen, Laufen und Turnen und erfreut vielleicht als 22-jähriger Ronaldo die Welt mit einer Ballbeherrschung, die für andere unerreichbar bleibt.
- Personalchefs und Führungskräfte beobachten ebenfalls dramatische Unterschiede in den Fähigkeiten ihrer Mitarbeiter: 80 000 weltweit befragte Topmanager stimmten deshalb bei aller Unterschiedlichkeit in einem zentralen Punkt überein:

„Letztlich geht es immer um den Schlüsselfaktor Talent. Wo er da ist, kannst du coachen und es entfalten, wo er fehlt, kannst du es vergessen..."[2]

➤ Wie viel Weisheit in dieser Einschätzung liegt, bekommen wir täglich durch das Fernsehen bestätigt: Wer Oskar Lafontaine im Rededuell mit Rudolf Scharping erlebt hat, der weiß, dass es Unterschiede in der kommunikativen Souveränität gibt, die jenseits von Rhetorikseminaren liegen. Auch die geschmeidige Art, in der Kaiser Franz Beckenbauer öffentlichkeitswirksam kommuniziert, ist nicht von jedem anderen Fußballprofi durch bloßes Training zu erwerben.

Solche faszinierenden und einzigartigen Begabungsunterschiede zwischen jungen Menschen, die sich im Laufe des Lebens tendenziell eher ausweiten als nivellieren, haben zu Beginn des 20. Jahrhunderts den französischen Psychologen Alfred Binet motiviert, sich mit diesem Phänomen wissenschaftlich zu beschäftigen. Binet entwickelte den ersten Intelligenztest. Er wollte bei Kindern, die aus der französischen Provinz in die Hauptstadt Paris strömten, besser vorhersagen, wer dem höheren Niveau des Hauptstadtunterrichts gewachsen sein würde. Binet arbeitete mit Fragen zum Wortgedächtnis, zum sprachlichen, numerischen und logischen Denken und testete die Fähigkeit, Alltagsprobleme zu lösen. Sein Ansatz – zusammen mit der Maßeinheit des Intelligenzquotienten (dem Verhältnis von Intelligenzalter zu Lebensalter), den 1912 der deutsche Psychologe Wilhelm Stern beisteuerte – gab der Testpsychologie für Jahrzehnte die Richtung vor.

Insbesondere die Forschung an getrennt aufgewachsenen eineiigen Zwillingen (also Menschen, die dasselbe Erbgut haben) bestätigte dabei die These, dass unsere Intelligenz und unsere Talente zu einem erheblichen Teil angeboren sind: Die untersuchten Zwillinge wiesen nämlich trotz völlig unterschiedlicher Umgebungen und Milieus als Erwachsene den gleichen Intelligenzquotienten auf. Der Pi-

---

2 Marcus Buckingham und Curt Coffmann, *First Break all the Rools*, New York 1999, S. 53ff.

onier dieser Zwillingsforschung war Cyril Burt. Von ihm stammt die griffige Formulierung, dass das wichtigste Kriterium für die Vorhersage des IQ eines Menschen die Kenntnis des Intelligenzquotienten seiner leiblichen Eltern ist. Der Widerwille gegen Burts Forschungsergebnisse war so groß, dass ihn die Prokrustes-Fans der Neuzeit beschuldigten, seine Daten gefälscht zu haben, und von diesem Vorwurf auch dann nicht abließen, als das Gegenteil bewiesen war.

Nicht viel besser ging es dem Intelligenzforscher Hans-Jürgen Eysenck, der Ende der 60er-Jahre – auf Burt aufbauend – eigene Forschungen zur Intelligenzmessung vorlegte, in denen er den Beitrag der Vererbung an den individuellen Talenten auf 80 Prozent bezifferte. Nach der Veröffentlichung seines Buches Die *Ungleichheit der Menschen*[3] wurde Eysenck von Studenten der London School of Economics für seine Ausführungen sogar verprügelt.

Wie groß auch heute noch die Fangemeinde derer ist, die sich wie Prokrustes vehement gegen die empirische Erforschung der menschlichen Ungleichheit wenden, zeigt das Buch *The Bell Curve* von Harvard-Professor Richard J. Herrnstein und Charles Murray aus dem Jahre 1994. Die Autoren kommen in ihrem 800-seitigen Standardwerk (mit rund 200 Seiten Belegen in einem statistischen Anhang) zu dem Ergebnis, dass menschliche Intelligenz zu einem großen Teil erblich bedingt ist und sich in der Gesamtbevölkerung in Form einer Glockenkurve darstellt. Obwohl das Buch nichts enthielt – wie der Intelligenzforscher Howard Gardner verwundert feststellt –, was dem informierten Publikum nicht vorher bekannt war, traf das Werk auf ein Tabu. Es rief deswegen Mitte der 90er-Jahre einen Sturm sozialer Entrüstung hervor, wie ihn Amerika seit 50 Jahren (seit Gunnar Myrdals Buch, *An American Dilemma*) nicht mehr erlebt hatte und der dem Werk eine Rekordauflage bescherte, die bislang nur von Daniel Golemans Werk zur emotionalen Intelligenz übertroffen worden ist.

Halten wir also fest: Die angeborenen Unterschiede in Talenten, die Eltern, Lehrer und Erzieher deutlich zu erkennen glauben, sind

[3] Hans J. Eysenck, *Die Ungleichheit der Menschen. Ist Intelligenz erlernbar?* München 1975

durch zahlreiche wissenschaftliche Untersuchungen belegt worden. Gleichwohl hält sich in der alten Tradition des Prokrustes auch bei uns das Tabu, diese Ungleichheit nicht anzurühren, um die Gesellschaft nicht zu spalten. Von daher erstaunt es nicht, dass der Streit zwischen „Intelligenzgenetikern“ und „Milieutheoretikern“ (denen, die die Höhe der Intelligenz für umweltabhängig halten) bis heute nicht beigelegt ist. Fokussiert auf ihre Streithänseleien haben die meisten Lernpsychologen jedoch übersehen, dass sie in ihrem Forschungsstand von anderen Naturwissenschaften jedoch so weit überholt worden sind, dass sie beispielsweise von Molekularbiologen und Genmedizinern nicht mehr ernst genommen werden.

Die Molekularbiologie zur Frage der angeborenen Talente

Als der amerikanische Zukunftsforscher Gregory Stock im Frühjahr 2002 sein neuestes Werk *Redesigning Humans* vorstellte, ließ dies interessierte Kreise aufhorchen: Stock beschreibt dort das „innovative Redesign des Menschen“ und die Methoden, mit denen die genetische Ausrüstung unserer Nachkommen gezielt ausgewählt und verbessert werden kann. Eltern werden schon – so glaubt er – in zehn bis 15 Jahren Eigenschaften wie Haar- und Augenfarbe, die Intelligenz und auch künstlerische Neigungen auswählen können. Das Angebot – so prophezeit Stock vollmundig – wird von einer Prise musikalischen Talents wie John Lennon, über eine Spur von Einsteins Genialität bis hin zu einem Schuss von Michael Jordans sportlichem Elan reichen.

Die Fachleute diskutieren zur Zeit, wie Stocks Optimismus einzuschätzen ist: Während der Bioethiker Arthur Caplan von der University of Pennsylvania Stocks Thesen für spekulativ und übersteigert hält, zollt der Molekularbiologe Richard Jaenisch vom MIT Respekt: „Fantastisch und futuristisch, aber theoretisch nicht unmöglich“, lautet sein Urteil, mit dem er auch Mahner und Warner auf den Plan ruft: Francis Fukuyama (Our Posthuman Future) sieht – Prokrustes lässt grüßen – „die Basis der Menschenrechte“ bedroht, wenn wohlhabende Schichten sich intelligente Designerbabys leisten und in einem genetischen Rüstungswettrennen Klassenunterschiede verstärken und den „weltweiten Konsens zerstören, dass alle Menschen gleich seien“.

Wer die aktuelle Diskussion über die technischen Möglichkeiten und ethischen Grenzen der modernen Gentechnik und Molekularbiologie verfolgt, wird rasch feststellen, wie sehr sich der Fokus des wissenschaftlichen und philosophischen Interesses seit Herrnstein's *The Bell Curve* dramatisch verschoben hat:

- Sozialwissenschaftler und Philosophen beschäftigen sich jetzt mit der Frage, inwieweit wir ethisch verantworten können, das biotechnisch Machbare auch zu tun.
- Molekularbiologen und Genmediziner konzentrieren sich auf die technischen Herausforderungen der Präimplantationsdiagnostik: Welche Prozesse müssen wir beherrschen, um Erbfehler gezielt abzuschalten und routinemäßig Intelligenz, Talente und eine Anti-Aging-Sonderausstattung vererben zu können?
- Die Frage, ob Intelligenz vererblich ist, wird in der Molekularbiologie überhaupt nicht mehr diskutiert, sondern als gesicherte naturwissenschaftliche Basis akzeptiert.

Auch wenn viele Lernpsychologen und Pädagogen die neuen Fakten der Molekularbiologie geflissentlich übersehen und beharrlich am Bild des Menschen vom unbeschriebenen Blatt festhalten, in das wir mit der richtigen Ausbildung nahezu alles hineinschreiben können, so hat doch zu Beginn des 21. Jahrhunderts die Stunde der ewig Gestrigen geschlagen:

Angesichts der näher rückenden endgültigen Entschlüsselung des menschlichen Erbguts, der Darstellung aller auf jedem menschlichem Chromosom enthaltenen Gene, wird es immer schwieriger zu bezweifeln, dass es Gene und Genkomplexe gibt, die für geistige Kräfte und Mängel von Bedeutung sind. Wir stehen deshalb vor einer Renaissance des Talents und dürfen uns nun endlich gestatten, vorurteilsfrei und unbelastet die einzigartigen Talente eines jeden Menschen anzuschauen, um ihn dann individuell in seinen Intelligenzen, Talenten und Begabungen so zu fördern, wie es ihm und seinem Potenzial am besten entspricht. Dies erfordert zunächst, dass wir die Grenzen unseres bisherigen Bildungssystems erkennen und überwinden.

2. Kapitel: Die Gleichbehandlung menschlicher Vielfalt in unserer Gesellschaft

Das Prokrustes-Bett in der Bildung

Genauso wie Prokrustes in seinem Folterbett die Menschen so lange „formte", bis sie mit seinem Ideal übereinstimmten, formen wir bis heute im Elternhaus, in der Schule und in der beruflichen Weiterbildung Menschen mit Lerninhalten und Lernmethoden, ohne das individuelle Begabungsprofil eines Menschen zu berücksichtigen. Wir haben uns über viele Generationen so an dieses rabiate Vorgehen gewöhnt, dass sich daraus ergebende Verbiegungen und Frustrationen überhaupt nicht mehr auffallen. Hier nur wenige Beispiele:

Menschen dürfen nicht tun, was sie am besten können

- Ideenreichtum, Flexibilität, Kreativität – die Fähigkeit, aus vorhandenen Grundelementen Neues zu schaffen und innovativ zu sein, wird als Schulfach überhaupt nicht angeboten. So wichtig Innovationsfähigkeit für unser unternehmerisches und gesellschaftliches Überleben ist, Kreativität steht nicht auf dem Lehrplan. Wie viele Menschen könnten in sich eine große Begabung entdecken und fördern, wenn Edward de Bono's Kreativitätstechniken über Jahre hinweg in unseren Schulen genauso intensiv trainiert würden wie Mathematik?
- Wie ist es mit Musik und Sport – Fächer, in denen Hochbegabte genauso mit zwei Wochenstunden abgespeist werden wie alle anderen? Haben Menschen, deren Seele jubiliert, wenn sie singen oder musizieren können, oder die aufblühen, wenn ihre Bewegungsintelligenz gefördert wird, es verdient, dass wir ihre Talente brachliegen lassen, nur weil unsere Kultur auf diese Begabungen weniger Wert legt?

Menschen werden über Jahre angehalten, an ihren Schwächen zu arbeiten und Dinge zu tun, die ihnen nicht liegen

- Wie viele von uns sind von ihren Eltern jahrelang zum Klavierunterricht geschleppt worden, ohne dass es uns viel bedeutet hätte? Und wie viele sind von diesem Geschehen noch Jahrzehnte später so traumatisiert, dass sie zeitlebens jede Freude an der Musik verloren haben?

- Denken wir beispielsweise an Kinder mit hervorragender Sprachbegabung, denen Mathematik weniger liegt. Warum quälen wir sie auf dem Gymnasium mit Integralrechnung und Differenzialgleichungen – Rechenoperationen, die ein Genie wie Leibniz vor gerade einmal 300 Jahren entwickelt hat? Warum müssen sie den Satz von Bolzano-Weierstraß beherrschen und warum können wir sie nicht zufrieden lassen und ihre Stärken fördern, wenn sie das „Rechnen für den Hausgebrauch" sicher beherrschen?

- Fragen wir uns, was es in der Psyche eines Menschen anrichtet, wenn er viele Jahre gezwungen wird, Dinge zu tun, die ihm nicht liegen: Mal angenommen, unser kleines Sprachgenie aus dem letzten Beispiel, dem Mathematik nicht so liegt, hätte eine Schwester, deren logisch-mathematische Intelligenz besonders ausgeprägt ist. Seine Schwester erreicht mit einem Viertel des Zeit- und Lernaufwands regelmäßig ein gut oder sogar sehr gut in ihren Klassenarbeiten, während unser Sprachtalent mit viel Druck und Nachhilfe im Abitur mit Ach und Krach ein ausreichend zustande bringt. Könnte es nicht sein, dass die Meta-Botschaft „Im Vergleich zu meiner Schwester, der alles zuzufliegen scheint, bin ich nicht besonders helle" das Selbstbild und das Selbstvertrauen eines jungen Menschen möglicherweise für viele Jahre oder sogar ein ganzes Leben untergräbt? Sollte es uns – was die Qualitäten unseres Bildungssystems angeht – nicht sehr nachdenklich machen, wenn Thomas Alva Edison, der berühmteste und erfolgreichste Erfinder der Welt, berichtet, dass seine Lehrer und sein Vater ihn für einen dummen Versager gehalten haben?

Menschen dürfen nicht so lernen, wie sie es am besten können

- Wer logisch-analytisch begabt ist, sich neuem Lernstoff abstrakt-konzeptionell nähert und sich aufrecht still sitzend gut auf Inhalte in Vortragsform konzentrieren kann, ist in unseren Schulen und Universitäten King. Und wer anders lernt, der hat eben Pech.

Menschen wissen am Ende ihrer Schulausbildung immer noch nicht, wo ihre größten Stärken liegen

- Sie studieren jahrelang Dinge, die ihnen nichts bedeuten, und verschwenden wertvolle Lebensjahre, bevor sie umsatteln oder – schlimmer noch – irgendwann einen Beruf ergreifen, der sie innerlich nicht ausfüllt.
- Abiturienten mit einem hervorragenden Notendurchschnitt studieren vor allem deshalb Medizin, „weil ihnen die Türe dazu offen steht“ und werden Zahnarzt oder Chirurg, obwohl ihr begrenztes feinmotorisches Talent ihnen und ihren Patienten einiges Leid hätte ersparen können.

Menschen ohne klares Selbstbewusstsein ihres Stärkenprofils lassen sich von ihrer Umwelt in bestimmte berufliche Aufgaben drängen

- Der Sohn oder die Tochter, die in dritter Generation Rechtsanwalt werden, um den Lebenstraum der Eltern zu leben, sind ein bekanntes, aber kaum noch aufsehenerregendes Beispiel.
- Viel dramatischer sind beispielsweise Untersuchungen, die den Trend hinter solchen Einzelbeispielen zeigen. So befragte beispielsweise das Gallup-Institut 1,7 Millionen Mitarbeiter in 101 Unternehmen in 39 Ländern der Welt nach dem Übereinstimmungsgrad von Aufgabe und eigenen Stärken. Auf die Frage:

> „Haben Sie an Ihrem Arbeitsplatz täglich Gelegenheit, das zu tun, was Sie am besten können?" antworteten nur 20 Prozent der Befragten mit Ja! Anders ausgedrückt: 80 Prozent aller Mitarbeiter in Großunternehmen – in der konkreten Fallstudie also 1,36 Millionen Menschen von 1,7 Millionen insgesamt Befragten – haben nicht das Gefühl, so eingesetzt zu sein, wie es ihren Talenten optimal entspricht. Weiterhin stellten die Wissenschaftler in dieser Studie fest: Je länger jemand dabei ist und je höher sein Rang in der Hierarchie, umso unwahrscheinlicher ist es, dass er die Chance hat, täglich im Bereich seiner größten Stärke aktiv zu werden. Da die Übereinstimmung von Talent und Aufgabe in einer Prokrustes-Welt, in der die Menschen prinzipiell gleich sind, keine Priorität hat, lassen sich Menschen aus Pflichtgefühl und Verantwortungsbewusstsein „zum Wohle des Unternehmens" immer stärker in Aufgabenprofile hineinpressen, die mit ihren Begabungen wenig zu tun haben.

Welche Verschwendung von menschlichen Ressourcen! Wenn es in kleineren und mittleren Unternehmen ähnlich aussieht wie in den über 100 Großunternehmen, die an dieser Studie beteiligt waren, dann sind 80 Prozent aller Berufstätigen nicht optimal eingesetzt. Vier von fünf Menschen gehen dann täglich zur Arbeit und haben dort keine Gelegenheit, das zu tun, was sie am besten können. Das bedeutet in der Konsequenz, dass sie auch keine Gelegenheit haben, für ihren Lohn die optimale Leistung zu bringen. Und wer keine Gelegenheit hat, seine Seele zu erfreuen, weil er voller Stolz sein Bestes geben kann, der ist auch nicht zu dem Kundenservice fähig, den begeisterte Mitarbeiter aus einem inneren Bedürfnis heraus anbieten.

Meine Frage an Sie: *Warum hat diese Studie in den beteiligten Unternehmen kein Erdbeben ausgelöst?* Warum sind Personalverantwortliche für diese katastrophalen Daten nicht zur Verantwortung gezogen worden, wenn wir alle doch seit Jahren um die Schlüsselfunktion des „Human Capital" wissen?

Darauf gibt es zwei Antworten:

1. Wir sind im Prokrustes-Bett unseres Bildungssystem so abgestumpft, dass uns solche Erkenntnisse weder erstaunen noch in unseren Werten irritieren: Wenn jemand wegen eines Justizirrtums drei Jahre zu Unrecht im Gefängnis sitzt, sind wir zurecht empört. Wenn jemand dagegen 45 Jahre lang einen Beruf ausübt, der zu ihm und seinen Möglichkeiten nicht passt, dann zucken wir die Schultern und wenden uns ab. Justizirrtümer sind Gott sei Dank selten, Berufsirrtümer dagegen so häufig, dass wir Menschen, die uns mit leuchtenden Augen davon berichten, wie viel Freude ihre Arbeit ihnen bereitet, für komische Streber halten.

   So selbstverständlich uns das Konzept eines Berufslebens ohne Beteiligung unserer Seele auch erscheint, es entspricht nicht dem, was die meisten unserer Vorfahren in nahezu allen Kulturen gelebt haben. In einem Architektur-Lehrbuch, das einen umfassenden Überblick über die unterschiedlichen Baustile der letzten 3000 Jahre gibt, fand ich einen interessanten Hinweis: In jeder Kultur lassen sich zu jeder Zeit vom größten Prunkbau bis zum ärmsten Indianer-Zelt Stilelemente nachweisen, in denen sich die Seele ihrer Erbauer ausdrückt. Die Verfasser kommen dann ernüchternd zu dem Schluss, dass erst zum Ende des 20. Jahrhunderts mit dem Auftauchen funktionaler Plattenbauten in Berlin-Marzahn und anderswo „die Seele der Erbauer verstummt ist".

2. Selbst wenn der eine oder andere Manager liebend gern das brachliegende 80-Prozent-Potenzial seines Unternehmens aktivieren würde, sind seine Chancen auf Erfolg eher gering, wie eine andere Gallup-Untersuchung aufgedeckt hat: Dort ging es darum herauszufinden, was 80 000 Manager mit hervorragenden Ergebnissen von der Vergleichsgruppe mit mehreren Millionen durchschnittlicher Kollegen unterschied. Das Ergebnis war verblüffend eindeutig: Während sich die Mehrheit der Durchschnittsmanager von den beiden Hauptdenkfehlern unseres Bildungssystems leiten lässt, tun die Topleute dies nicht.

Die Grundannahmen der Durchschnittsmanager waren:

- Jeder Mensch kann lernen, in nahezu jedem Gebiet kompetent zu werden.
- Das größte Wachstumspotenzial hat jeder Mensch dort, wo er bislang noch Schwächen hat.

Demgegenüber erklärten die Topleute sehr übereinstimmend:

- Menschen ändern sich nicht so sehr.
- Verschwende keine Zeit, ihnen beizubringen, was sie sowieso nicht lernen.
- Arbeite heraus, was sie an Talent mitbringen (dies ist hart genug).[4]

Denkmodelle, mit denen wir das bisherige Bildungssystem fortschreiben

Die Ideologie des positiven Denkens

Ein Eingehen auf unsere Talente und Begabungen in der Ausbildung und eine wünschenswerte Übereinstimmung zwischen unseren Begabungen und unseren beruflichen Aufgaben ist natürlich nur dann erforderlich, wenn tatsächlich nicht jeder alles erreichen kann. Zu genau diesem unrealistischen Versprechen tragen viele Vertreter der Lehre des positiven Denkens bei:

Als Begründer der modernen Lehre des positiven Denkens gilt der Amerikaner Napoleon Hill. Er hat die Nützlichkeit einer konstruktiven Grundeinstellung in seinem Klassiker *Denke nach und werde reich* in den 30er-Jahren des letzten Jahrhunderts beschrieben und mit diesem Buch eine Gesamtauflage von mehr als 14 Millionen Ex-

[4] Buckingham, Coffman, a.a.O., S. 55

emplaren erreicht. Mit Lehrsätzen wie: „Ein klares Ziel gibt uns die Kraft, jede Leistung zu vollbringen“ und „Mit der richtigen Einstellung werden sie selbst das scheinbar Unmögliche vollbringen“[5] macht er seinen Lesern zwar viel Mut, lässt sie aber auch die Realität ihrer Talentgrenzen vergessen.

Übertragen wir beispielsweise die Ratschläge von Napoleon Hill auf den Sport, dann erkennen wir, dass bei jedem Sportereignis – angefangen von den Stadtmeisterschaften bis hin zu den Olympischen Spielen – Dutzende Sportler antreten mit dem klaren Ziel zu gewinnen. Spätestens die Siegerehrung macht dann allen zielorientierten Positivdenkern deutlich, dass ein klares Ziel und der felsenfeste Wille zu gewinnen für den Sieg notwendig, aber nicht hinreichend sind.

Gerade der Spitzensport zeigt deutlich, dass es nach jahrelangem Training und diszipliniertester Vorbereitung die Leistungsstufe der Michael Schumachers, Tiger Woods und Michael Jordans gibt, für deren Erreichen die Eintrittskarte Talent unverzichtbar ist. Der Vorsprung im Talent, der einen Michael Schumacher, eine Anne-Sophie Mutter und einen Wendelin Wiedeking schon ein ganzes Leben lang begleitet, erlaubt ihnen auch auf dem obersten Leistungslevel, ihr Können schneller weiterzuentwickeln als ihre Kollegen.

Und was für die Koryphäen des jeweiligen Fachgebiets gilt, ist auch für uns normal Sterbliche gültig: Auch wenn unsere Talente nicht so weit hervorragen wie die der Stars, so gibt es auch auf der Ebene des Go-Cart-Clubmeisters, des Hobbymusikers und des Abteilungsleiters Menschen, die sich mit ihrem Talent leichter tun, diesen Rahmen auszufüllen als ihre Kollegen.

Das neurolinguistische Programmieren (NLP)

Was sich bei Napoleon Hill im Ansatz einer motivierenden Überspitzung darstellt, ist von seinen Schülern immer weiter ausgebaut worden: So verspricht etwa Tony Robbins auf dem Klappentext sei-

[5] Napoleon Hill, *Denke nach und werde reich*, Genf 1966

nes Buches *Unlimited Power*: „Ja, Sie können alles tun, haben und erreichen, was Sie wollen... [Robbins] beweist Ihnen, dass alle Erfolgsergebnisse modelliert und dupliziert werden können ..."

Toni Robbins ist derzeit vermutlich der bekannteste Schüler der NLP-Begründer John Grinder und Richard Bandler. Beide entwickelten in den 70er-Jahren durch sorgfältige Modellingstudien von Fritz Perls, Milton H. Erickson und Virginia Satire eine neue Form der Kurzzeittherapie. Die beiden brachten ihr Know-how als Linguistik-Professor (Grinder) und Computerwissenschaftler (Bandler) zusammen und beschrieben die verbalen und nonverbalen Skills erfolgreicher Therapeuten präziser als irgendjemand vor ihnen. Ihr Denkgebäude basiert unter anderem auf folgendem Axiom: Wenn irgendjemand auf der Welt eine Leistung in der Software seines Nervensystems codiert hat, brauchen wir nur sein Rezept zu analysieren und jeder kann diese Performance wiederholen. Kurz: *Wenn irgendjemand es kann, dann kannst du es auch.*

Da ich beide NLP-Begründer aus vielen Seminaren kenne, kann ich aus eigener Anschauung gerne bestätigen, dass beide über eine geniale Sprachbegabung verfügen: Wenn Fritz Perls und Milton H. Erickson es konnten, dann konnten John Grinder und Richard Bandler es auch.

Den Beweis, dass wenn Fritz Perls es kann, jeder NLP-Schüler es ebenfalls lernen kann, sind Bandler und Grinder in den letzten 25 Jahren allerdings schuldig geblieben: Von vielen tausend NLP-Master-Practionnern haben bestenfalls eine Handvoll mit Perls- und Satire-ähnlichen Therapieerfolgen auf sich aufmerksam gemacht. Auch das erste große NLP-Referenzprojekt zeigt deutlich, dass NLP sehr effizient Skills vermitteln, aber eben kein Talent ersetzen kann.

Bandler, Grinder und einige weitere NLPler der ersten Stunde erhielten damals den Auftrag von der US-Army, zwei Schützen-Weltmeister zu modellieren und ihre Erkenntnisse auf die Schießausbildung der Streitkräfte zu übertragen. Das Projekt war – wie Bandler in seinen Seminaren immer wieder betont – sehr erfolgreich und erlaubte es, die praktische Ausbildung der Schützen um ein Drittel der bisherigen Zeit zu reduzieren und gleichzeitig die durchschnittliche Treffsicherheit der Rekruten um eine Leistungsklasse/Notengruppe zu verbessern. Dies ist zweifellos ein hervorragendes Ergebnis und zeigt die Nützlichkeit von NLP beim Erlernen von Fertigkeiten.

Würde NLP allerdings sein Versprechen einlösen können, „*Wenn irgendjemand es kann, dann kannst du es auch lernen*“, dann hätte zumindest ein Teil der Rekruten, nachdem sie das weltmeisterliche Software-Rezept kannten, weltmeisterlich schießen können müssen.

Damit bleibt uns beim NLP wie beim positiven Denken nur der Schluss, die höchst nützlichen Skills dieser Methoden aufzunehmen und sie in weiser Selbstbeschränkung dort einzusetzen, wo wir mit unseren Talenten die höchste Rendite erzielen. Mit den Worten von Michael Grinder, einem jüngeren Bruder von John, mit dem ich seit vielen Jahren befreundet bin, können wir festhalten: „John ist wirklich ein Genie. Er versteht nahezu alles beim ersten Mal – außer, dass die meisten anderen Menschen nicht so sind wie er!“

Die moderne Lernpsychologie

Die moderne Lernpsychologie hat in den letzten 30 Jahren einige sehr leistungsfähige Lerntechniken entwickelt, die uns allen das Leben und Lernen sehr erleichtern können (und von deren Erkenntnissen und Empfehlungen wir im letzten Teil des Buches reichlich Gebrauch machen werden). Zu ihren führenden Vertretern zählen Shinichi Suzuki, der Begründer der weltberühmten Suzuki-Music-Scools, der Amerikaner Win Wenger und der Engländer Tony Buzan.

So legitim und verständlich der Wunsch dieser Lernforscher ist, uns allen die fantastischen Chancen des Gehirns nahe zu bringen, so kontraproduktiv ist ihr Wunschdenken, die offensichtliche Rolle von Talenten auf Null zu reduzieren.

Tony Buzan analysiert beispielsweise in *Buzan's Book of Genius* die hundert größten Genies der Menschheitsgeschichte. Er findet – angefangen bei den Erbauern der Pyramiden über Alexander den Großen, Shakespeare, Goethe, Leonardo da Vinci bis hin zu Bill Gates und Muhammed Ali – 20 Charakteristika, die seiner Einschätzung nach alle Genies gemeinsam haben. Buzan listet als Schlüsselfaktoren unter anderem eine klare Vision, einen guten Plan, Durchhaltevermögen, aber auch die Fähigkeit der Autosuggestion auf.

Die Faktoren Intelligenz, Talent und Begabung konnte Buzan selbst bei Leonardo da Vinci nicht ausmachen, den er auf Platz eins seines Genie-Rankings führt. Im Gegenteil – Buzan zitiert seinen Kollegen Suzuki, der irgendwann aus der Tatsache, dass alle Japaner so hervorragend japanisch sprechen, den Schluss gezogen hat, dass dahinter ein Geheimnis stehen muss und dieses Geheimnis Training heißt. Er betont mit Suzuki: „*Wir müssen begreifen, dass Talent – nicht nur in der Musik,* sondern genauso in allen anderen Bereichen – nicht angeboren ist“[6].

Bei allem Respekt für die Herren Buzan und Suzuki und in dem Bewusstsein, dass ich des Japanischen überhaupt nicht mächtig bin, wage ich zwei Behauptungen:

1. Die Beherrschung der japanischen Sprache unter Japanern wird in der Normalverteilung genauso variieren, wie die Beherrschung der deutschen Sprache unter Deutschen variiert: Manche Menschen übertreffen gerade den Level funktionalen Analphabetentums, andere schreiben kurz vor dem Abitur ihre ersten journalistisch ansprechenden Texte, und wieder andere liefern *Die Leiden des jungen Werthers* oder *Faust 1. Teil* ab.

2. Wer – wie Tony Buzan und sein Co-Autor Raymond Keene – Leonardo da Vinci ausgiebig studiert hat und dann eine Anleitung gibt, es dem Schöpfer von Mona Lisa, dem Abendmahl und vielen technischen Erfindungen, die ihrer Zeit um Jahrhunderte voraus waren, gleichzutun, der muss sich die Frage gefallen lassen, wie gut denn die Absolventen der eigenen Super-Lernmethode tatsächlich abschneiden: Wenn es wirklich „nur“ die Art

[6] Tony Buzan und Raymond Keene, *Buzan's Book of Genies and how to unleash your own*, London 1994, S. 10

des Denkens ist, wie die Lernforscher behaupten, wo sind dann bitte schön die Einsteins und da Vincis aus dem Kreis der eigenen Schüler, die belegen, dass die Formel „Genie ist lernbar" tatsächlich stimmt?

Wäre es nicht redlicher, endlich den Trugschluss des Prokrustes aufzugeben und sich auf die Synthese von Intelligenz, Genetik und Milieutheorie zu konzentrieren.

Wenn es offensichtlich ist, dass wir alle einzigartige Intelligenzen, Talente und Begabungen haben und es andererseits hervorragende Lernwerkzeuge gibt:

Warum führen wir nicht beides zusammen und lassen Menschen mit den besten Lerntechniken der Welt dort an sich arbeiten, wo sie die größten Talente haben?

So könnten wir alle schnellstmöglich dazulernen, die größte Lernlust verspüren, für uns und andere hervorragende Leistungen erbringen und beruflich und privat ein erfülltes Leben leben.

Individuelle Denkbremsen, die uns daran hindern, unsere Stärken zu entwickeln

Möglicherweise erstaunt Sie diese Überschrift, weil Sie annehmen, dass Menschen sich aus einer natürlichen Grundorientierung heraus gerne mit ihren Stärken beschäftigen. Wer möchte schließlich nicht das tun, was er am besten kann? Und wer möchte nicht für gute Leistung, die ihm leicht fällt, anerkannt und gelobt werden und die Motivation genießen, die aus dem Prinzip fließt: „Nichts macht erfolgreicher als Erfolg!"?

Interessanterweise beobachten wir in unserer Coaching-Praxis bei einer ganzen Reihe von Klienten eine erhebliche Zurückhaltung, sich offensiv mit dem Ausbau der eigenen Stärken zu beschäftigen.

Die vier wichtigsten und häufigsten Denkbremsen sind dabei die Folgenden.

Denkbremse 1

„Jede Kette ist so stark wie ihr schwächstes Glied.“

„Wenn ich beruflich weiterkommen will, dann muss ich vor allem meine Schwächen ausmerzen“ lautet das Credo derjenigen, die die Volksweisheit vom schwächsten Kettenglied außerhalb ihres Geltungsbereichs zu Rate ziehen. Die Verbreitung dieses Denkfehlers hat das oben schon zitierte Gallup-Institut in einer weiteren Analyse ermittelt. Auf die Frage: „Was hilft Ihnen bei der Verbesserung ihrer Performance am meisten: die Kenntnis ihrer Stärken oder die Kenntnis ihrer Schwächen?“ antwortete in allen Kulturen – von Amerika über England, Frankreich bis nach Japan – der weit überwiegende Teil der Befragten, die Kenntnis ihrer Schwächen würde ihnen besser weiterhelfen. Sogar in der stärksten Stärken-Kultur der Welt – den Vereinigten Staaten von Amerika – sprachen sich 59 Prozent der Interviewten für den Schwächenfokus aus, in Japan waren es sogar 76 Prozent[7].

Dieses Denken verführte dann auch Profis dazu, dem Österreich-Amerikaner Arnold Schwarzenegger zu Beginn seiner Karriere den Rat zu geben, seinen unaussprechlichen Namen aufzugeben und seinen fast unverständlichen österreichischen Dialekt abzulegen. Der Rest der Geschichte ist bekannt: Arnold tat beides nicht, fokussierte vielmehr auf seine körperlichen Vorzüge als Terminator- und Conan-Darsteller. Heute rühmen dieselben Marketing-„Experten“ seinen unglaublichen Weitblick, aus seinem ungewöhnlichen Namen und seinem Dialekt weltweit ein unverwechselbares Markenzeichen gemacht zu haben.

Der deutsche Sportwagenhersteller Porsche hört seit 1963, er solle die antiquierte Heckmotorbauweise zugunsten technisch überlege-

[7] Buckingham, Coffmann, *Discover your strengths*, a.a.O., S. 121

ner Lösungen aufgeben. Porsche schert sich einen Kehricht um diesen Rat und kultiviert mit jedem Modelljahrgang die Stärken seines 911er. In der Umsatz- und Ertragsentwicklung zeigt dieser David unter den Goliaths der Automobilhersteller, die ständig die Schwächen ihrer Durchschnittsautos optimieren, wie man wirklich Autos baut, die Menschen faszinieren.

Denkbremse 2

„Das Gute ist das Gegenteil des Schlechten."

„In der Umkehrung des Schlechten liegt das Gute" ist die undifferenzierte Vermutung, mit der wir in unserer Kultur oft leichtfertig arbeiten: Frieden wird danach zur Abwesenheit von Krieg, Gesundheit zur Abwesenheit von Krankheit. Doch dies greift regelmäßig zu kurz: Frieden ist der Zustand eines sozialen Systems, in dem Konflikte konstruktiv bewältigt werden können – und diese Friedensstrukturen aufzubauen erfordert erheblich mehr, als gerade keinen Krieg zu haben. Gesundheit beschreibt den Zustand eines biologischen Systems, mit den Herausforderungen seiner Umwelt so gut fertig zu werden, dass das Systemgleichgewicht gewahrt wird. Auch dies ist anspruchsvoller, als gerade nur nicht krank zu sein.

Die Umstellung von „Das Gegenteil des Schlechten ist das Gute" führt uns deshalb in vielen Lebensbereichen in die Irre. Hier einige Beispiele:

- Manager beschreiben Servicepannen in aller Regel viel emotionaler und wortgewaltiger als Beispiele für guten Service.
- Sie definieren Topleistungen durch das Prinzip der Fehlerlosigkeit und geben die Maxime von der „Null-Fehler-Toleranz" aus.
- Ärzte erforschen seit dem Altertum die Entstehung und Überwindung von Krankheiten, umso das Geheimnis der Gesundheit zu entdecken.

- Psychologen beschäftigen sich in über 40 000 Veröffentlichungen mit Depressionen, während ihnen die Analyse des Glücks gerade mal ein Tausendstel dieses Aufwands wert ist – nämlich knapp über 40 Veröffentlichungen.

- Ehetherapeuten studieren die Gründe von Scheidungen, um daraus etwas über glückliche Ehen zu lernen.

So gut die Absichten dieser Manager und Forscher, so selten führen sie zum Erfolg, wie sich bei überschaubaren Sachverhalten schnell zeigt.

Wer als Autokonstrukteur die nächste Mercedes S-Klasse zu konstruieren hat, wird sich kaum auf das Schrottplatzstudium kaputter Konkurrenz-Limousinen beschränken können: Das Konzept für haltbarere Durchschnittsautos ist nämlich nicht identisch mit einem Innovationskonzept für die nächste S-Klasse, will heißen: *Stärke und Erfolg entstehen nicht allein durch das Beseitigen von Fehlern, sondern haben ihre eigenen Muster.*

So klar dieses Grundprinzip ist, so sehr unterlaufen vielen von uns entscheidende Denkfehler bei der Umsetzung.

- Beispiel: Weil schlechte Lehrer in ihrem Job viele Emotionen entwickeln, glauben viele Schulleiter im Umkehrschluss, gute Lehrer würden emotionale Distanz zu ihren Schülern wahren. Die Realität ist anders: Gerade die besten Lehrer reißen ihre Schüler durch konstruktive Emotionen mit und nur die durchschnittlichen machen emotionslos ihren Routinejob.

- Ähnliches gilt im Verkauf: Weil schlechte Verkäufer sich vor Kaltakquisition fürchten, glauben viele Vertriebschefs, bei ihren Topleuten sei das anders. Sorgfältige Analysen zeigen jedoch, dass dies nicht stimmt: Interessanterweise haben auch viele Topleute Abschlussangst, aus der sie viel Drive und inneren Antrieb ziehen, während die Angstlosigkeit aus Teilnahmelosigkeit eher kennzeichnend ist für den Durchschnitt der Verkäufer.

Denkbremse 3

„Wenn ich bei meinen Stärken Vollgas gebe und mein Ziel dann doch nicht erreiche, ist das ein Versagen, das zur Identitätsbedrohung führt."

Ein Beispiel für diese – bei vielen von uns sicher unbewusste – Blockade lieferte der deutsche Radrennfahrer Jan Ullrich, der nach übereinstimmender Einschätzung aller Experten ein Ausnahmetalent im Radsport war. (Die Doping-Vorwürfe wollen wir für dieses Beispiel einmal ausblenden.) Ullrich hatte jedoch bei seiner Tour de France-Vorbereitung oft Schwierigkeiten, in der Vorbereitung sein Bestes zu geben: Mal trainierte er zu früh zu hart, sodass Verletzungen nicht ausheilen können, mal sabotierte er sich mit einer Trunkenheitsfahrt. Wäre Ullrich optimal vorbereitet angetreten, dann wäre es im Duell mit Lance Armstrong zu der alles entscheidenden Frage gekommen: Wenn ich alles gebe und trotzdem nur Zweiter werden würde, könnte ich dann immer noch an mich und mein ultimatives Ausnahmetalent glauben? Solange man Zweiter wird, sich aber sagen kann: „Mit einigen Wochen mehr Training zu Saisonbeginn hätte ich den Sieg davontragen können", lässt es sich leichter leben. Dies gilt insbesondere in einer Welt, die den Zweiten der Tour de France, der nach Tausenden Kilometern über Alpenpässe und 84 Stunden Gesamtfahrtzeit wenige Minuten hinter dem Sieger ankommt, bereits als Versager behandelt.

Was für Jan Ullrich eine mentale Herausforderung an der Weltspitze war, gilt für uns Alltagstalente entsprechend: Viel Aufschieberitis, Improvisation und halbherzige Vorbereitung ist – wie Arbeitsmethodiker wissen – auf die Selbstschutzmaxime „Lieber faul als doof" zurückzuführen: Solange das Defizit in der Vorbereitung liegt, können wir bei der Performance weiterhin unsere Talente idealisieren.

Denkbremse 4

Das Fehlen des Bewusstseins für eigene Stärken: „Das machen doch alle so."

Ein interessantes Paradox, dem wir in unserer Coaching-Arbeit immer wieder begegnen, ist die Beobachtung, dass viele Menschen überhaupt kein Gefühl dafür haben, wie weit sie in manchen Leistungsbereichen ihren Kollegen voraus sind. „Das Letzte, was ein Fisch entdecken wird, ist die Existenz von Wasser“, sagt ein chinesisches Sprichwort.

Was uns ständig umgibt, wird so sehr Teil unseres Selbstverständnisses, dass es uns gar nicht mehr bewusst wird. Die bescheidene Erklärung des Lebensretters: „Das hätten andere an meiner Stelle auch so gemacht“ ist möglicherweise in einigen Fällen auch Ausdruck strategischer Bescheidenheit. Oft steht dahinter jedoch auch das Selbstverständnis von Menschen, denen Spitzenleistung zur zweiten Natur geworden ist: Da gibt es den mittelständischen Unternehmer, der seine Firma in wenigen Jahren von einem Dutzend Mitarbeitern zu einem Team von über tausend Spezialisten entwickelt hat und wirklich glaubt, jeder andere an seiner Stelle hätte Ähnliches getan und Ähnliches erreicht; da ist der strategische Denker, der in einer halben Stunde eine Konzernstrategie zu Papier bringt, die anderen auch nach monatelangem Nachdenken nicht eingefallen wäre, und diesen Erfolg einem Headhunter gegenüber noch nicht einmal erwähnt; und da ist schließlich der Sportcoach, der regelmäßig Talente entdeckt und zu Höchstleistungen führt, gleichwohl aber steif und fest behauptet, jeder seiner Kollegen mache dies genauso. Auf die Nachfrage, an wen er da denke, musste er dann verlegen zugeben, dass ihm für die letzten 20 Jahre kein einziges Beispiel einfällt, das die These der „ähnlich erfolgreichen Kollegen“ stützen würde.

Das Vergessen der eigenen Talente ist natürlich in den Kulturen besonders verbreitet, in denen Bescheidenheit eine Tugend ist: Ein Muhammed Ali oder ein Donald Trump werden in den USA mit ihrer offensiven „Ich bin der Größte“-Strategie auch bei gelegentlichen Niederlagen eher mit Gleichmut behandelt – in Deutschland darf dagegen jeder sicher sein, der an sein Talent glaubt und dies auch sagt, im Fall der Niederlage Spott und Häme zu kassieren. „Hochmut kommt vor dem Fall“ ist nicht zufällig ein deutsches Sprichwort.

Wer wie der FC Bayern offensiv zu seinen Stärken steht, wird einerseits heimlich bewundert, andererseits aber bei Ausrutschern entsprechend abgewatscht. Kein Wunder, dass der Präsident von Bayer Leverkusen in der Schlussphase der Deutschen Meisterschaft 2002 seinen Spielern ausdrücklich verbot, von ihren Siegchancen auch nur zu sprechen.

Was für Fußballteams im Großen gilt, funktioniert bei Einzelkarrieren vom Prinzip her ähnlich: Als die deutsche Nachrichtensprecherin Susanne Stahnke unvorsichtigerweise durchblicken ließ, dass sie an ihr schauspielerisches Talent glaube und sich auch eine Hollywood-Karriere vorstellen könnte, wurde sie von ihren Kollegen vom Satire-Fach mit einer mehrmonatigen Hämekampagne bedacht.

3. Kapitel: Die Wiedergeburt der Stärke

Der Fokus der Stärke als Ausdruck wirtschaftlicher Notwendigkeit

Unsere Wirtschaft verändert sich in Riesenschritten und die Dynamik des Wandels hat ein atemberaubendes Tempo erreicht. Ich habe die Gesetzmäßigkeiten, die hinter diesen Veränderungsprozessen stehen, an anderer Stelle ausführlich beschrieben[8]. In meinem Buch *Magnet-Marketing* beschreibe ich die neue Wirtschaft als ein Hochgeschwindigkeits-Netzwerk von Informationsprozessen. Eine Kernthese lautet: Dadurch, dass sich Marktteilnehmer fast beliebig und zu geringen Kosten miteinander vernetzen und Informationen über den Markt austauschen können, werden *die meisten Märkte in den nächsten fünf bis sieben Jahren so transparent, wie der Kapitalmarkt es heute schon ist.*

Auf dem Weg zu dieser Markttransparenz haben Unternehmen noch eine drei- bis fünfjährige Schonzeit, um herauszuarbeiten und zu kommunizieren, wo sie für ihre Zielgruppe sichtbar besser sind als ihre Mitbewerber: Wer in Zukunft seinen Kunden keinen sichtbaren Nutzenvorsprung kommunizieren kann, für den wird es mit zunehmender Markttransparenz immer schwieriger, Erfolg zu haben.

Sichtbar besser als andere sind wir auf Dauer aber nur dort, wo wir im Kernbereich unserer Talente tätig sind: Dort, wo sich automatisch hohe Lerngeschwindigkeit mit Motivation, Begeisterung, Durchhaltevermögen und dem Stolz auf das eigene Können zur Spitzenleistung verbinden.

Dies gilt für Freiberufler genauso wie für mittlere oder große Unternehmen: Arbeitsteams können durch die geschickte Auswahl komplementärer Begabungen große Synergieeffekte in der Gesamtleis-

---

[8] Alexander Christiani, *Magnet-Marketing – Erfolgsregeln für die Märkte der Zukunft,* Frankfurt am Main 2002/vgl. auch Frank M. Scheelen, *Personal Leadership,* Landsberg am Lech 2000

tung erreichen. Großkonzerne haben – wie oben schon ausgeführt – ein nahezu unerschöpfliches Potenzial von circa 80 Prozent ihrer Mitarbeiter, die noch talentoptimiert eingesetzt werden können: Denken Sie beispielsweise an Procter&Gamble und Colgate Palmolive – zwei Konzerne, die seit vielen Jahrzehnten mit Zehntausenden Mitarbeitern gute Ergebnisse erzielen. Mal angenommen, eines der beiden Unternehmen würde sich für ein *talentezentriertes* Management entscheiden und dort einige Jahre Vorsprung herausarbeiten:

1. Das Unternehmen würde als Erstes allen Mitarbeitern ein Talent-Assessment anbieten, sodass jeder weiß, was er am besten kann.
2. Als Nächstes würde in der Organisationsentwicklung darauf geachtet, dass jeder Mitarbeiter Gelegenheit hat, in die Aufgaben hineinzuwachsen, die er vom Talent her am besten beherrscht.
3. Talent-Scouts würden bei Neueinstellungen nur noch Bewerber auswählen, die das Gesamtteam von ihren natürlichen Begabungen her optimal verstärken.
4. Mitarbeiterweiterbildung mit Wissen und Skills würde exakt dort stattfinden, wo jeder von seinen Talenten und seinem Herzen her am besten weiterwächst.
5. Topleute – die Schlüsselpersonen für den künftigen Erfolg eines jeden Unternehmens – würden nicht nur durch austauschbare Aktienoptionen ans Unternehmen gebunden, sondern fänden ein maßgeschneidertes Arbeitsumfeld vor, das sie jeden Tag mit leuchtenden Augen ihr Bestes geben lässt.

Könnte es sein, dass ein Unternehmen, dem es gelingt, diesen Faktor der „leuchtenden Augen bei der Arbeit" bei 80 Prozent seiner Mitarbeiter zu realisieren, in wenigen Jahren Mitbewerber in den Schatten stellt, die über eine 20-prozentige „Talentaktivierungsquote" nicht hinauskommen?

Der Faktor der Talent-Aufgaben-Passung wird in der gegenwärtigen Diskussion um weitere Performance- und Motivationssteigerungen weitgehend übersehen.

Ein Beispiel dafür liefert die aktuelle Diskussion um das Thema „Work-Life-Balance". Dabei geht es um die – je nach Autor etwas variierte – Grundthese, dass die extensive Beanspruchung im Berufsleben eingebettet sein muss in ein ganzheitliches Lebens-Balance-Konzept, in dem sich Anspannung und Muße sinnvoll abwechseln und ergänzen.

So sehr ich die grundsätzliche Intention dieser Diskussion begrüße, so sehr geht sie in einem entscheidenden Punkt am Thema vorbei, wie ich gerne an einem Beispiel aus unserem Unternehmen zeigen möchte:

Das Management der Christiani Consulting KG liegt in den bewährten Händen von Siegfried Haider, einem exzellenten Macher, der an jedem Arbeitstag riesige Aufgabenberge in konkrete Ergebnisse umzuwandeln weiß. Mir liegt es mehr, täglich im Einzelcoaching mit Unternehmern Innovationen für Marketing- und Vertriebskonzepte zu entwickeln oder große Gruppen von Managern und Vertriebsteams mit neuen Konzepten zu begeistern.

Bei diesen Talentpräferenzen sind Sigi Haider und ich uns sicher: Angenommen, er und ich würden morgen unseren Job tauschen und Siegfried würde täglich vor großem Auditorium sprechen, während ich den Aktivitätsterror an seinem Schreibtisch zu bewältigen hätte: Auch ein Vier-Tage-Wochenende würde uns bei dieser Konstellation keine Work-Live-Balance bringen. Wer also Work-Live-Balance-Konzepte den 80 Prozent aller Menschen empfiehlt, die täglich nicht tun dürfen, was sie am besten können und am liebsten tun, der lindert bestenfalls Symptome, beseitigt aber nicht die Ursache!

Im Strategiecoaching bei meinen Klienten konnte ich oft beobachten, dass die „Talent-Aufgaben-Kongruenz" nicht nur ein Schlüsselfaktor unternehmerischen Erfolgs, sondern auch des persönlichen Glücks ist. Ich bin deshalb sehr froh, im Bereich der Begabungs- und Potenzialanalyse Frank Scheelen als Co-Autor gewonnen zu haben, der seit vielen Jahren den Ruf genießt, ein besonders fähiger Experte zu sein, wenn es darum geht, Unternehmen eine praxisorientierte Analyse ihres Mitarbeiterpotenzials zu geben.

Für dieses Buch haben wir unsere Erfahrungen und unser Knowhow gebündelt, um Ihnen die Chance zu geben, aus Ihrem Potenzial und dem Ihrer Mitarbeiter die optimale Talent-Aufgaben-Passung zu entwickeln. Das erste Werkzeug, das Sie dazu brauchen, ist eine Einführung in ...

Die Sprache der Stärke

Wie oben schon beschrieben, kommen in unserer Kultur der Schwäche auf tausend wissenschaftliche Untersuchungen zu menschlichen Defiziten etwa eine Studie zu menschlichen Stärken. Kein Wunder also, dass unsere Sprache, wenn es um Neurosen, Psychosen, Depressionen, Manie, Hysterie, Phobien, Panikattacken, Schizophrenie und andere Psychopathologien geht, uns einen reichen Werkzeugkasten anbietet.

Die Sprache menschlicher Stärke ist demgegenüber nicht sehr differenziert. Laien wie Profis tun sich deswegen in Assessment-Center regelmäßig schwer, ihren intuitiven Positiv-Eindruck über einen Kandidaten in Worte zu fassen: „Ich mag seine Art, mit anderen Menschen umzugehen", „Sie hat ein Händchen für Mitarbeiter", „Sie strahlt etwas aus", „Er hat eine natürliche Autorität" lauten dann unsere etwas nebulösen Annährungen an das Beobachtete. „Er ist ein guter Kommunikator" – was will uns diese Formulierung sagen:

- Er ist ein guter Redner?
- Wenn ja, auch vor großen Gruppen?
- Oder nur vor großen Gruppen?
- Oder heißt das: Er kann andere Menschen gut überzeugen?
- Ist er stark im Erstkontakt?

- Oder gewinnt er auf den zweiten Blick und baut dann eine langfristige Beziehung auf?
- Überzeugt er mit guter Präsentation nach außen?
- Oder mit viel Verhaltenskongruenz langfristig nach innen?
- Alles Vorgenannte, einen Teil davon oder noch etwas ganz anderes?

Sie sehen, liebe Leserin, lieber Leser, der Abstraktionsgrad bei der Beschreibung positiver Eigenschaften unserer Mitmenschen ist verräterisch. Um wirklich präzise zu wissen, ob ein neuer Mitarbeiter ein guter Kommunikator in seiner neuen Aufgabe ist, müssen wir uns sehr in die Konkretisierungen der Praxis begeben. Und solange dort einprägsame Unterbegriffe fehlen, bleibt uns nur, den Einzelfall konkret zu umschreiben.

Damit wir uns in diesem Buch im Bereich von Intelligenz, Talent, Begabung, Stärke, Skills, Wissen und Kompetenz gut verstehen, biete ich Ihnen dazu folgende Begriffsbestimmungen an:

Als *Intelligenz* definieren wir – in Anlehnung an Howard Gardner – die *Rechnerleistung zur Verarbeitung einer bestimmten Art von Informationsinhalten.* Menschen, die mehrere zweistellige Zahlen in Sekundenbruchteilen im Kopf addieren können, verfügen offensichtlich über eine höhere Rechnerleistung zur Verarbeitung von Zahlenimpulsen als die, die erst alles aufschreiben müssen und sich dann beim Zusammenrechnen doch noch vertun.

Entsprechendes gilt für andere Informationen: Wer den ganzen Tag entspannt durch eine fremde Großstadt shoppt, ohne ein einziges Mal bewusst auf den Weg zu achten und abends auf kürzestem Weg sein Auto im fünf Kilometer entfernten Parkhaus wiederfindet, der hat eine höhere Rechnerleistung im Bereich des räumlichen Vorstellens zur Verfügung als derjenige, der schon auf dem heimatlichen Marktplatz verzweifelt sein Auto suchen muss, weil er rechts und links verwechselt.

Wer eine Melodie im Radio nur einmal zu hören braucht, um sie anschließend perfekt wiedergeben zu können, der verfügt über eine

„höhere Rechnerleistung zur Verarbeitung von musikalischen Weltinhalten" als Brummbären, die nie den richtigen Ton treffen.

Aus der Intelligenzforschung der letzten 20 Jahre – insbesondere dem bahnbrechenden Konzept der multiplen Intelligenzen von Howard Gardner – wissen wir heute, dass Menschen über mindestens zehn verschiedene Intelligenzen („biopsychologische Potenziale zur Informationsverarbeitung") verfügen. Welche dies sind und mit welchen Methoden wir unsere jeweiligen Grundbegabungen am besten entfalten können, das erfahren Sie im nächsten Kapitel anhand unserer Talent-Landkarte.

Die Begriffe *Talent* und *Begabung* werden in diesem Buch gleichbedeutend verwendet. Wir nutzen den Begriff Talent – ähnlich wie in der Umgangssprache – zunächst als Unterscheidungskriterium, um die *angeborene natürliche Begabung* von den Dingen abzugrenzen, die wir lernen können (Wissen und Skills). Talent steht also in diesem Buch für angeborenes Potenzial und ist deshalb per Definition nicht lernbar. Das Verhältnis der zehn Grundintelligenzen zu Talenten entspricht dem von Tonleiter zu Akkord: Die meisten Tätigkeiten, die in einer Kultur zu einem Funktionszusammenhang gehören, werden durch eine Kombination mehrerer Intelligenzen verwirklicht.

Musizieren, Komponieren, strategische Planung, Kochen und Autofahren sind Beispiele für Tätigkeiten, die zu einem Funktionsbereich gehören. Beim Violinespielen etwa werden neben musikalischer Intelligenz auch körperlich-kinästhestische Rechnerleistung (Feinmotorik) und personale Intelligenz (zum Beispiel die Fähigkeit, sich jahrelang zu konsequentem Training motivieren zu können, um an die Spitze zu kommen) benötigt.

Uns erscheint es sinnvoll, die „Intelligenz-Akkorde", die das Potenzial bezeichnen, in einem gesellschaftlichen Funktionsbereich Hervorragendes zu leisten, als Talente zu bezeichnen. So kann es durchaus sein, dass die musikalische Intelligenz eines Menschen ihn zusammen mit anderen Rechnerleistungen befähigt, Musiker zu werden. Dieses Talent zum Musizieren bedeutet aber nicht notwendig, dass er auch über Talent zum Komponieren verfügen muss.

Talent ist also *jede Kombination der zehn Grundintelligenzen (und gegebenenfalls auch anderer Persönlichkeitsmerkmale), die uns dazu disponiert, in einem bestimmten Funktionsbereich hervorragende Leistungen zu erbringen.*

In ähnlicher Weise, aber noch weitergehend, bezeichnen Buckingham und Coffman *jedes* sich wiederholende Muster von Gedanken, Gefühlen und Verhaltensweisen als Talent, das zu einer bestimmten Top-Performance führt. So kommen sie etwa bei der Analyse von Tiger Woods' Golfspiel zu dem Ergebnis, dass seine langen Schläge und sein Putting zu seinen Talenten gehören, sein Bunkerspiel (bei dem er nur 61. der PGA-Tour ist) dagegen nicht. Wir haben bei unseren Praxiscoachings die Erfahrung gemacht, dass ein solches atomisierendes Verständnis des Talentbegriffs eher hemmend als förderlich ist. Nach unserer Einschätzung ist Tiger Woods ein Jahrhundert-Talent im Golfen. Wenn er seine Rechnerleistung im räumlichen Vorstellen, in der Bewegungsmotorik und in der personalen Kompetenz noch stärker auf sein Bunkerspiel fokussieren würde, trauen wir ihm durchaus technische Optimierungen zu, um auch dort zu den Weltbesten zu gehören. Anders ausgedrückt: Wenn die grundsätzliche „Akkord-Rechnerleistung" feststeht, sollte der Fokus auf der weiteren Skill-Entwicklung liegen. Technische Schwächen mit fehlenden „Bunker"-Genen entschuldigen zu wollen, scheint nicht nur wissenschaftlich kühn, sondern liefert auch Vorlagen für Entschuldigungen, die schlichtweg überflüssig sind.

Talente, Wissen und Skills sind die entscheidenden Komponenten einer jeden *Kompetenz*, über die wir verfügen. Anders als Talente sind Wissen und Skills lernbar. Im Bereich Wissen unterscheiden wir Fakten- und Erfahrungswissen.

Zum *Faktenwissen* eines Kundenberaters gehören beispielsweise alle Argumente und Daten, die er zu seinen Produkten verfügbar hat. Zu seinem Faktenwissen gehören unter anderem auch all die Beispiele, Sprachbilder und Redewendungen, mit denen er den Kunden seine Produkte erklärt. Welche Beispiele und welche Bilder bei bestimmten Kundentypen am stärksten überzeugen, gehört dagegen zum *Er-*

fahrungswissen dieses Verkäufers. Das Fingerspitzengefühl dafür, wie ich einem bestimmten Kunden etwas erkläre, ist auch eine Funktion des Erfahrungswissens, das nicht in Universitäten und Seminarräumen vermittelt werden kann. Wie schnell und wie viel Erfahrungswissen ein Verkäufer erwirbt, hängt dann zum Teil wieder von seinen Talenten ab, beispielsweise von seiner interpersonalen Intelligenz und seiner Empathie, sich in andere einzufühlen.

Skills bezeichnen dagegen die Gewusst-wie-Muster eines Verhaltens oder einer Aktivität: Die Einzelschritte, die beim Weltmeister im Gewehrschießen zu Top-Performance führen, sind regelmäßig auch bei weniger talentierten Schützen eine gute Richtschnur, um die eigene Leistung zu optimieren. Insofern ist die Skill-Trainingsmethode des Modelling-of-Excellence, wie sie im NLP praktiziert wird, ein produktiver Weg zur Talent*entfaltung*. Wem jedoch die weltmeisterliche Feinmotorik fehlt, aus dem wird trotz erstklassiger Skills kein Schützenkönig.

Talente, Wissen und Skills bilden in ihrem Zusammenspiel die *Stärke*, die wir in einem bestimmten Funktionsbereich erreichen. Eine gute Grundbegabung vorausgesetzt, so schätzen Kreativforscher und Sozialwissenschaftler, benötigen wir circa zehn Jahre, um unser Talent mit Wissen und Skills so zu entfalten und zu polieren, dass wir unseren Fachbereich mit einer Top-Performance in den Griff bekommen. Eine weitere Dekade brauchen dann Spitzentalente, um in der Wissenschaft, Musik, Kunst oder auch in der unternehmerischen Praxis Arbeiten hervorzubringen, die dieses Fachgebiet verändern und weiterführen – will sagen: Top-Performance und echte Meisterschaft erfordern auch bei einer Spitzenbegabung tausende domänenspezifische Arbeitsstunden für das Feintuning.[9]

Talente im Licht der Philosophie

Die Grundüberzeugung, dass jeder Mensch über einzigartige Talente verfügt und der Weg zu unserem Lebensglück über die Re-

9 Vgl. dazu Gardner, *Intelligenzen*, a.a.O., S. 146

alisierung unserer Talente führt, ist keineswegs neu, sondern gehört zu den kulturellen Grundüberzeugungen, die sich in westlichen wie östlichen Philosophien seit Jahrtausenden finden.

Im Sanskrit beispielsweise kennen wir das Gesetz des Dharma, das Gesetz vom Lebenssinn. Danach haben wir Menschen eine körperliche Gestalt angenommen, um einen Lebenssinn zu erfüllen. Nach dem Gesetz des Dharma haben wir alle einzigartige Talente und eine einzigartige Weise, diese auszudrücken. Die Anhänger dieser Lehre glauben weiter, dass es etwas gibt, dass jeder Mensch besser kann als alle anderen auf der Welt und dass es für jedes einzigartige Talent und jeden einzigartigen Ausdruck eines Talents auch eine einzigartige Nachfrage gibt. Wenn diese Nachfrage kreativ mit dem Ausdruck des Talents abgestimmt wird, dann – so die Überlieferung – entsteht ein Funke, der Wohlstand erzeugt. Deepak Chopra, der berühmte indische Weisheitslehrer, berichtet beispielsweise, dass er seinen Kindern seit ihrem vierten Lebensjahr immer wieder gesagt hat, dass es einen Grund gäbe, warum sie auf der Welt seien, und dass es ihre Aufgabe sei herauszufinden, wie sie der Menschheit mit ihrem Talent am besten dienen können.

Menschen, die mit dem christlichen Glauben vertraut sind, werden sich in diesem Zusammenhang sicher an das Evangelium der Talente erinnern: Matthäus beschreibt hier, wie der Herr seinen Knechten nach ihren Fähigkeiten unterschiedlich viele Talente überträgt. Zwei der Knechte verdoppeln die ihnen anvertrauten Talente, während der dritte seines aus Furcht vergräbt. Als Bilanz gezogen wird, lobt der Herr die Knechte, die die ihnen anvertrauten Gaben vermehrt haben, und vertraut das nicht eingesetzte Talent des Dritten dem mit den meisten Talenten an: „Jedem, der hat, wird dazugegeben und er wird Überfluss haben. Wer aber nicht hat, dem wird noch genommen, was er hat", ... und dann wurde der untreue Knecht, der sein Talent nicht genutzt und vervielfacht hatte, hinausgeworfen in die Finsternis ...

Je nach persönlicher Glaubensüberzeugung werden uns diese Konzepte der Weltreligionen stärker oder weniger stark berühren. Aber auch mit weltanschaulicher Neutralität lässt sich der Grundgedanke akzeptieren, dass uns unsere Talente – als genetisch vorgegeben und angeboren – vom Universum anvertraut sind und es in unserer Verantwortung liegt, sie zu unserem Wohl und zum Wohl unserer Mitmenschen zu entfalten.

- Wir alle haben die Chance, unsere Talente mit Wissen und Skills zu Stärken zu entwickeln, von denen dann wir und unsere Mitmenschen profitieren.
- Auf dem Weg der Verwirklichung unserer Talente haben wir nicht nur – wie noch zu zeigen sein wird – die schnellsten und größten Lernerfolge, die meiste Lernlust und das stärkste Behalten, sondern finden durch stetes Handeln, Lernen und Verbessern und dann erneutes Handeln, Lernen und Verbessern auch den Weg zu einem starken Leben.
- Die Ehrlichkeit uns selbst gegenüber – die Bereitschaft, unsere Stärken und unser Potenzial vorurteilslos anzuschauen – und die Konfrontation mit unserem Potenzial sind anspruchsvolle Herausforderungen auf dem Weg zu persönlicher Weiterentwicklung. Das erfordert Mut und dieser Mut ist die Eintrittskarte, um die Werkzeuge zu unserer Talententwicklung zu nutzen.

Zusammenfassung: Die Renaissance der Stärke

1. Seit dem Altertum gibt es eine starke Tendenz, die individuelle Einzigartigkeit der Menschen und die Unterschiede in ihren Begabungen als „political incorrect“ zu leugnen. Begründer dieser Denktradition war Prokrustes, der vom Areopag in Athen beauftragt wurde, seine Mitmenschen zu vermessen. Er stauchte oder streckte sie auf seinem berühmten Bett so lange, bis alle die gleichen Maße aufwiesen. Prokrustes wollte so die junge Demokratie in Athen stützen. Seine Vermutung, die Demokratie leite die Gleichheit der Menschen vor dem Gesetz aus ihrer grundsätz-

lichen Gleichheit ab, ist ein Denkfehler, der als Trugschluss des Prokrustes in die Geschichte der Demokratie einging.

Als mit dem Beginn des 20. Jahrhunderts die ersten Messverfahren genormt wurden, um die geistige Leistungsfähigkeit der Menschen zu bestimmen, erlebte der Trugschluss des Prokrustes eine Neuauflage: Obwohl Forschungsarbeiten an getrennt aufgewachsenen eineiigen Zwillingen übereinstimmend zeigen, dass die sogenannte Testintelligenz von uns Menschen zu einem erheblichen Teil angeboren ist, wurden ihre Erkenntnisse in der Öffentlichkeit bis vor wenigen Jahren empört bestritten.

2. Nachdem in den letzten 10 Jahren die Molekularbiologie und Genmedizin entscheidende Durchbrüche erzielt haben, erscheint es vielen Präimplantationsdiagnostikern nur noch eine Frage der Zeit, bis wir Designerbabys mit gewünschten Talentkombinationen haben werden.

   Nachdem die grundsätzlichen Zweifel an der angeborenen Vielfalt und Ausprägung menschlicher Begabungen und ihrer Vererbbarkeit nun molekularbiologisch ausgeräumt sind, werden die Grenzen unseres Bildungssystems immer deutlicher: Schule, Universität und berufliche Weiterbildungsinstitutionen behandeln Menschen noch immer so, als könnte jeder prinzipiell alles lernen: 80 Prozent aller Menschen gaben beispielsweise in internationalen Befragungen zu Protokoll, dass sie an ihrem Arbeitsplatz nicht die Möglichkeit haben, jeden Tag ihre Stärken einzusetzen. Bei der Vielzahl der Aufgabenprofile in unserer arbeitsteiligen Wirtschaft ergibt sich damit heute ein riesiges Potenzial an „human capital", das wir mit dem Kriterium der Talent-Aufgaben-Kongruenz erheblich effizienter nutzen könnten.

Während die Optimierung staatlicher Bildungssysteme traditionsgemäß lange auf sich warten lässt, sind die ökonomischen Zwänge von Unternehmen im Zeitalter der Globalisierung so groß, dass von dort die Renaissance der Stärke viel eher zu erwarten ist. Das Prinzip der Talent-Aufgaben-Kongruenz nutzt nicht nur das Potenzial jedes Einzelnen optimal, sondern gibt ihm auch ein Arbeitsumfeld, in dem jeder durch den Einsatz seiner Talente besonders motiviert werden kann.

Die moderne Neurobiologie hat nämlich nachgewiesen, dass wir auf dem Weg der Entfaltung unserer Stärken besonders motiviert sind, am schnellsten dazulernen, die beste Merkfähigkeit entwickeln und dabei auch das meiste Selbstvertrauen aufbauen. Anders ausgedrückt: auf dem Weg der Stärke profitieren nicht nur das Unternehmen und die Gesellschaft, sondern vor allem jeder Einzelne. Die Epoche des talentkonträren Arbeitens, in der unsere Seele verstummen musste, scheint endlich vorbei zu sein.

3. Da wir erst am Anfang dieser Renaissance der Stärke stehen, sind wir gut beraten, die Grenzen des egalitären Bildungssystems selbst zu sprengen. Fragen wir uns deshalb:

- Habe ich im Laufe meiner Schulzeit und Ausbildung ein klares Konzept meiner Stärken entwickeln können?
- Habe ich in meinem bisherigen Umfeld die Gelegenheit gehabt, diese Begabungen optimal zu entfalten, oder habe ich Stärken (zum Beispiel im Bereich künstlerischer, sportlicher oder kreativer Begabung), die traditionell in unserer Kultur nicht gefördert worden sind?
- Glaube ich an die Talentbremsen vom positiven Denken oder NLP, denen zufolge Talente nicht relevant sind, weil jeder prinzipiell alles erreichen und überall zur Meisterschaft gelangen kann?
- Folge ich dem Wunschdenken der Lernpsychologen, die behaupten, jeder könne lernen, wie Leonardo da Vinci oder Albert Einstein zu denken, aber bis heute keinen zweiten da Vinci oder Einstein hervorgebracht haben?
- Folge ich dem Prinzip vieler Wissenschaften, Schwächen zu analysieren, um in ihrem Gegenteil die Struktur der Stärke zu entdecken?

- Dreht sich mein Leben um die Optimierung meiner Stärken oder fokussiere ich mich stärker auf das Ausmerzen erkannter Schwächen?
- Habe ich Angst vor der Identitätsbedrohung, die darin liegen könnte, dass mich ein Versagen im Bereich meiner größten Stärken besonders verletzen könnte?
- Glaube ich, ich hätte keine besonderen Stärken, weil sie mir zur zweiten Natur geworden sind und deshalb überhaupt nicht mehr auffallen?

4. Die Märkte der Zukunft werden durch die Fortschritte der Informationstechnologie und die zunehmende Vernetzung immer transparenter. In fünf bis sieben Jahren werden die Angebote in vielen Branchen so überschaubar sein, wie es der Aktienmarkt heute schon ist. Je größer die Markttransparenz, umso leichter und preiswerter wird derjenige zum Erfolg kommen, der seinen Kunden sichtbar mehr Nutzen bieten kann.

   Dieser sichtbare Nutzenvorsprung erfordert vom Kleinunternehmen bis zum Weltkonzern möglichst viele Mitarbeiter, die mit ihren Talenten genau dort eingesetzt sind, wo sie den größten Nutzen stiften können.

   Ein Unternehmen, dem es gelingt, vier von fünf seiner Mitarbeiter talentoptimal einzusetzen, wird gegenüber Mitbewerbern, bei denen nur jeder Fünfte das tut, was er am besten kann, einen erheblichen Wettbewerbsvorsprung erreichen.

   Dies gilt vor allem dann, wenn im Dienstleistungssektor die Motivation und Begeisterung desjenigen, der mit leuchtenden Augen tut, was er am besten kann, dem Kunden einen immateriellen Bindungs-Mehrwert bieten.

5. Die Dominanz unserer Kultur der Schwäche findet sich auch in unserer Sprache. Defizite machen uns beredt: Bei Depressionen, Neurosen und Psychosen wissen wir Bescheid. Wenn es um Stärken geht, finden wir jemanden kompetent, sympathisch und ver-

muten, er könne mit Menschen umgehen. Damit wir uns im neuen Gebiet der Stärke nicht verlaufen, hier einige Kernbegriffe.

Intelligenz meint die Rechnerleistung zur Verarbeitung von Informationsinhalten (wie zum Beispiel bei musikalischer oder sprachlicher Intelligenz). Wenn die zehn menschlichen Grundintelligenzen so etwas sind wie eine Tonleiter, dann sind unsere Talente die Akkorde, die wir damit spielen: *Ein Talent ist also die angeborene Kombination von Intelligenzen, die uns in einem bestimmten Funktionsbereich erlaubt, hervorragende Leistungen zu erbringen.* Ein talentierter Verkäufer ist danach jemand, der über eine Grundkombination von sprachlicher und emotionaler Intelligenz verfügt, die es ihm ermöglicht, andere Menschen rational und emotional für sein Angebot zu gewinnen. Talente werden im Zusammenspiel mit *Wissen* und *Skills* zu unseren *Stärken* – den *Kompetenzen,* die uns zu Spitzenleistern machen. Anders als Talente sind Wissen und Skills lernbar. Beim Wissen lassen sich Fakten und Erfahrungswissen unterscheiden. Ersteres lässt sich im Klassenraum lernen, Letzteres on the job. Skills sind die Know-how-Muster von Verhaltensweisen oder Aktivitäten.

6. Es gibt eine Synthese zwischen den feindlichen Lagern der Intelligenzgenetiker und der Milieutheoretiker: Die einen werden nicht müde zu betonen, wie viel uns angeboren ist; die anderen verweisen darauf, wie unglaublich viel Menschen in einem lernförderlichen Umfeld dazulernen können.

   Das ist für uns kein Widerspruch und deshalb formuliert *Stärken stärken* für Sie die Synthese: *Wenn wir dort, wo wir unser größtes Potenzial haben, mit den besten verfügbaren Lernmethoden Wissen und Skills erwerben, dann stärken wir unsere Stärken und entwickeln uns zu Spitzenleistern.*

   Die Basis dafür ist zunächst, als Fundament die eigenen Stärken kennenzulernen. Dazu gibt's im zweiten Teil die Stärken-Landkarte.

Teil II:
Unseren Talenten auf der Spur

4. Kapitel:
Die Vielfalt der menschlichen Intelligenzen

Überblick

Wer weiß, wonach er sucht, tut sich beim Finden erheblich leichter. Dies gilt für die Orientierung in der freien Natur genauso wie für jede geistige Arbeit: Wer eine Berghütte von früheren Besuchen her kennt, wird sie in der Dämmerung leichter finden als seine Kameraden, die diese Tour zum ersten Mal gehen, weil er eine Vorstellung von dem hat, was er sucht. Börsianer, die sich in der Chart-Analyse von Aktienkursen auskennen, wissen ebenfalls, nach welchen auffälligen Kursausschlägen sie suchen. Auch sie tun sich deshalb leichter, neue Informationen in ihr Analyseraster einzuordnen als diejenigen, die beim ersten Besuch auf dem Börsenparkett von einer Informationslawine erschlagen werden.

Genau das Gleiche gilt für die Suche nach unseren Talenten und Begabungen. Führende Intelligenzforscher wie zum Beispiel Howard Gardner mit seinem Konzept der multiplen Intelligenzen haben in den letzten 20 Jahren hervorragende Landkarten für die unterschiedlichen menschlichen Intelligenz- und Talentfelder angelegt. Schauen wir uns deshalb den aktuellen Stand der Forschung einmal näher an, um damit die Ausgangsbasis für die Bestimmung unserer eigenen Intelligenzpräferenzen zu schaffen.

Der Begründer der modernen Intelligenzforschung, der Franzose Alfred Binet, war – wie viele der ihm folgenden Testpsychologen – der Ansicht, Intelligenz sei eine ganzheitliche, homogene Eigenschaft, will sagen: Wenn ein Mensch in einem Bereich geistiger Leistungsfähigkeit ziemlich gut ist, dann ist er es in anderen Dimensionen auch. Diese auffassungvertraten 1994 noch Richard J. Herrnstein und Charles Murray in ihrem aufsehenerregenden Standardwerk *The Bell Curve*. Wer gegen diese kühne Verallgemeinerung Bedenken erhob – weil er beispielsweise bei seinen Mitmenschen beobachtete, dass überragende sprachliche Leistungen nicht mit einer hohen Begabung in Mathematik korrelieren müssen und umgekehrt –, der wurde über viele Jahre von den Intelligenztestlern mit dem berühmten Zitat des Harvard-Psychologen Edwin G. Boring ruhig gestellt: „Intelligenz ist das, was der Intelligenztest misst“ und damit basta.

Nun braucht man nicht sonderlich viel Beobachtungsgabe um festzustellen, dass die geistigen Leistungen von Menschen in verschiedenen Bereichen höchst unterschiedlich ausgeprägt sein können: Nicht jeder, der über viel musikalisches Talent verfügt, ist notwendig auch sprachlich oder logisch-mathematisch sehr begabt. So wies schon L. L. Thurstone von der Universität Chicago in den 30er-Jahren auf die sieben Vektoren des Geistes hin und sein Kollege J. P. Guilford von der Universität von Süd-Kalifornien kartorgrafierte sogar 150 Intelligenzfaktoren. Doch es sollte noch einige Zeit vergehen, bis sich die Intelligenz-Pluralisten nachdrücklich Gehör verschaffen konnten.

Yale-Professor Robert Sternberg beispielsweise führte den Begriff der „praktischen Intelligenz“ in die Diskussion ein und bezeichnete damit die Fähigkeit, sinnvoll mit neuen Informationen umzugehen oder sich an verschiedene Kontexte anzupassen. Er verwies darauf, dass diese praktische Problemlösungsfähigkeit nicht mit den traditionellen IQ-Tests korreliert – eine Beobachtung, die die meisten Menschen von ihren Klassentreffen her bestätigen können: Der Klassenprimus mit den meisten Einsern in der Schule ist nicht notwendig derjenige, der die meisten Einser im Leben eingeheimst hat ... Auch David Olson von der Universität Toronto brachte mehr praxisbezogene Überlegungen in die Intelligenzdiskussion ein. Er definiert Intelligenz als Geschicklichkeit im Gebrauch eines Mediums und sieht in ihr unter anderem die Fähigkeit, geschickt mit Computern, Sprache oder anderen Symbolsystemen umzugehen.

Neben Psychologen haben vor allem auch Neurologen und Neurobiologen unser Verständnis von der Funktionsvielfalt des menschlichen Geistes bereichert: Lange Zeit schien menschliche Intelligenz in erster Linie rationale Intelligenz zu sein, die aus damaliger Sicht der Gehirnforscher in den neuronalen Schaltkreisen der linken Hemisphäre produziert wurde.

Roger Sperry erhielt dann 1981 den Nobelpreis in Medizin für seine Erkenntnis, dass die rechte Gehirnhälfte mit ihren assoziativen Denkprozessen ebenfalls entscheidend zu unseren Fähigkeiten beiträgt. Während neuronale Schaltkreise der linken Gehirnhälfte vor allem an sequenziellen, linearen und logischen Prozessen beteiligt sind, die von den Teilen zum Ganzen laufen und mit einem Zeitempfinden ausgestattet sind, arbeiten die rechtshemisphärischen Prozesse mit anderen Parametern: Sie verlaufen regelmäßig vom Ganzen zu den Teilen, sind oft simultan und haben in unserer Vorstellung eine räumliche Dimension, aber kein Zeitempfinden.

Die nächste deutliche Erweiterung unserer Landkarte über menschliche Fähigkeiten verdanken wir Paul D. MacLean. In seinem Grundlagenwerk *The Triune Brain in Evolution*[10] beschreibt er unser Gehirn als „drei miteinander verbundene biologische Computer, die, jeder für sich, ihre eigene Intelligenz haben, ihre eigene Subjektivität, ihren eigenen Sinn für Zeit und Raum, ihr eigenes Gedächtnis, ihren eigenen ‚Motor' und andere Funktionen."

Zusammengefasst: Seit Paul MacLean wissen wir, dass unser Gehirn aus drei verschiedenen Strukturen besteht, und zwar aus:

1. der Neokortex, die zuständig ist für Gedanken und Bilder,
2. dem limbischen System – zuständig für Begehren und Gefühle und
3. dem Stammhirn, das – unter anderem – unser Verhalten steuert.

[10] New York, *Plenum Press* 1990, S. 99

Man könnte unser Gehirn also durchaus mit einer gut besuchten Cocktailparty vergleichen, bei der alle gleichzeitig reden: Alle sagen etwas Wichtiges, aber wir wissen nicht so genau was. Wenn wir uns jeden Gehirnbereich mit seinen Begabungen separat anschauen, dann können wir jeden Teil deutlich besser verstehen. Nach den Erkenntnissen von MacLean können wir die verschiedenen Gehirnfunktionen weitgehend separat und unabhängig voneinander steuern, auch wenn sie in weiten Teilen interaktiv miteinander verbunden sind:

- Was wir denken, beeinflusst, was wir fühlen und tun.
- Was wir fühlen, beeinflusst, was wir zu denken oder tun gewillt sind.
- Was wir tun, beeinflusst, was wir fühlen, und nimmt Einfluss auf unseren Denkprozess als reflektierende Wesen.

Im Erkennen der unterschiedlichen Funktionsprinzipien der verschiedenen Gehirne und der von ihnen zur Verfügung gestellten höchst unterschiedlichen Rechnerleistungen liegt jedoch gleichwohl das Schlüsselelement zu unserer Selbststeuerung und Talententwicklung.

Der Mann, der unser Verständnis von der Vielfalt menschlicher Fähigkeiten vielleicht am stärksten bereichert hat, ist der amerikanische Psychologe Howard Gardner, der 1983 in seinem Buch *Abschied vom IQ. Die Rahmen-Theorie der vielfachen Intelligenz*[11] sein inzwischen weltweit akzeptiertes Konzept der multiplen Intelligenz vorstellte.

Gardner verdankt sein einzigartiges Verständnis der Vielfalt menschlicher Fähigkeiten zwei völlig unterschiedlichen Forschungsprojekten, die er als Neuropsychologe über zwei Jahrzehnte parallel betreute: Zum einen arbeitete er am Untersuchungszentrum der Bostoner Universitätsklinik für Hirnverletzungen. Dort konnte er beispielsweise erkennen, dass Sprechen und Singen voneinander unabhän-

[11] Stuttgart 1991

gige menschliche Fähigkeiten sind: Jede konnte nämlich – je nach Hirnverletzung – einzeln zerstört werden oder erhalten bleiben. Andererseits stellte sich zum Beispiel heraus, dass Wort und Zeichensprache dagegen verwandte Fähigkeiten sind: Für die gesprochene Sprache des Hörenden sind (annährend) dieselben Gehirnareale zuständig wie für die Zeichensprache der Gehörlosen.

Der zweite Teil der Forschungstätigkeit von Gardner umfasste die Arbeit mit begabten, gesunden Kindern beim Projekt Zero in Harvard, bei dem es darum ging, Aufschluss über die geistige Entwicklung bei Begabten zu gewinnen.

Gardner entwickelte aus dieser Arbeit eine Reihe von insgesamt acht Kriterien, um verschiedene Intelligenzen voneinander abzugrenzen. Neben anderen Kriterien bezog er die Einschränkung der Funktionsweise bei Hirnschäden, die Verankerung der Fähigkeit in der Stammesgeschichte und in der Entwicklungsgeschichte des Einzelnen genauso in seinen Kriterienkatalog ein wie zusammengehörende Grundfunktionen und die Resultate von Intelligenzmessungen. Er definiert heute:

Intelligenz ist ein Potenzial (vermutlich neuronaler Art), dessen Aktivierung von den Werten einer Kultur, den Möglichkeiten des Umfelds und individuellen Entscheidungen abhängt.

Wie sehr die Werte einer Kultur darüber entscheiden, ob und in welchem Ausmaß wir angeborene Talentpotenziale entwickeln, lässt sich im Laufe der Geschichte gut beobachten.

Als der ägyptische Hofarchitekt Imhotep vor 4700 Jahren beauftragt wurde, für Pharao Djoser eine Grabstätte zu bauen, entschied er sich nicht für die bis dahin üblichen rechteckigen Gebäude aus Lehmziegeln. Er ließ vielmehr 850 000 Tonnen Kalkstein zu einem Bauwerk von 60 Metern Höhe auftürmen und hinterließ der Welt die erste Pyramide – eine geometrische Form, die auch heute noch Architekten überall auf der Welt inspiriert.

Sein Vorbild schuf im alten Ägypten für die nächsten 140 Jahre eine Baukultur, der wir heute noch das einzige überlebende Weltwunder

der Antike verdanken: die Cheops-Pyramide. Mit ihren 230 Metern Kantenlänge, einer Höhe von 147 Metern und einer Ausrichtung auf die Himmelsrichtungen mit einer Maximalabweichung von einem zwölftel Grad, ist sie bis heute Ausdruck einer architektonischen Blütezeit, wie wir sie zuvor oder danach nicht mehr erlebt haben.

Imhotep inspirierte durch sein Vorbild die nächsten Generationen von Architekten zu anderthalb Jahrhunderten Höchstleistungen in der Baukultur.

In gleicher Weise lässt sich dokumentieren, wie Sokrates, Platon und Aristoteles eine Kultur des philosophischen Denkens schufen, die für mehrere Jahrhunderte menschliches Talent zu philosophischen Erkenntnissen inspirierte, die noch 2000 Jahre später in weiten Teilen Gültigkeit haben.

Ähnlich schufen die Großen Fünf der Renaissance – Botticelli, da Vinci, Michelangelo, Raffael und Tizian – eine Wertekultur, die auch ihre Zeitgenossen zu naturwissenschaftlichen und künstlerischen Durchbrüchen führte: Wäre Leonardo da Vinci heute geboren und hätte nicht bei Andrea del Verrocchio (1435–1488) seine Talente als Maler und Bildhauer entfalten dürfen, wer weiß, welcher Teil seines genialen Potenzials zeitlebens brachgelegen hätte.

Wir werden aus diesem Grund in unserer Talent-Landkarte nicht nur die zehn menschlichen Hauptintelligenzen beschreiben, sondern sie auch in ihrem kulturellen Wertekontext porträtieren: Nur wer weiß, welche Filter unsere Kultur seinen Talenten in den Weg stellt, hat die Chance, in der heutigen multikulturellen Welt sich von den Einflüssen inspirieren zu lassen, die ihn besonders fördern.

Gardner verweist in seiner Intelligenzdefinition zu Recht darauf, dass neben den Werten einer Kultur die Möglichkeiten des Umfeldes darüber entscheiden, wie viel von unserem Potenzial wir realisieren. Gemeint sind hier vor allem die Möglichkeiten des Lernumfelds. Pioniere wie Shinichi Suzuki oder Win Wenger vom Projekt Renaissance, den ich seit Jahren kenne und schätze, erforschen seit Jahrzehnten die Methodik des optimalen Lernens. Beide demonstrieren in ihren Instituten (Suzuki Music Scool beziehungsweise Projekt Renaissance) so überzeugend die Methoden der weltbesten Lerner, dass wir ihre Erkenntnisse zum Thema „Stärken stärken“ ebenfalls nutzen werden.

Hier die zehn Intelligenzen nach Howard Gardner im Überblick:[12]

Intelligenz	Eigenschaften	Typische Funktionsbereiche	Herausragende Vertreter
1. Sprachliche Intelligenz	➤ Sensibilität für geschriebene und gesprochene Sprache ➤ Fähigkeit zum zweckbestimmten Einsatz ➤ Fähigkeit zum Sprachenlernen	➤ Rechtsanwälte ➤ Schriftsteller ➤ Dichter ➤ Journalisten	➤ Shakespeare ➤ Goethe
2. Logisch-mathematische Intelligenz	➤ Probleme logisch analysieren können ➤ Durchführung mathematischer Operationen ➤ Wissenschaftliche Untersuchung von Fragestellung	➤ Naturforscher ➤ Wissenschaftler ➤ Mathematiker ➤ Computerprogrammierer	➤ Euklid ➤ Leibniz ➤ Aristoteles

[12] Gardner selbst begreift die Fähigkeit zu schöpferischem Denken „Kreative Intelligenz“ nicht als eigenständige Intelligenz, sondern als sonstige schöpferische Fähigkeit; er räumt jedoch ein, dass es letztlich eine Frage des Ermessens sei, ob eine bestimmte menschliche Fähigkeit einen weiteren Intelligenztypus darstellt. Wir sind von der zentralen Bedeutung des schöpferischen Denkens in der heutigen Welt sehr überzeugt und beziehen es deshalb als eigenständige Intelligenzkategorie in unsere Überlegungen ein.

3. Assoziativ-kreative Intelligenz	➤ Verbinden von Gedanken in beliebiger Weise (nicht logisch und nicht kausal) ➤ Bedeutung geben (Sachverhalte mit Werten assoziieren) ➤ Entdecken, kreieren ➤ Etikettenfreies Beobachten	➤ Erfinder, Entdecker ➤ Innovationen ➤ Konstruktions- und Entwicklungsingenieure	➤ Walt Disney ➤ Salvatore Dali ➤ Thomas Alva Edison
4. Räumliche Intelligenz	➤ Der theoretische und praktische Sinn für große und kleine Räume	➤ Seeleute ➤ Piloten ➤ Architekten ➤ Bildhauer ➤ Grafiker	➤ Leonardo da Vinci ➤ Michelangelo ➤ Vincent van Gogh ➤ Picasso
5. Musikalische Intelligenz	➤ Begabung zum Musizieren, Komponieren und Sinn für musikalische Prinzipien	➤ Musiker ➤ Sänger ➤ Komponisten	➤ Bach ➤ Mozart ➤ Beethoven ➤ Herbert von Karajan ➤ Yehudi Menuhin

6. Körperlich-kinästhetische Intelligenz	➤ Die Fähigkeit, einzelne Körperteile oder den ganzen Körper für Bewegungsabläufe präzise einzusetzen	➤ Tänzer ➤ Sportler ➤ Schauspieler ➤ Chirurgen ➤ Handwerker ➤ Mechaniker	➤ Michael Jackson ➤ Michael Schumacher ➤ Juan Manuel Fangio ➤ Charlie Chaplin ➤ Christian Barnard
7. Naturkundliche Intelligenz	➤ Die Fähigkeit, die Umwelt zu erkennen und zu klassifizieren ➤ für Kulturwelten genauso bedeutsam wie für natürliche Umwelten	➤ Naturwissenschaftler ➤ Biologen ➤ Marketingfachleute ➤ Trendforscher	➤ Charles Darwin ➤ Isaak Newton ➤ Albert Einstein ➤ Nikolaus Hayek
8. Intrapersonale Intelligenz	➤ Die Fähigkeit, sich selbst zu verstehen, ein realitätsnahes Bild der eigenen Person – mit ihren Wünschen, Ängsten und Fähigkeiten – zu entwickeln und dieses Wissen im Alltag zu nutzen	➤ Alle, die sich im Grenzbereich ihrer eigenen Leistungen bewegen ➤ Spitzensportler ➤ Einzelkämpfer beim Militär	➤ Thomas von Aquin und viele andere Heilige ➤ Jesus ➤ Buddha ➤ Lance Armstrong ➤ Arnold Schwarzenegger

9. Interpersonale Intelligenz	➤ Die Fähigkeit, die Absichten, Wünsche und Motive anderer Menschen zu verstehen und in der Lage zu sein, mit ihnen erfolgreich zu kooperieren	➤ Alle, die Führungsaufgaben wahrnehmen ➤ Manager ➤ Lehrer ➤ Politiker	➤ Mahatma Gandhi ➤ Mutter Teresa ➤ Martin Luther King ➤ John F. Kennedy
10. Spirituelle Intelligenz	➤ Die Fähigkeit, Dinge zu erkennen und zu verstehen, die sich hinter den Erkenntnisgrenzen unserer Welt befinden	➤ Priester ➤ Schamanen ➤ Heiler ➤ Weisheitslehrer	➤ Jesus ➤ Buddha ➤ Johannes XXIII.

Sprachliche und logisch-mathematische Intelligenz

Die sprachliche und die logisch-mathematische Intelligenz sind die, auf deren Entfaltung Schulen und Universitäten überall in der westlichen Welt den Schwerpunkt legen, um uns im rationalen Denken zu fördern.

Zur sprachlichen Intelligenz gehören Talente wie die Sensibilität für die gesprochene oder die geschriebene Sprache, aber auch die Fähigkeit, Sprache zweckbestimmt einsetzen zu können und natürlich das Vermögen, Sprachen schnell und gut zu lernen.

Rechtsanwälte, Politiker, Fernsehmoderatoren, Journalisten, Manager, Lehrer, Verkäufer und alle anderen, deren Beruf in weiten Teilen erfordert, andere Menschen durch Sprache zu gewinnen, profitieren von sprachlicher Intelligenz in besonderer Weise.

Zur logisch-mathematischen Intelligenz gehört die Fähigkeit, Probleme logisch zu analysieren, Fragestellungen wissenschaftlich strukturiert zu untersuchen, mathematische Operationen durchzuführen und Symbolsprachen zu beherrschen. Wissenschaftler, insbesondere Naturwissenschaftler, Unternehmensplaner, Controller, Mathematiker und Computerprogrammierer sind auf diese Intelligenz besonders angewiesen.

Howard Gardner stellt in seinem Buch *Intelligenzen – die Vielfalt des Geistes* zu Recht die Frage, ob die sprachliche und logisch-mathematische Intelligenz in unseren Intelligenztests auch dann so dominieren würden, wenn diese nicht von Wissenschaftlern – Menschen also, bei denen vermutlich gerade diese beiden Intelligenzen besonders ausgeprägt sind – konzipiert worden wären, sondern von Testentwicklern aus der Wirtschaft, der Politik oder dem Militär.

Doch auch unabhängig von jedem „wenn, hätte und aber" der Testgeschichte können wir festhalten, dass die aus sprachlichen und logisch-mathematischen Rechnerleistungen bestehende „rationale Intelligenz" in westlichen Zivilisationen zum Inbegriff von Intelligenz schlechthin geworden ist.

In der Art und Weise, wie dieses rationale Denken jedoch vom ersten Schuljahr an trainiert wird, liegen allerdings zwei zentrale Gefahren, die wir uns vor Augen führen sollten – insbesondere dann, wenn wir selbst über starke sprachliche und/oder logisch-mathematische Talente verfügen.

Unsere Ausbildung im rationalen Denken ist unvollständig

Können Sie sich noch an den Start Ihrer Denkausbildung erinnern: An Fragen in unseren Arbeitsbüchern wie: Was fehlt in dieser Zeichnung? Welches Objekt gehört nicht in diese Kategorie? Wo ist der Fehler?

Wir wurden damals über Jahre hinweg trainiert, genau zu beobachten, das Ganze in Teile zu zerlegen und herauszufinden, was fehlt.

Für 13 bis 18 Jahre unseres Lebens (bis zum Abitur bzw. zum Hochschulabschluss) haben wir Ausarbeitungen angefertigt, um schwierige Situationen zu analysieren, und wurden so zu Meistern des kritischen Hinterfragens.

Das Problem dieser Ausbildung ist, dass wir nur den ersten Teil des wissenschaftlichen Denkprozesses trainiert haben: *Was uns fehlt, ist die zweite Phase des Zusammenbauens der Einzelteile zu einem neuen Ergebnis,* einem neuen Aktionsplan und der experimentellen Umsetzung dieses Plans bis zum Erfolg. Wissenschaftler observieren ein Problem in Phase 1 und zerlegen es in seine Einzelteile. Dann entwickeln sie in Phase 2 des Problemlösungsprozesses eine neue Lösung, die sie experimentell so lange testen und modifizieren, bis ihre praktische Brauchbarkeit bewiesen ist.

Diese zweite Phase produktiven rationalen Denkens fehlt unserer schulischen Ausbildung zum Amateur-Hinterfrager: Viele Intellektuelle und solche, die sich dafür halten, sind oft sehr zufrieden mit sich, wenn sie ein Problem analysiert und verstanden haben. Kritisch zu sein, zu wissen, was faul ist in unserem Land und es wortgewaltig an den Pranger stellen zu können, genügt vielen. Menschen mit dieser „halben“ Ausbildung im rationalen Denken glauben, die Analyse an sich führe zur Erleuchtung und das Verstandenhaben des Problems reiche aus. Manche sind sogar ausgesprochen stolz auf ihr kritisches Denkvermögen (bis hin zur Arroganz), das ihnen erlaubt, haargenau zu wissen, was mit ihnen, ihrer Familie, ihrer Firma und ihrem Land nicht stimmt. Sie kritisieren sich selbst, ihr Leben, ihre Fehler und zerlegen sich und die Menschen, die sie lieben, in immer kleinere Teile. Und so tappen viele von uns immer tiefer in ein Netz von Analysen, in dem wir uns immer stärker verheddern, ohne zu einer Lösung zu kommen.

Kritisches Denken ohne Konstruktion von Alternativen ist Destruktion ohne Produktion!

Kritisches Denken ist nicht genug. Wenn wir den entscheidenden Punkt gefunden haben – das, was fehlt –, müssen wir wie Wissenschaftler Alternativen entwickeln und diese testen. Lernen durch

Versuch und Erfolg (in Deutschland bezeichnenderweise bekannt unter dem Namen Versuch und Irrtum) führt uns dann zur Lösung. Wie wichtig beide Phasen des rationalen Denkens sind, lässt sich sehr gut am Lebens- und Lernkonzept von Leonardo da Vinci erkennen, den viele für einen der talentiertesten Menschen aller Zeiten halten. Leonardo kultivierte zeitlebens sieben Prinzipien, die sein persönliches Wachstum dauerhaft begleitet haben.[13]

Das erste Prinzip, um das Leonardo sein Leben organisierte, ist *Curiositá* – ein durch unstillbare Neugier geprägter Zugriff auf das Leben. In dieser Disziplin kultivierte Leonardo sein unnachgiebiges Streben nach Wissen. Tausende Seiten bis heute erhaltener Notizen von ihm dokumentieren seine Meisterschaft, den Dingen mit analytischen Fragen auf den Grund zu gehen.

Leonardos zweite Maxime hieß *Dimonstratione*, worunter er die Bereitschaft verstand, sein Wissen mittels neuer Erfahrungen zu prüfen und aus Fehlern zu lernen. Er nannte sich selbst stolz einen Ungelehrten und einen Anhänger der Erfahrungen: „Mir scheint" – so schrieb er –, „dass jene Wissenschaften fruchtlos und voller Fehler sind, die nicht aus der Erfahrung geboren sind, der Mutter allen sicheren Wissens."[14] So erhob er das Infragestellen der eigenen Ansicht zur Maxime und warnte: „Die größte Täuschung, unter der der Mensch leidet, liegt in seinen eigenen Ansichten."

Kein Wunder also, dass Leonardos zweiphasiges rationales Denken (Phase 1: Analysieren und Hinterfragen; Phase 2: Hypothesen bilden und sie in der Realität testen, bis der Erfolg eintritt) der heutigen Pseudo-Rationalität weit überlegen ist, mit der wir oft als Einzelne und als Gesellschaft in der Mitte des Prozesses stecken bleiben, ohne zu produktiven Lösungen zu gelangen.

---

[13] VGl. Michael J. Gelb, *Das Leonardo-Prinzip*, Köln 1998

[14] Zitiert nach Gelb, S. 75

Rationales Denken wird als universelles Problemlösungswerkzeug verkauft, obwohl es im Bereich der emotionalen Intelligenz weitgehend unbrauchbar ist

„Schatz, wie findest du den Sonnenuntergang", fragt eine Frau ihren Mann auf der Uferpromande von Capri, als dort gerade die Sonne im Meer versinkt. Der Mann überlegt einen Augenblick, wiegt dann bedächtig den Kopf und sagt: „Weißt du, das kann ich als Physikprofessor nicht so pauschal beantworten. Zunächst mal will ich das Farbspektrum im Bereich des sichtbaren Lichts wie folgt differenzieren. Weißt du, bei den elektromagnetischen Wellen zwischen 600 und 720 Nanometer fasziniert mich besonders ..."

Dieser Witz zeigt, dass es Bereiche menschlichen Erlebens gibt, bei denen wir durch Analysieren und Sezieren nicht wirklich weiterkommen. Da in unserer Schulausbildung sprachliche und logisch-mathematische Intelligenzen überrepräsentiert werden, kommen wir leicht zu dem verhängnisvollen Schluss, diese Intelligenzen könnten uns universell weiterhelfen. Und da wir typischerweise überhaupt keine Anleitung zur Entwicklung unserer intrapersonalen Intelligenz bekommen, finden wir uns eines Tages wieder bei dem Versuch, unsere Gefühle rational zu ergründen.

Wir suchen zum Beispiel nach den Ursachen unserer Traurigkeit oder versuchen, das exakte Ausmaß unserer Depression oder Antriebslosigkeit zu bestimmen. Wenn wir uns Emotionen als biochemische Bewusstseinsfärbungen vorstellen, die wie Nebelschwaden ohne exakten Anfang und ohne definiertes Ende durch unser Bewusstsein ziehen, dann gleicht die Analyse von Emotionen dem Vermessen von Nebelschwaden mit Maßband und Zollstock: aufwendig, unpräzise und mit ähnlich geringem Erkenntniswert.

Ein weiteres Problem, das analytisch begabten Menschen droht, liegt in der permanenten Selbstanalyse und im ständigen Hinterfragen von Menschen, die uns nahe stehen. Fragen wie: „Warum liebe ich ihn?", „Ist er wirklich so gut?", „Ist sie wirklich ein Vorbild oder ist das alles nur gespielt?" sind für unser Bild von anderen genauso zersetzend wie das permanente Hinterfragen der eigenen Motive, Leistungen und Verhaltensweisen. Arthur Schopenhauer bemerkte dazu einmal treffend: „Das Problem dieser Welt ist, dass die Dummen immer so sicher sind und die Gescheiten so voller Zweifel."

Je größer also unsere rationale Intelligenz, umso wichtiger ist es, dass wir lernen, sie richtig einzusetzen. Das bedeutet zum einen, dass wir uns bewusst trainieren, der ersten Phase des kritischen Denkens die zweite Phase des Aufbaus und Testens von Alternativen folgen zu lassen.

Darüber hinaus sollten wir uns bewusst machen, dass uns rationales Denken einen großen Teil unserer positiven Identifikation nimmt, wenn wir es auf uns und unsere Mitmenschen anwenden. Das „Quellenlassen positiver Gefühle" als ein Beispiel für die Rechnerleistung emotionaler Intelligenz ist etwas völlig anderes als die Analyse unserer Frustration.

Ziel dieser Talent-Landkarte ist es deswegen, Ihnen einen kommentierenden Überblick über *alle* wichtigen Begabungsfelder zu geben. In Abwandlung eines bekannten Sprichwortes können wir deshalb festhalten: „Es genügt nicht, Talent zu haben. Man muss auch damit umgehen können."

Assoziativ-kreative Intelligenz

Assoziativ-kreative Intelligenz ist weder das Gegenteil rationaler Intelligenz noch ein Ersatz dafür. Bei der rationalen Intelligenz geht es um sequenzielle Denkschritte im Rahmen der Logik oder von Kausalverläufen. Beim assoziativen Denken dagegen geht es um Verbindungen außerhalb von Sequenzen. Der weltweit führende Kreativitätsforscher Edward de Bono hat unser rationales Denken als vertikales Denken bezeichnet und ihm das assoziative Denken als laterales Denken gleichberechtigt zur Seite gestellt. Während es bei rationalen Denkprozessen darum geht, sich einem Ziel Schritt für Schritt im Rahmen eines Regelwerks (zum Beispiel den Gesetzen der Mathematik, Logik oder Kausalität) zu nähern, geht es beim Assoziieren, Erfinden und Kreativsein gerade darum, die bekannten Denkgleise zu verlassen und den Sprung zu vorher unbekannten Assoziationen zu tun.

Während viele Pioniere der Lernpsychologie wie Tony Buzan, Win Wenger und Elaine Beauport nicht den geringsten Zweifel daran haben, dass assoziative Intelligenz eine eigenständige Rechnerleistung unseres Gehirns darstellt, tun sich auch progressive Intelligenzforscher wie Howard Gardner mit dieser Anerkennung noch schwer. Gardner unterscheidet Intelligenzen, Persönlichkeitsfaktoren und sonstige schöpferische Fähigkeiten, denen er auch das kreative Denken zuordnet.

Die assoziativ-kreative Intelligenz, wie wir sie hier verstehen, umfasst drei wesentliche Elemente:

1. Die Fähigkeit, frei zu assoziieren und neue Verbindungen herzustellen ohne Bezug auf Kausalität, Ordnung oder Sinn.
2. Die Fähigkeit, zu assoziieren und zu verbinden und in verschiedener Weise und mit unterschiedlichen Mitteln neuartige Kompositionen herzustellen.
3. Die Fähigkeit, Konzepte, Label und Schlussfolgerungen auszublenden, um in die Welt der direkten Wahrnehmung zu gelangen.

Gerade die dritte Fähigkeit, Wahrnehmungen der primärprozesslichen Welt der fünf Sinne von ihren Sprach-Etiketten zu lösen, um die Realität möglichst ungefiltert von Konzepten, Bildern und Erfahrungen wahrzunehmen, ist eine entscheidende Vorbedingung für naturwissenschaftlich präzises Beobachten.

Unsere assoziativ-kreative Intelligenz wird in westlichen Bildungssystemen für eine Fähigkeit gehalten, die bestenfalls Werbeleute, Grafiker und Designer wirtschaftlich nutzen können. Ansonsten halten wir sie eher für eine „brotlose Kunst“. Darin liegt sicher eine der gravierenden Schwächen unseres Bildungssystems.

In einem Zeitalter, in dem Informationen immer weniger der Engpass sind, wird die Fähigkeit, Daten innovativ zu sinnvollen Inhalten verknüpfen zu können, immer mehr zu einem Schlüsselfaktor wirtschaftlichen Erfolgs: Gary Hamel, einer der weltweit führenden Strategieexperten, hält die Fähigkeit des „Denkens gegen Regeln“ für den wichtigsten strategischen Erfolgsfaktor der Zukunft überhaupt.

Ein weiteres wichtiges und oft übersehenes Feld des assoziativen Denkens besteht darin, unserer Umwelt Bedeutung zuzuschreiben. Wir alle werden hineingeboren in eine unpersönliche Umwelt, in der alle Wertzuschreibungen von unserer Kultur vorgenommen werden. Ob wir Schwierigkeiten als Probleme oder als Herausforderungen und Trainingschancen begreifen, ist nur ein Element im fortlaufenden Prozess des Zuschreibens von Bedeutungen, in dem wir nach und nach eine freundliche oder eben feindliche Sinnwelt kreieren.

Die Kunst, überlieferte Sinn-Assoziationen unserer Kultur zu deassoziieren und auf ihre Brauchbarkeit in unserer sich wandelnden Welt zu überprüfen, ist sicher eines der nützlichsten Anwendungsfelder kreativer Intelligenz. Von daher wäre es durchaus an der Zeit, dass Bildungseinrichtungen, die noch immer die Maxime für sich in Anspruch nehmen: „Nicht für die Schule, sondern für das Leben lernen wir“, endlich aus ihrem Dornröschenschlaf erwachen.

Wie wäre es beispielsweise mit dem Lernziel, junge Menschen anzuleiten, mit systematischen Bedeutungszuschreibungen eine partizipatorische Umweltbeziehung aufzubauen anstelle einer ökonomisch-ausbeuterischen?

Wie wäre es mit dem Lernziel, den Körper als „Tempel der Seele“ zu erleben, anstatt als notwendigen Ballast nach dem Motto: „Der Geist ist willig, aber das Fleisch ist schwach.“

Wie wäre es mit dem Lernziel, die Archetypen aller Kulturen als verdichtetes Weisheitswissen der Menschheit zu begreifen und jungen Menschen die Gelegenheit zu geben, daraus für ihr Leben nützliche Bedeutungszuschreibungen auszuwählen?

Doch das Versagen unserer Bildungseinrichtungen im Bereich der assoziativ-kreativen Intelligenz beschränkt sich nicht darauf, unser Talent zur Innovation und zur sinnvollen Bedeutungszuschreibung brachliegen zu lassen.

Mindestens ebenso tragisch an der Ausrichtung des Lernstoffes auf die rationale Intelligenz ist es, dass Kinder und Jugendliche mit kreativ-assoziativen Begabungspräferenzen (die früher häufig als sogenannte „Rechtshirndominanz" bezeichnet wurden) nicht nur keine Förderung ihrer Begabung erhalten, sondern nicht einmal eine Anleitung dafür bekommen, wie sie den an ihnen vorbei entwickelten Lernstoff umstrukturieren können.

Indizien für eine sogenannte Rechtshirndominanz sind unter anderem: die Kapazität für den großen Überblick; der Wunsch, das Ganze vor den Teilen zu sehen, ein Sinn für Zeitlosigkeit und (in einigen seltenen Fällen) auch Stottern als Beispiel für Menschen, die mehr zu sagen haben, als sequenziell möglich ist.

Menschen mit hoher assoziativ-kreativer Intelligenz müssen deshalb in besonderer Weise Acht geben, dass ihnen im Prokrustes-Bett rationalen Denktrainings keine bleibenden Folterschäden zugefügt werden.

Folgende Lern- und Studiertechniken helfen weiter:[15]

1. „Lesen" und betrachten Sie Bilder, bevor Sie mit dem Lesen der Wörter beginnen.
2. Lesen und lernen Sie alles in Kästchen, Zitaten und sonstwie Hervorgehobene zuerst.
3. Starten Sie am Ende, nicht am Anfang. Visualisieren Sie die Zusammenfassung auf Ihrem mentalen Bildschirm.
4. Aktivieren Sie dann das neue Wissen, indem Sie es auf Ihre eigene Erfahrung beziehen, um sich so später daran erinnern zu können.

---

[15] Vgl. Beauport, Elaine, *The Three Faces of Mind*, Wheaton, Illinois 1996, S. 34

5. Nachdem Sie eine Seite gelesen haben, stellen Sie sich den Inhalt bildhaft vor, bevor Sie fortfahren.
6. Finden Sie heraus, wie Sie den Lernstoff mit etwas verbinden können, was Sie kennen.
7. Visualisieren Sie das, was im Klassenraum gesagt wird (übersetzen Sie den „Radioton" Ihres Dozenten in einen Fernsehfilm).
8. Beginnen Sie Ihr Studium mitten im Text, wo immer Sie mögen, statt in bestimmter Reihenfolge vorzugehen.
9. Melden Sie sich im Unterricht von sich aus, sodass Sie eine Antwort und die dazu erforderlichen assoziativen Verbindungen vorbereiten können.

Können Sie sich ein Bildungssystem vorstellen, in dem kreativ-assoziatives Denken den gleichen Stellenwert bekommt wie rationales Denken und die Entfaltung sprachlicher und logisch-mathematischer Intelligenz?

Können Sie sich Schulen vorstellen, in denen Kinder und Jugendliche das Beobachten und Experimentieren mit lebenden Gegenständen genauso trainieren wie die Lektüre wissenschaftlicher Texte?

Schulen, in denen Geometrie so wichtig ist wie Algebra, Zeichnen so wichtig wie Lesen und Kunst den gleichen Stellenwert hat wie Mathematik?

Können Sie sich Schulen vorstellen, in denen die assoziative Intelligenz unserer Kinder (die gerade zwischen dem sechsten und zehnten Lebensjahr bei vielen Kindern noch dominiert) so gefördert wird, dass diejenigen, die sich im Malen und Zeichnen oder in Kunst und Geometrie hervortun, genauso viel Anerkennung und Wertschätzung bekommen wie die, die im Lesen und Schreiben fit sind?

Es gibt noch viel zu tun ... Doch unabhängig davon, was unser Lernumfeld so alles nicht anbietet: Wir alle haben immer die Chance, die Philosophie von „Stärken stärken" für uns und unsere Familie zu nutzen und unsere Stärken mit eigener Initiative umzusetzen.

Räumliche, musikalische und körperlich-kinästhetische Intelligenz

Zur räumlichen Intelligenz gehört zum einen der theoretische und praktische Sinn für die Strukturen großer Räume, der zum Beispiel für Seeleute und Piloten benötigt wird. Dazu gehört aber auch das Erfassen eng begrenzter Raumfelder, das für Architekten, Bildhauer, Grafiker oder auch Chirurgen und Zahnärzte wichtig ist.

Generell befähigt uns diese Intelligenz, über die komplexen Beziehungen in der dreidimensionalen Welt nachzudenken. Die räumliche Intelligenz kommt in unserer Welt zum Beispiel in der Kunst oder im Profi-Sport zum Einsatz.

Sie ist aber auch in vielen anderen Funktionsbereichen sehr nützlich, obwohl ihre Entwicklung in unserem Bildungssystem für weitgehend überflüssig gehalten wird. So gibt es in der Malerei beispielsweise spätestens seit Leonardo da Vinci systematische Anleitungen zum Erlernen des perspektivischen Sehens. Übungen zur Entwicklung eines geografischen Gedächtnisses gehen sogar bis zur Mnemotechnik der alten Griechen zurück.

Da wir am Ende unserer Schulzeit solche Fähigkeiten bestenfalls vom Hörensagen kennen, müssen sich viele von uns wohl oder übel damit abfinden, dass sie sich in fremden Städten regelmäßig verlaufen oder längere Zeit auf Parkplätzen umherirren, weil sie „sich nicht mehr erinnern", wo sie ihr Auto wenige Stunden zuvor abgestellt haben. Haben wir dann das Glück, bei den Pfadfindern, Pionieren oder Gebirgsjägern die Orientierung im Gelände erlernen zu dürfen, zeigt der rasante Zuwachs an Orientierungsvermögen sehr schnell, welche Rechnerkapazitäten hier bislang brachgelegen haben.

Musikalische Intelligenz meint unsere Rechnerleistung zum Musizieren, Komponieren und unseren Sinn für musikalische Prinzipien. Menschen, die musikalisch sehr begabt sind, zeichnen sich oft durch Rechnerleistungen in der inneren Wahrnehmung aus, die anderen Menschen fremd sind.

Aus Tests mit mehreren tausend Seminarteilnehmern wissen wir zum Beispiel, dass die meisten Menschen vorgestellte Töne nur dann „innerlich hören" können, wenn sie sich vorher ein Bild dazu gemacht haben. Wer sich also das Läuten von Kirchenglocken vorstellen soll, wird regelmäßig zunächst den Kirchturm und die sich darin bewegenden Glocken sehen und dann erst das Glockengeläute hören.

Musikalisch begabte Menschen können dagegen auf eine solche Vorlage verzichten. Musiktalente „hören" auch regelmäßig eine Melodievorlage, bevor sie sie singen, und tun sich leicht, Töne in andere Sinneseindrücke zu übersetzen, also beispielsweise zu bestimmten Tönen sofort automatisch bestimmte Farben und Formen zu assoziieren.

Der Intelligenzforscher Win Wenger berichtet im Rahmen einer Analyse von Walt Disney von dessen Neigung, Sinneseindrücke miteinander zu vermischen.[16] Ein solcher Hang zur Synästhesie ist bei weniger als ein Prozent aller Menschen zu beobachten. Untersuchungen am neurologischen Institut der Universität Montreal legen nahe, dass das Hören von Musik bei den meisten Menschen innere Bilder assoziiert. Die große Mehrheit von uns unterdrückt jedoch diese Bilder, sodass uns solche Synästhese-Erlebnisse nicht bewusst werden.[17]

Körperlich-kinästhetische Intelligenz meint die Rechnerleistung, die uns zur Verfügung steht, um einzelne Körperteile oder unseren ganzen Körper bei Bewegungsabläufen präzise einzusetzen.

Offensichtliche Vertreter dieser Intelligenz sind natürlich Sportler, Tänzer und Schauspieler. Sie wird jedoch auch von Chirurgen, Zahnärzten, Uhrmachern, Handwerkern, Mechanikern und all den Menschen benötigt, die Präzisionsmaschinen bedienen, bei denen also schon kleine Unterschiede im Input dramatische Folgen für das Ergebnis haben. Hubschrauberpiloten sind dafür genauso ein Beispiel wie Dentaltechniker, kettensägenbedienende Waldarbeiter, Scharfschützen oder Jetpiloten.

---

16 Win Wenger, Richard Poe, *Der Einsteinfaktor*, Freiburg 1997, S. 53

17 Wenger, a.a.O., S. 309

Dass körperlich-kinästhetischer Intelligenz in unserem Bildungssystem keine große Bedeutung zukommt, lässt sich unschwer daran erkennen, dass ihre Entwicklung während der ganzen Schulzeit mit allenfalls zwei kümmerlichen Wochenstunden gefördert wird. Daran ändern auch die Ergebnisse der körperlichen Funktionstests nichts, die seit dem Zweiten Weltkrieg regelmäßig im Abstand von einigen Jahren durchgeführt werden und von Mal zu Mal dramatischere Fehlentwicklungen aufdecken.

Obwohl die Zahl der übergewichtigen Kinder von Untersuchung zu Untersuchung steigt, Haltungsschäden in einem erschreckenden Ausmaß zunehmen und die Mindestwerte bei Kraftleistungen und Balanceübungen von vielen Kindern überhaupt nicht mehr erreicht werden, wird sich an der „Ferner liefen"-Priorität zur Entwicklung körperlich-kinästhetischer Intelligenz nichts ändern, weil Körperbewusstsein in unseren westlichen Kulturen keinen hohen Stellenwert hat.

Wer jemals in Indonesien oder auf Bali war und dort den aufrechten Gang und die anmutigen Bewegungen der Einheimischen beobachten konnte, der weiß, wie verkümmert unser Körperbewusstsein heute ist. Bergfreunde von mir sind deshalb zu Recht beschämt, wenn sie als bei uns bewunderte Athleten im Himalaja feststellen müssen, dass ihre 16-jährige Lastenträgerin 120 Pfund stundenlang auf dem Kopf trägt und mit dieser Last leichtfüßig und anmutig mit kerzengerader Haltung vor ihnen den Berg hinaufeilt.

Interessanterweise zeigen viele Untersuchungen zum Beispiel an amerikanischen Studenten, dass eine hohe körperliche Leistungsfähigkeit stark mit guten akademischen Leistungen korreliert. Ob diese Übereinstimmung zufallsbedingt ist (weil zum Beispiel diszipliniertere Menschen sowohl ihre körperlichen wie auch ihre intellektuellen Begabungen konsequenter entfalten) oder ob tatsächlich das römische „mens sana in corpore sano" gilt und in einem physiologisch leistungsfähigeren Körper auch ein leistungsfähigerer Geist wohnt, ist noch nicht endgültig geklärt.

Gleichwohl ist niemand verpflichtet, sich mit dem kümmerlichen Standard unseres Körperbewusstseins in westlichen Industrieländern zufrieden zu geben: Ein Besuch in jedem beliebigen deutschen Schwimmbad – vielleicht durchgeführt mit dem Referenzstandard eines normal trainierten Amazonas-Indianers – dürfte auch dem letzten Skeptiker deutlich machen, dass im Land der Häuptlinge „Weißer Fettkloß“ und „Krummer Hungerhaken“ einiges im Argen liegt.

Ob Sie, lieber Leser, deswegen gleich ein Programm zur Körperertüchtigung wie Leonardo da Vinci beginnen wollen, um es ihm gleichzutun und durchgehende Pferde aufzuhalten oder Hufeisen verbiegen zu können, liegt allein bei Ihnen.

Die naturkundliche Intelligenz

Die naturkundliche Intelligenz verdankt ihre Anerkennung als eigenständige Intelligenz den neuen Forschungen von Howard Gardner. Er definiert sie als die Fähigkeit zum Erkennen und Klassifizieren der zahlreichen biologischen Arten – der Flora und Fauna – der eigenen Umwelt.[18] Gardner betont, dass in jeder Kultur die Menschen besonders geschätzt werden, die nicht nur erkennen, welche Arten sich durch besondere Werte oder besondere Gefährlichkeit auszeichnen, sondern die auch fähig sind, neue oder unbekannte Lebewesen zutreffend ins System einzuordnen. Gardner weist weiterhin nach, dass die naturkundliche Intelligenz genauso umfassend die acht Definitionskriterien einer eigenständigen Intelligenz erfüllt wie alle anderen von ihm postulierten Intelligenzen.

Interessant ist insbesondere, dass sich die naturkundliche Intelligenz auch bei Hirnverletzten als völlig eigenständige menschliche Fähigkeit erweist, die bei Schädigung der entsprechenden Areale dazu führt, dass die Betroffenen zwar unbelebte, nicht aber belebte Objekte identifizieren oder benennen können (oder aber die umgekehrte Verteilung von Fähigkeiten und Ausfällen erkennen lassen).

Da Testpsychologen zur Mustererkennung traditionellerweise künstliche Stimuli wie geometrische Formen verwenden, gibt es nur wenig Material für die Klassifizierung natürlicher Formen.

---

18 Gardner, *Intelligenzen,* a.a.O., S. 64

Es ist nun nicht zu übersehen, dass in großen Teilen der industrialisierten Welt die natürliche Umwelt auf dem Rückzug ist und wir nicht nur in Großstädten weitgehend von Kulturwelten (im Sinne von: von Menschenhand geschaffenen Umwelten) umgeben sind. Ein naturforschender Jugendlicher beispielsweise hat vielerorts gar nicht mehr die Möglichkeit, Tiere zu zähmen, zu pflegen, mit ihnen zu interagieren und seine naturkundliche Intelligenz zum Beispiel als Jäger, Fischer, Bauer oder Cowboy auszuleben.

Die Fähigkeit, die eigene Umwelt zu erkennen und die dort vorkommenden Arten nach besonderen Werten und besonderer Gefährlichkeit einzuschätzen, ist in einem fremden „Großstadt-Dschungel" mindestens genauso überlebensförderlich wie im echten Urwald. Gardner geht deswegen davon aus, dass die elementare Begabung zur Erkennung formaler Gesetzmäßigkeiten – zum Beispiel bei Sozialwissenschaftlern – auch auf der elementaren Wahrnehmungsfähigkeit der naturkundlichen Intelligenz beruhen könnte. Er vermutet sogar, dass auch das Erkennen unterschiedlicher Automarken am Klang oder die Wahrnehmung von stilistischen Unterschieden in der Kunst auf das Differenzierungsvermögen der naturkundlichen Intelligenz zurückzuführen sein könnte.

Im Rahmen unserer Unternehmercoachings habe ich in den letzten 20 Jahren immer wieder Vollblutunternehmer kennengelernt, die ihren Markt so brillant zu klassifizieren und einzuschätzen wussten, dass sie eine klare Orientierung auch dort hatten, wo andere bei neuen Trends unschlüssig im Nebel herumstocherten.

Es erscheint mir deshalb nahe liegend, dass eine menschliche Rechnerleistung, die uns befähigt, unsere komplexe natürliche Umwelt differenzierend und klassifizierend wahrzunehmen, auch bei der Weiterentwicklung dieser Umwelt gute Dienste leistet, um die Gesetzmäßigkeiten, Chancen und Risiken der uns heute umgebenden sozialen Welten zutreffend einzuschätzen.

Wenn Sie, lieber Leser, in diesem Bereich also über eine besondere Begabung verfügen, dann stehen Ihnen in der heutigen Welt als

Marketingexperte und Trendforscher mindestens so viele Türen offen wie als Naturkundler.

Spirituelle oder Lebensintelligenz

Auch die spirituelle Intelligenz, deren Vorhandensein von verschiedenen Autoren vehement – vor allem aber mit wechselnden und schillernden Inhalten – behauptet wird, wurde von Howard Gardner sorgfältig anhand der von ihm postulierten acht Intelligenzkriterien geprüft. Dazu hat Gardner zunächst die spirituelle Intelligenz von viel ergänzendem Folklore befreit und ihren Kern wie folgt definiert:

„Lebensintelligenz ist die Fähigkeit, sich zu den äußersten Grenzen des Kosmos, dem Unendlichen, ins Verhältnis zu setzen und die verwandte Fähigkeit, sich mit so zentralen existenzialen Momenten wie der Bedeutung des Lebens und dem Sinn des Todes, dem endgültigen Schicksal der physischen und psychischen Welten und so ergreifenden Erfahrungen wie der Liebe oder dem ungeteilten Aufgehen in einem Kunstwerk auseinanderzusetzen.“[19]

Spirituelle Intelligenz ist danach in ihrem Kern ein besonderes Sensorium für die Beschäftigung mit dem Transzendenten.

Dass Jesus, Buddha, der Dalai Lama, Mutter Teresa oder Papst Johannes XXIII. und viele andere über diese Begabung in besonderer Weise verfügt haben, steht wohl außer Frage. Interessanterweise zeigen Intelligenztests, in denen die Dimension der Spiritualität berücksichtigt wird, auch bei getrennt aufgewachsenen eineiigen Zwillingen eine hohe Übereinstimmung im Grad der Religiosität.

Gardner kommt deswegen zu dem Ergebnis, dass die Lebensintelligenz nach Erfüllung seiner Testkriterien „als möglicher Teil des Intelligenzspektrums zu erwägen bleibt.“[20]

---

[19] Gardner, *Intelligenzen*, a.a.O., S. 78

[20] Gardner, *Intelligenzen*, a.a.O., S. 83

Die intrapersonale Intelligenz

Unter intrapersonaler Intelligenz wird üblicherweise die Fähigkeit verstanden, konstruktiv mit uns selbst umzugehen. Dazu gehört unter anderem die Fähigkeit, sich selbst zu verstehen, ein lebensgerechtes Bild der eigenen Persönlichkeit – mit all ihren Fähigkeiten, Wünschen und Ängsten – zu entwickeln und dieses Wissen im Alltag in konstruktive Selbststeuerung umzusetzen. Konkret lassen sich mindestens drei Subintelligenzen bestimmen:

1. Unsere affektionale Intelligenz – die Fähigkeit, unsere Gefühle und Stimmen konstruktiv zu steuern.
2. Unsere Motivationsintelligenz – die Fähigkeit, uns emotional zum Handeln zu aktivieren.
3. Unsere Verhaltensintelligenz – die Fähigkeit, unser Verhalten zu verstehen und auch gegen unbewusste Muster in die von uns gewünschte Richtung beeinflussen zu können.

Die so umschriebene intrapersonale Intelligenz unterscheidet sich unter zwei Gesichtspunkten gravierend von allen bisher beschriebenen Intelligenzen:

1. Die bislang beschriebenen Intelligenzen wurden definiert durch die Rechnerleistung zur Verarbeitung von Informationen in einem einheitlichen Funktionsbereich. Zur musikalischen Intelligenz zählt also die gesamte Rechnerleistung zur Bearbeitung und Verarbeitung von Tönen und Melodien auf jedwede Art, zur körperlich-kinästhetischen Intelligenz beispielsweise die gesamte Rechnerleistung zur Steuerung von Bewegungsabläufen in jedweder Form. Der Begriff der intrapersonalen Intelligenz dient demgegenüber als Sammelbegriff für höchst unterschiedliche Fähigkeiten: Die Fähigkeit zur Selbststeuerung unseres Verhaltens (im Wesentlichen eine Stammhirnfunktion) funktioniert nach völlig anderen Gesetzmäßigkeiten als unsere Selbst-

motivation (für die unser limbisches System zuständig ist – nach Paul D. MacLean ebenfalls ein eigenständiges Gehirn mit eigenen Rechnergesetzmäßigkeiten).

2. Der zweite zentrale Unterschied zwischen unserer intrapersonalen Intelligenz und den anderen bisher besprochenen Begabungen ist, dass wir uns bei allen anderen Talenten getrost auf unsere Stärken konzentrieren können: Dort, wo wir Defizite haben, können wir regelmäßig die Leistungen anderer in Anspruch nehmen, um unsere Schwächen durch intelligentes Teamwork auszugleichen: Wer als Unternehmer also nicht gut rechnen kann, braucht sich nicht zu grämen, solange er dafür sorgt, dass sein Finanzchef Spitze ist. Diese Ergänzung mit Komplementär-Talenten funktioniert bei der intrapersonalen Intelligenz nicht: Wer also mit seinen Gefühlen nicht klar kommt und zu Depressionen neigt, der kann sein Stimmungsmanagement nicht an seinen Ehepartner delegieren, auch wenn der ein besonders sonniges Gemüt haben sollte.

Ein weiterer – wenn auch eher quantitativer – Unterschied zu den anderen Intelligenzen besteht noch darin, dass wir für die Entwicklung unserer interpersonalen Fähigkeiten kaum Vorbilder von Kulturen kennen, die diese Bildungsaufgabe für alle Mitglieder hervorragend gelöst haben, sondern auf das Zeugnis Einzelner angewiesen sind.

Wer beispielsweise eine Vorlage zur Entwicklung sprachlicher Intelligenz braucht, kann die über Jahrhunderte währende Blütezeit des römischen Reiches studieren. Dort war Dialektik – die Kunst, Entscheidungen im Gespräch nach Maßgabe von Gründen zu treffen – nach Lesen und Schreiben zweites Hauptfach (noch vor Mathematik, wobei böse Zungen behaupten, dass dies auch an der komplizierten Schreibweise der römischen Zahlen lag).

In Dialektik wurden auch Plebejer-Jungen ausgebildet, um den immer größer werdenden Bedarf an Staatsbeamten zur Verwaltung der eroberten Provinzen abzudecken. So wissen wir aus geschichtlicher Überlieferung beispielsweise, dass gebildete Römer mehr als zwei Dutzend logische Fehlschlüsse während des Gesprächs erkennen konnten. Unterlief einem Redner im Parlament ein Denkfehler, wurde dieser durch Zuruf von „quaterno terminorum“ oder „petitio principii“ für alle erkennbar aufgedeckt. Der Redner entschuldigte sich dann, begründete seinen Gedanken neu und die Diskussion wurde fortgesetzt.

Historiker sind sich einig, dass diese hoch stehende Denk- und Diskussionskultur ein Hauptgrund dafür war, dass das römische Reich mit geringen inneren Reibungswiderständen über Jahrhunderte nach außen expandieren konnte.

Solche Beispiele für flächendeckende, intelligenz-entfaltende Bildungskonzepte gibt es leider nicht für die intrapersonale Intelligenz.

Die aktuelle gesellschaftliche Entwicklung in vielen Ländern, deren Volkswirtschaften ökonomisch erfolgreich sind, zeigt uns vielmehr deutlich die Defizite in diesem Bereich – eine Erkenntnis, die der Volksmund in die Worte fasst: „Geld verdirbt den Charakter.“

Ich glaube nicht, dass Geld den Charakter verdirbt, stimme aber zu, dass es charakterliche Defizite deutlicher und schneller sichtbar macht. Ob wir an Bilanzfälschungen in Milliardenhöhe denken, die früher unvorstellbar waren, den Enron-, Worldcom- oder Vivendi-Skandal, an Vorstände, die ihnen anvertraute Unternehmen als Selbstbedienungsläden betrachten, an Geistliche, die Schutzbefohlene missbrauchen, oder an Schüler, die wegen einiger schlechter Noten das halbe Lehrerkollegium hinrichten: die Signale, dass es in vielen Gesellschaften an einem leistungsfähigen System zur Entfaltung unserer intrapersonalen Intelligenz mangelt, sind deutlich genug!

Teil III: Die eigenen Intelligenzen und Talente bestimmen

5. Kapitel: Die Bestimmung unserer Grundintelligenzen mithilfe der Testpsychologie[21]

Wir werden uns der Analyse Ihrer individuellen Talente und Stärken in mehreren Schritten nähern. In diesem Kapitel haben Sie die Möglichkeit, Ihre Begabungen bei den sogenannten „Intelligenzen“ selbst zu ermitteln. Zu den Testintelligenzen werden im Allgemeinen neben der verbalen und logisch-mathematischen Intelligenz auch die räumliche Intelligenz gezählt, sowie die – ebenfalls noch relativ präzise zu ermittelnde – musikalische Intelligenz und die körperlich-kinästhetische Intelligenz.

Hier einige Vorbemerkungen zum Einstieg:

Wir Erwachsenen müssen uns eigentlich keine Gedanken mehr darüber machen, was wir werden wollen. Oder? Wir haben unsere Ausbildung meist abgeschlossen, vielleicht studiert, vielleicht sogar Karriere gemacht oder sind zumindest auf dem Weg dorthin. Oder wir gründen und leiten Unternehmen, tragen Verantwortung und treffen wichtige Entscheidungen. Aber wissen wir wirklich immer, wo unsere ureigenen Talente liegen? Die besonders Erfolgreichen unter uns bewegen sich, bewusst oder unbewusst, möglicherweise genau auf dem Terrain ihrer tatsächlichen Begabungen. Das ist sicher einer

[21] Der folgende Begabungstext wurde uns freundlicherweise vom youngworld-Institut für Begabungsanalyse, Loristraße 2, 80335 München zur Verfügung gestellt; alle Rechte bei youngworld www.youngworld-institut.de

der besten Wege, erfolgreich und zufrieden im Leben zu stehen. Es lohnt sich in jedem Fall, sich auf die Suche nach den eigenen, angeborenen Stärken zu begeben. Vielleicht schlummert ein (weiteres) Talent in Ihnen, von dem Sie noch nichts wussten oder vielleicht nur eine Vermutung hatten. Ihr Begabungsprofil ist einmalig, wie Sie selbst als Mensch, und wahrscheinlich reichhaltiger, als Sie denken. Bei unserem Begabungstest können Sie Ihre Talente in sechs Begabungsbereichen erforschen.

Viel Spaß dabei!

- Es gibt 6 Begabungsbereiche mit je 5 Aufgabenarten. In jeder Aufgabenart gibt es 4 Aufgaben – sehr leicht, leicht, mittel, schwer –, sodass jeweils 4 Punkte erreicht werden können. Höchstpunktzahl pro Begabungsbereich, z. B. Kreativität, ist also 20.
- Die Lösungen finden Sie auf dem Lösungsblatt am Ende des Tests. Hier können Sie Ihre persönliche Punktzahl für jeden Begabungsbereich ermitteln.
- Wenn Sie Ihre Punktzahlen für die einzelnen Begabungsbereiche kennen, können Sie im Anschluss alle Ergebnisse in Ihr persönliches Begabungsprofil eintragen. Sie sehen dann auf einen Blick, wo Ihre Stärken liegen.
- Pro Begabungsbereich werden ca. 5 bis 10 Minuten benötigt.
- Es ist sehr wichtig, dass die **angegebenen Zeiten** der einzelnen Aufgaben, z. B. 30 Sekunden, nicht überschritten werden, sonst ist der ganze Test nur ein Zeitvertreib ohne wirkliche Aussage.
- Zwischen den Aufgaben können Pausen je nach Bedarf eingelegt werden. Selbstverständlich kann man den Test aber auch am Stück machen.

  Sie sollten für die Durchführung ausgeruht sein.

Getestet werden folgende Begabungen:

1. Verbale
2. Logisch-mathematische
3. Kreative
4. Räumliche
5. Musikalische
6. Sportliche

Sprachliche Begabung

1. Aufgabenart: Wortsalat
Anweisung: In den Buchstabenreihen unten verbergen sich sinnvolle, bekannte Wörter. Welche? Bitte tragen Sie das Wort daneben ein!
Zeit: 60 Sekunden

1. B L E N E ______________________
2. K R E U G ______________________
3. P E P E R T ______________________
4. A S F I O K ______________________

2. Aufgabenart: Wortschatz
Anweisung: Ersetzen Sie die folgenden Wörter durch einen anderen Ausdruck gleicher Bedeutung, der jeweils nur aus sechs Buchstaben besteht. Beispiel: Ausfuhr = Export.
Zeit: 60 Sekunden

1. Belastung ______________________
2. Begabung ______________________
3. Dichtung ______________________
4. Sumpfland ______________________

3. Aufgabenart: Lebendiger Wortschatz I

Anweisung: Fügen Sie bitte in die Mitte der unten aufgeführten Anfangs- und Endsilben immer 3 Buchstaben ein, sodass sich jeweils 2 sinnvolle Wörter ergeben.

Beispiel: S T R (E I T) E L

2 getrennte Wörter, Streit und eitel, sind entstanden. Machen Sie es nun bitte genauso.

Zeit: 60 Sekunden

1. F R O (__ __ __) L A U
2. P R (__ __ __) E N
3. S T (__ __ __) T E
4. F R (__ __ __) N T

4. Aufgabenart: Lebendiger Wortschatz II

Anweisung: Suchen Sie bitte zu den unten aufgeführten Anfangsbuchstaben oder -silben jeweils eine Endung, mit der sich 3 sinnvolle Wörter ergeben.

Beispiel:

M

H → a u s ______________

L

Zeit: 60 Sekunden

1. H

L → ______________

S

2. W
   St → ____________
   Br

3. V
   N → ____________
   H

4. Ar
   Hoch → ____________
   Wage

5. Aufgabenart: Wortflüssigkeit
Anweisung: Finden Sie zu den unten angegebenen Endungen möglichst viele Wörter. Ab 7 Wörtern gibt es jeweils 1 Punkt.
Zeit: 2 Minuten

1. -icht: ____

____

2. -anz: ____

____

3. -ade: ____

____

4. -ant: ____

____

Logisches Denken

1. Aufgabenart: Logische Reihen
Anweisung: Am Ende der unten aufgeführten Zahlenreihen fehlt jeweils die letzte Zahl. Welche ist es? Bitte tragen Sie die richtige Zahl ein!
Zeit: 60 Sekunden

1. 2 4 8 16 __

2. 7 3 12 8 __

3. 26 15 7 28 17 __

4. 23 47 95 __

2. Aufgabenart: Reihen fortsetzen
Anweisung: Am Ende der unten aufgeführten Bilderreihen fehlt jeweils das letzte Bild. Wie muss es aussehen? Zeichnen Sie bitte die richtigen Lösungen ein!
Zeit: 60 Sekunden

1.
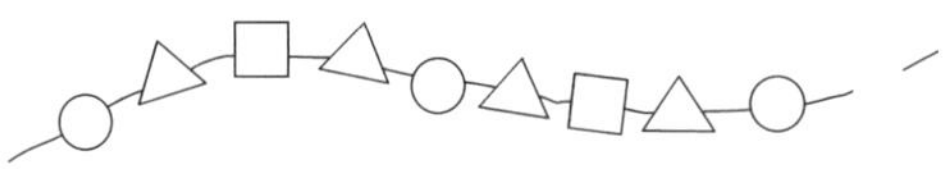

2.
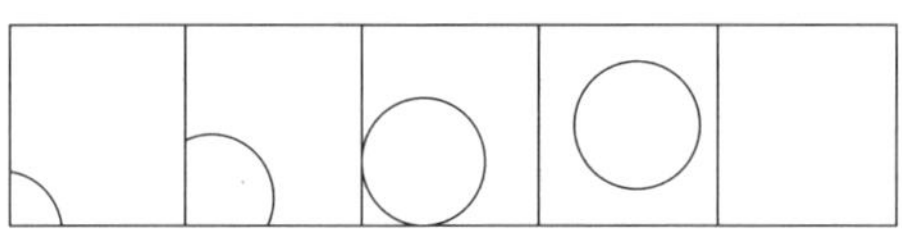

3.
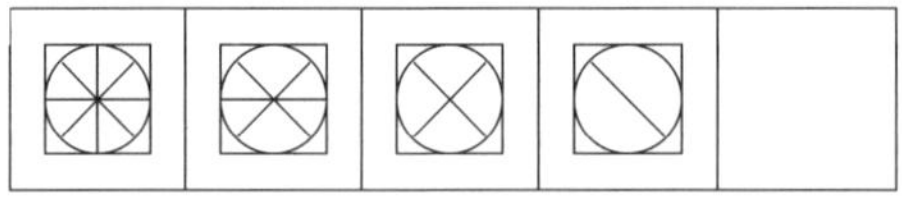

4.
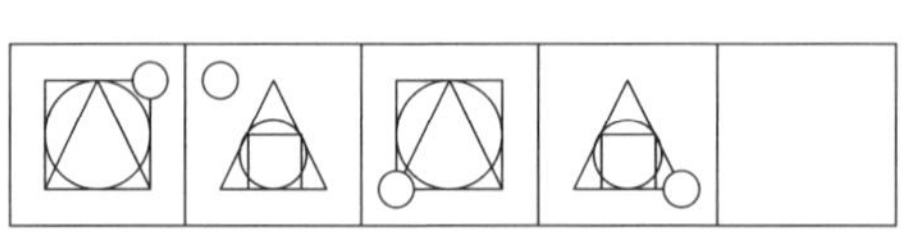

3. Aufgabenart: Regel erkennen

Anweisung: In den unten aufgeführten Kreisen ist eines der je 4 Felder leer geblieben. Was muss hinein? Bitte kreuzen Sie immer eine der Lösungen an!

Zeit: 60 Sekunden

Lösungen:

1.

2.

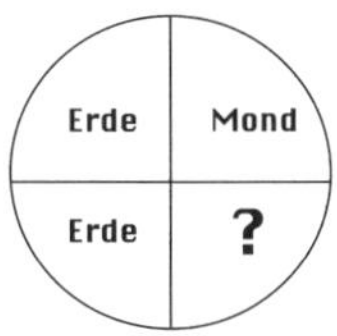

1 ☐ Milchstraße
2 ☐ Venus
3 ☐ Sonne
4 ☐ Mond

3.

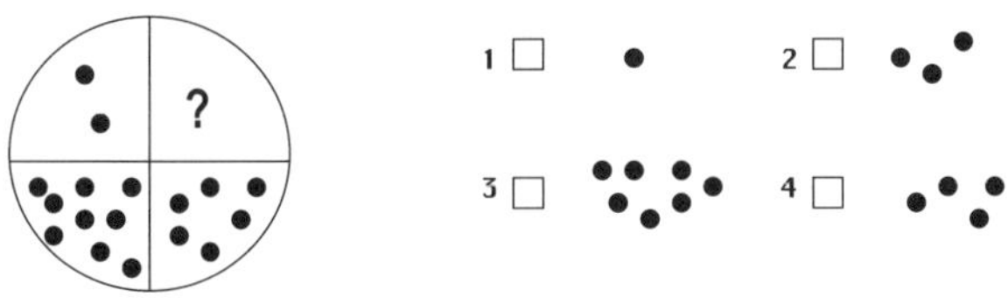

4.

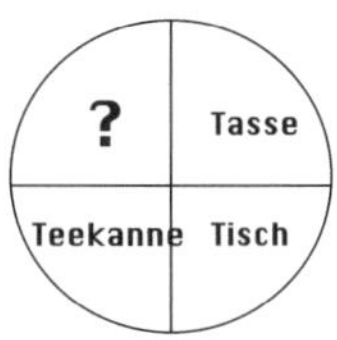

1 ☐ Kaffeekanne
2 ☐ Stuhl
3 ☐ Lampe
4 ☐ Tischbein

4. Aufgabenart: Sprachlogik

Anweisung: Welcher Begriff passt am wenigsten zu den anderen? Bitte einkreisen!

Beispiel: Biene Fliege Wespe Hummel

Zeit: 60 Sekunden

1. Südamerika Europa China Australien
2. Tanne Fichte Lärche Kiefer
3. unruhig schnell nervös hektisch
4. Elena Jennifer Anne Margarethe

5. Aufgabenart: Logisches Denken
Anweisung: Lesen Sie die unten aufgeführten denksportlichen Texte aufmerksam durch und notieren Sie die Lösung.
Zeit: 4 Minuten (reine „Denkzeit", ohne das Lesen der Texte)

1. Die falsche Kugel:
Von 8 Kugeln, die genau gleich aussehen, wiegt eine etwas weniger als jede der 7 anderen (gleich schweren) Kugeln. Es ist eine Balkenwaage vorhanden. Wie viele und welche Wägungen müssen mindestens durchgeführt werden, um die „falsche Kugel" herauszufinden?

2. Das Boot:
Ein Boot trägt nicht mehr als zwei Zentner (100 kg). Wie können ein zwei Zentner schwerer Mann und seine beiden je einen Zentner wiegenden Söhne übersetzen?

3. Die Seerose:
In einem Teich im Park eines alten Schlosses wächst eine Seerose mit einer seltsamen Eigenschaft. Sie wächst so schnell, dass sich die von den Blättern bedeckte Fläche des Wassers jeden Tag verdoppelt – heute sind es vielleicht 10 qm, morgen 20, übermorgen 40 und in 17 Tagen ist der ganze Teich zugewachsen. Im nächsten Jahr gesellt sich noch eine zweite Seerose mit genau der gleichen Eigenschaft dazu. Auch sie verdoppelt ihre Fläche jeden Tag. Nun wächst der Teich natürlich schneller zu als vorher, wo es nur eine Seerose gab. Wie lange, glauben Sie, dauert es jetzt, bis der Teich zugewachsen ist?

4. Zwei Kerzen:
Zwei Kerzen werden gleichzeitig angezündet. Die eine ist doppelt so lang wie die andere. Die längere Kerze brennt in 2 Stunden herunter, die andere ist dicker und brennt erst in 5 Stunden herunter. Wann haben die beiden Kerzen genau die gleiche Länge?

Kreativität

1. Aufgabenart: Unvollständige Zeichnungen

Anweisung: In dem Rechteck ist eine geschwungene Linie zu sehen. Was kann das alles sein? Tragen Sie so viele Ideen wie möglich unten ein! Denken Sie daran, dass es hier keine falschen Antworten gibt. Wiederholungen zählen natürlich nur einmal.

Zeit: 60 Sekunden

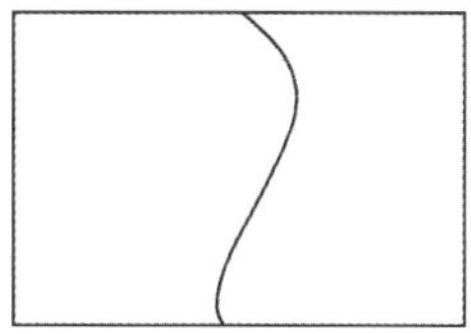

2. Aufgabenart: Gebundene Zeichnungen

Anweisung: In den Kästchen sind verschiedene Ausgangsformen zu finden. Zeichnen Sie bitte aus jeder Figur ein richtiges, möglichst fantasievolles Bild.

Beispiel:

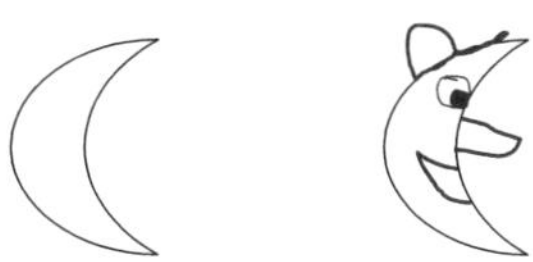

Machen Sie es nun genauso (oder besser)!

Zeit: 60 Sekunden

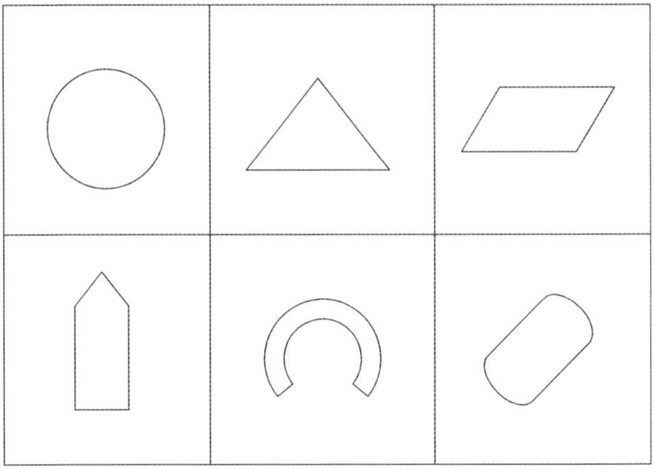

3. Aufgabenart: Sprachkreativität

Anweisung: In dem Topf rechts befinden sich verschiedene Buchstaben. Mit ihnen dürfen Sie nun das „R" unten in so viele Wörter wie möglich einbinden. Es spielt keine Rolle, ob das „R" dabei am Anfang, irgendwo in der Mitte oder am Ende steht.
Alle Buchstaben dürfen mehrmals verwendet werden.
Tragen Sie die gefundenen Wörter bitte unten ein!
Zeit: 60 Sekunden

							R							

4. Aufgabenart: „Lebensrettende" Kreativität

Anweisung: Ein wild gewordener Grizzlybär ist Ihnen auf den Fersen. Sie haben nur noch wenige Minuten Zeit. Der reißende Fluss könnte die Rettung sein. Auf wie viele Arten können Sie ihn überqueren? Verschiedene Ideen sind wichtig. Wiederholungen wie große Brücke, kleine Brücke, schmale Brücke, breite Brücke bauen usw. geben nur 1 Punkt, nämlich für „Brücke". Bitte unten eintragen!
Zeit: 60 Sekunden

5. Aufgabenart: Nützliche Kreativität

Anweisung: Angenommen, Sie sind zu einem Geburtstagsfest eingeladen, möchten natürlich nicht ohne Geschenk erscheinen. Leider haben alle relevanten Geschäfte schon geschlossen. Wie viele „ohne-Geld"-Geschenke fallen Ihnen ein? Bitte unten eintragen!
Zeit: 60 Sekunden

Räumliches Vorstellungsvermögen

1. Aufgabenart: Räumliche Bewegung

Anweisung: Beantworten Sie bitte die Fragen rechts neben den Aufgaben.

Zeit: 60 Sekunden

1.

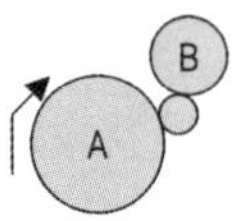

Dreht sich B schneller, langsamer oder genauso schnell wie A?

Antwort:

____

2.

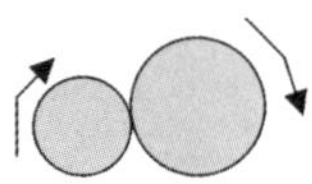

Richtig, falsch oder unmöglich?

Antwort:

____

3.

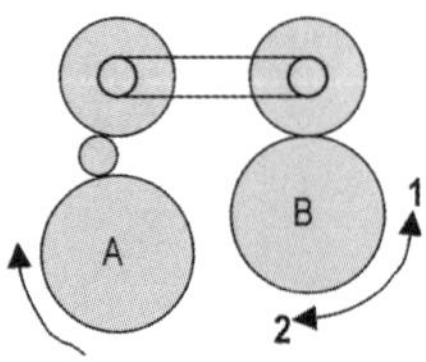

In welche Richtung dreht sich B, 1 oder 2?

Antwort:

____

4.

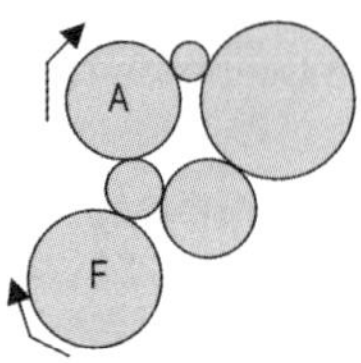

Richtig, falsch oder unmöglich?

Antwort:

____

2. Aufgabenart: Verdeckte Flächen

Anweisung: Wie viele Flächen haben die Körper unten? Tragen Sie bitte die richtige Zahl ein. Zeit: 60 Sekunden

1. 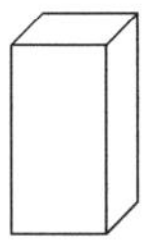 Zahl der Flächen: _____

2. 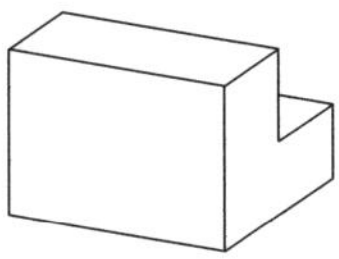 Zahl der Flächen: _____

3. 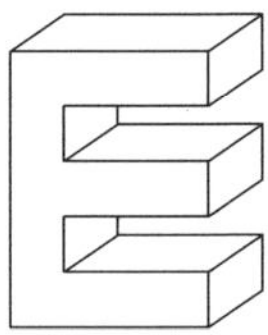 Zahl der Flächen: _____

4. 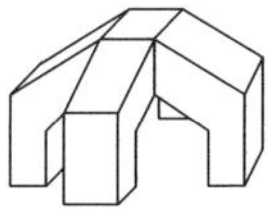 Zahl der Flächen: _____

3. Aufgabenart: Gedankliches Zusammensetzen

Anweisung: Kennen Sie Tangram, das chinesische Puzzle für Schlaue? Zeichnen Sie die zur Verfügung stehenden Steine (links) in die Figur rechts ein. Wie müssen die Steine liegen? Es gibt immer eine Lösung.

Zeit: 4 Minuten

1.

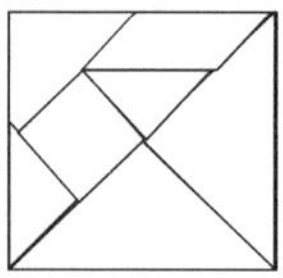

Wie liegen die Steine?

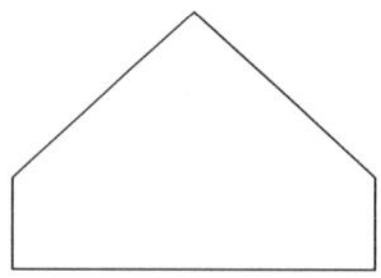

2.

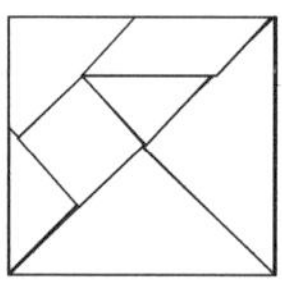

Wie liegen die Steine?

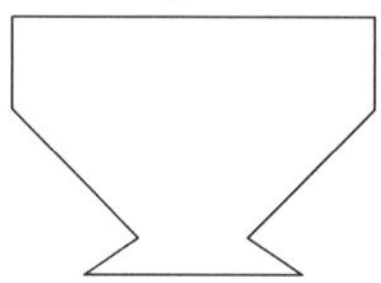

3.

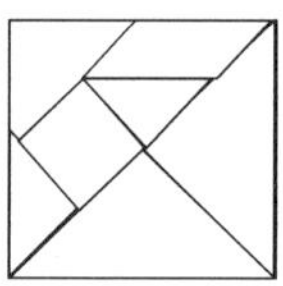

Wie liegen die Steine?

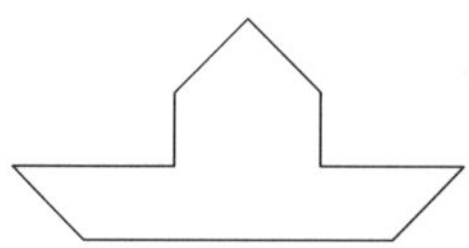

4.

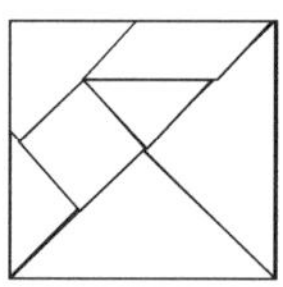

Wie liegen die Steine?

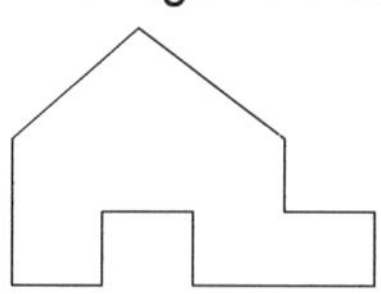

4. Aufgabenart: Entfernungen abschätzen
Anweisung: Suchen Sie sich 4 verschiedene Entfernungen aus Ihrer Umgebung und schätzen Sie sie, z. B. Stuhllehne – Tischkante, Handtuchhalter – Wasserhahn, oder Fernseher – Türe. Achten Sie bitte darauf, dass die Entfernungen zwischen 20 cm und 3 m liegen. Messen Sie die Entfernung nach dem Schätzen und tragen Sie beides unten ein.
ohne Zeitvorgabe

1. Entfernung 1:

   Geschätzte Entfernung: ______ Tatsächliche Entfernung: ____

   Differenz: __________________

2. Entfernung 2:

   Geschätzte Entfernung: ______ Tatsächliche Entfernung: ____

   Differenz: __________________

3. Entfernung 3:

   Geschätzte Entfernung: ______ Tatsächliche Entfernung: ____

   Differenz: __________________

4. Entfernung 4:

   Geschätzte Entfernung: ______ Tatsächliche Entfernung: ____

   Differenz: __________________

5. Aufgabenart: Abwicklungen

Anweisung: Welcher Grundriss lässt sich zu der Figur im Kasten zusammenfalten?

Es ist immer nur eine Figur, und die richtige ist immer dabei. Bitte kreuzen Sie die Ziffer der richtigen Figur an.

Zeit: 60 Sekunden

Lösungen:

1.

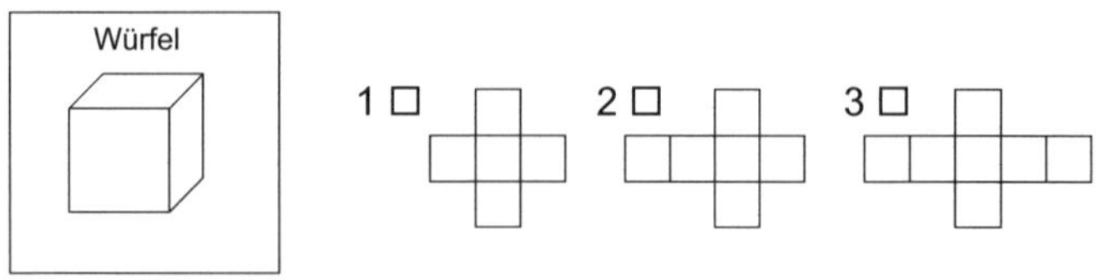

2.

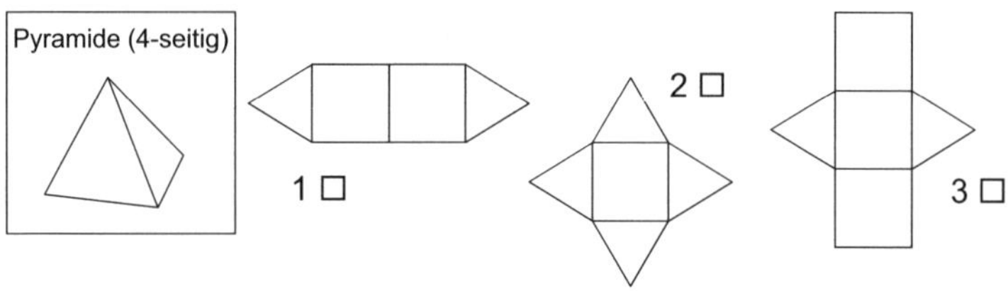

3.

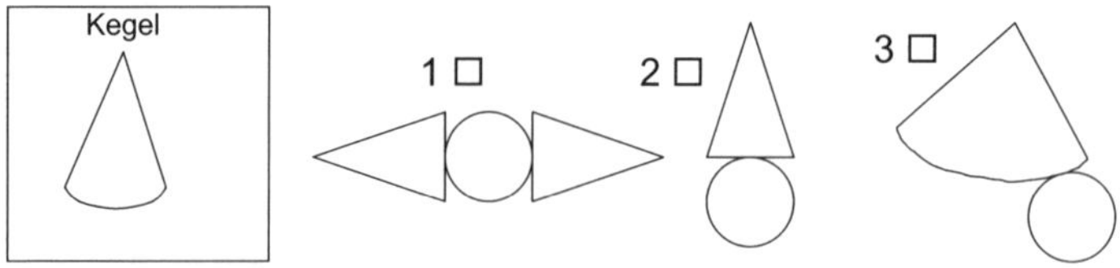

4.

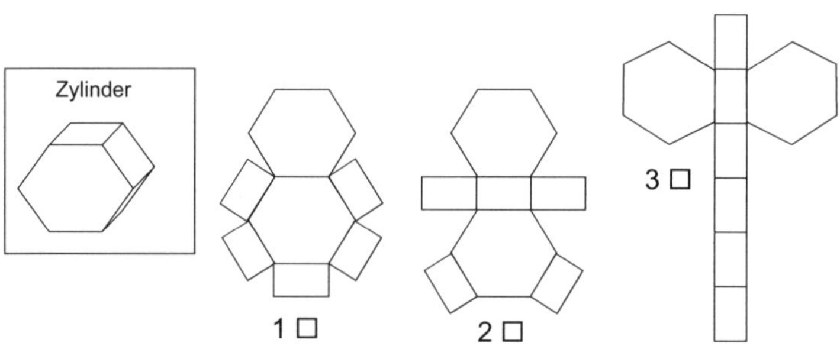

Musikalität
Sie brauchen für diese Übungen einen (musikalischen) Partner.

1. Aufgabenart: Töne nachsingen I

Anweisung: Wenn Sie den Telefonhörer abheben, hören Sie einen Ton, das Freizeichen. Um diesen Ton geht es in den nächsten Übungen.

1. Singen oder summen Sie bitte den Telefonton (Freizeichen), während Sie ihn hören oder unmittelbar danach.

   Es gibt 1 Punkt, wenn Ihr gewissenhafter Partner sagt, dass der Ton stimmt. Sie müssen keinen Gesangswettbewerb gewinnen, und es macht auch nichts, wenn sich Ihr Ton ein paar Sekunden etwas annähern muss. Nur die Tonhöhe muss stimmen.

2. Hören Sie sich nun den Telefonton ein paar Sekunden lang an und legen Sie dann auf. Nun zählen langsam rückwärts von 20 bis 1. Nach ca. 1 Minute versuchen Sie, sich an den Ton zu erinnern. Wenn Sie ihn immer noch singen können, gibt es wieder 1 Punkt.

3. Hören Sie nun den Telefonton wieder ein paar Sekunden lang an und legen Sie dann auf. Nun warten Sie bitte ca. 3 Minuten. In dieser Zeit sollten Sie etwas völlig anderes machen, z. B. sich eine Apfelschorle einschenken und eine Zitronenscheibe hineinschnibbeln. Wenn Sie nach 3 Minuten noch den Telefonton richtig nachsingen können, gibt es noch einmal 1 Punkt.

4. Hören Sie nun den Telefonton wieder ein paar Sekunden lang an und legen Sie dann auf. Nehmen Sie sich jetzt ein paar Minuten Zeit und hören Sie Musik aus dem Radio oder von einer CD. Hören Sie diese Musik ganz bewusst. Wenn Sie nach ca. 3 Minuten den Telefonton immer noch richtig wiedergeben können, verfügen Sie über ein ausgezeichnetes Tongedächtnis und bekommen 1 Punkt.

2. Aufgabenart: Töne nachsingen II

Anweisung: Jetzt brauchen Sie einen Partner, der ein paar Töne singen oder spielen kann. Bestimmt gibt es auch bei Ihnen zu Hause irgendwo ein kleines Xylophon, eine Mundharmonika oder sogar eine Gitarre, ein Keyboard oder ein Klavier.

1. Lassen Sie sich nacheinander 3 einzelne Töne vorspielen oder -singen und versuchen Sie, sie gleich nachzusingen. Wenn alle 3 Töne richtig waren, gibt es 1 Punkt.
2. Lassen Sie sich nun nacheinander 3 mal 2 Töne, sozusagen eine Minimelodie, vorspielen oder -singen und versuchen Sie wieder, sie gleich nachzusingen. Wenn alle 3 Tonpaare richtig waren, gibt es 1 Punkt.
3. Lassen Sie sich nun nacheinander 3 mal 3 Töne vorspielen oder -singen und versuchen Sie wieder, sie gleich nachzusingen. Wenn alle 3 Minimelodien richtig waren, gibt es wieder 1 Punkt.
4. Lassen Sie sich nun nacheinander 3 mal 4 Töne vorspielen oder -singen und versuchen Sie wieder, sie gleich nachzusingen. Die Töne sollten nicht zu einer bekannten Melodie gehören. Wenn alle 3 Minimelodien richtig waren, gibt es wieder 1 Punkt.

3. Aufgabenart: Tonhöhe verändern

Anweisung: Jetzt wenden wir uns richtigen Musikstücken zu. Sicher kennen Sie das Lied „Bruder Jakob". Wir brauchen es für die nächsten 3 Übungen. Ist Ihr Musikpartner bereit?

1. Singen Sie nun das Lied „Bruder Jakob". Es muss nicht perfekt sein und auch nicht klingen wie in einer Oper. Wie schön es sich anhört, ist bei dieser Übung nicht entscheidend, aber die Töne müssen richtig sein. Dann gibt es 1 Punkt.
2. Nun singen Sie bitte dasselbe Lied etwas höher als gerade eben. Wenn es Ihnen gelingt, gibt es wieder 1 Punkt.

3. Nun sollen Sie ein drittes Mal „Bruder Jakob“ singen, aber mit einem Ton beginnen, den Ihr Partner vorgibt oder den Sie z. B. aus dem Radio übernehmen. Natürlich müssen die Töne stimmlich für Sie singbar sein. Wenn es gelingt, gibt es noch 1 Punkt.

4. Nun sollen Sie ein letztes Mal „Bruder Jakob“ singen, aber nicht in DUR, sondern in MOLL. Wenn Sie das schaffen, sind Sie mit Sicherheit musikalisch und bekommen noch 1 Punkt.

4. Aufgabenart: Mitsingen

Anweisung: Jetzt brauchen Sie ein Radio oder einen CD-Player. Hören Sie sich nun insgesamt 4 beliebige Musikstücke an. Gegen Ende der Musikstücke sollen Sie jeweils versuchen, es mindestens 10 Sekunden lang mitzusingen, z. B. den Refrain, es gilt aber auch jede andere Stelle. Der Text ist dabei nicht wichtig, es kann also auch gesummt oder auf der Silbe „Na“ gesungen werden. Die Musikrichtung überlassen wir Ihrem Geschmack. Voraussetzung ist nur, dass die Stücke so etwas wie eine Melodie haben und sich möglichst stark voneinander unterscheiden. Für jedes Musikstück, dessen Melodie Sie erkannt und mehr als 10 Sekunden mitgesungen haben, gibt es einen Punkt. Insgesamt also wieder 4 Punkte.

5. Aufgabenart: Rhythmus

Anweisung: Wieder benötigen Sie Radio oder CD-Player. Hören Sie sich nun wieder insgesamt 4 beliebige Musikstücke an. Gegen Ende jedes Musikstückes sollen Sie den Rhythmus mitklatschen. Wenn das Stück zu Ende ist, bitte noch 5 bis 10 Sekunden weiterklatschen und den Rhythmus so genau wie möglich beibehalten. Wenn das geklappt hat, ist das einen Punkt wert. Die Musikrichtung überlassen wir wieder Ihnen. Voraussetzung ist nur, dass es Stücke mit unterschiedlichen Rhythmen sind, z. B. ein schnelles, ein langsames, ein Volksmusikstück, ein Schlager, ein Klavierkonzert, ein Rap usw. Für jeden richtigen Rhythmus bekommen Sie wieder einen Punkt. Insgesamt also 4 Punkte.

Sportlichkeit und Körperkoordination
Für die Durchführung der Aufgaben benötigen Sie einen haushaltsüblichen Besenstiel, Länge ca. 1,2 m. Durchmesser 4 bis 5 cm.

1. Aufgabenart: Gleichgewicht
1. Stehen auf einem Bein. Versuchen Sie, 30 Sekunden lang auf einem Bein (egal ob rechts oder links) zu stehen, selbstverständlich ohne Hilfsmittel und ohne mit dem anderen Fuß aufzutippen.

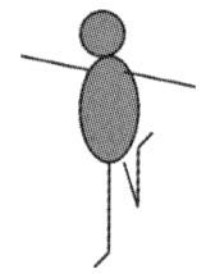

2. Hüpfen Sie nun bitte auf einem Bein. Versuchen Sie, 30-mal auf dem rechten oder linken Bein, möglichst auf einer Stelle, zu hüpfen.

3. Einbeiniges Slalom-Hüpfen. Versuchen Sie, 10-mal mit einem Bein hin und zurück über den Besenstiel zu springen. Das Hindernis darf dabei nicht berührt werden.

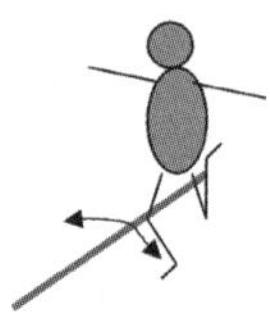

4. Balancieren: Versuchen Sie, barfuß über den Besenstiel zu balancieren, vorwärts und rückwärts.

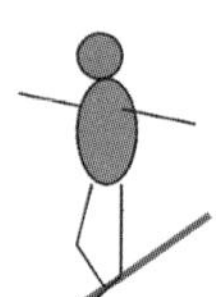

2. Aufgabenart: Reaktion und Schnelligkeit

Anweisung: Sie brauchen nun wieder den Besenstiel. Es geht bei dieser Aufgabe um Reaktionsgeschwindigkeit und Spurtqualitäten. Ihr Partner hält den senkrecht stehenden Besenstiel mit einer Hand. Sie stehen mit dem Rücken zum Stab erst 1, dann 2, dann 3, und schließlich (die Leistungssportler unter Ihnen) 4 Meter entfernt. Der Stabhalter lässt den Besenstiel los und sagt gleichzeitig laut und deutlich: „Jetzt!" Sie drehen sich nun ganz schnell um und spurten los, um den fallenden Besenstiel zu fangen, bevor er den Boden berührt. Sie können gerne vorher eine Probe machen. Für jeden gelungenen Versuch gibt es 1 Punkt.

1.

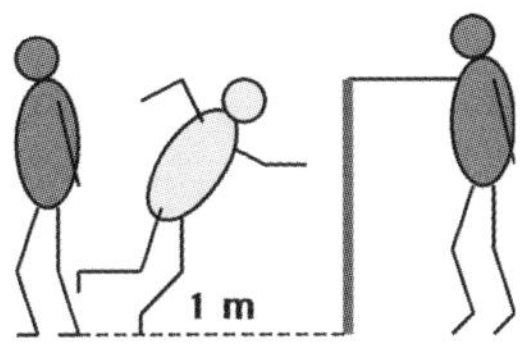

2.

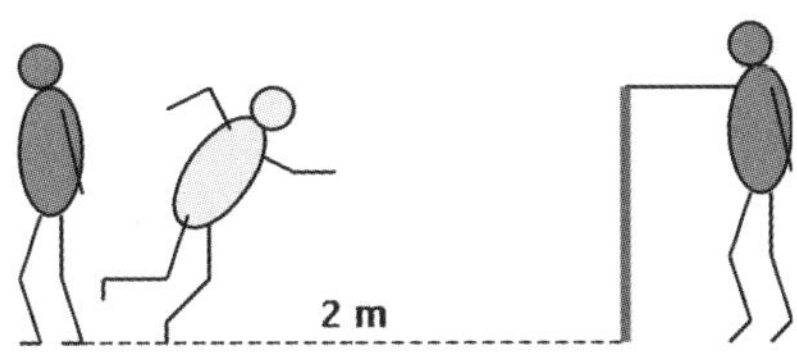

3.

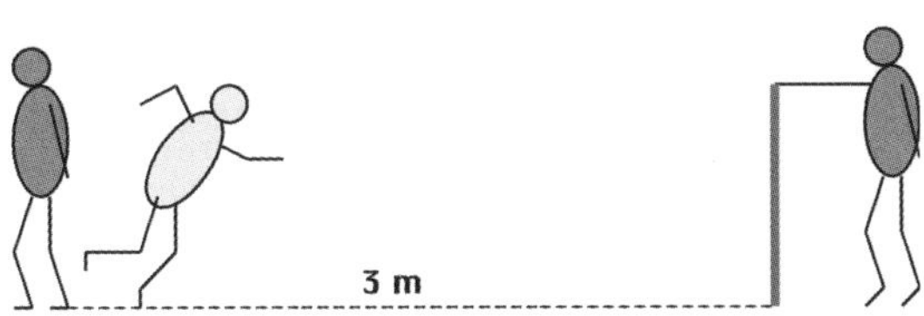

4.

3. Aufgabenart: Kraft und Ausdauer
Anweisung: Legen Sie sich nun den Besenstiel quer über die Schultern wie auf den Bildern unten zu sehen. Machen Sie nun ohne Pausen Kniebeugen. Eine korrekte Kniebeuge beginnt im Stehen, geht weiter bis in eine tiefe Hocke, und endet wieder im Stehen. Für je 10 mustergültige Kniebeugen gibt es 1 Punkt.

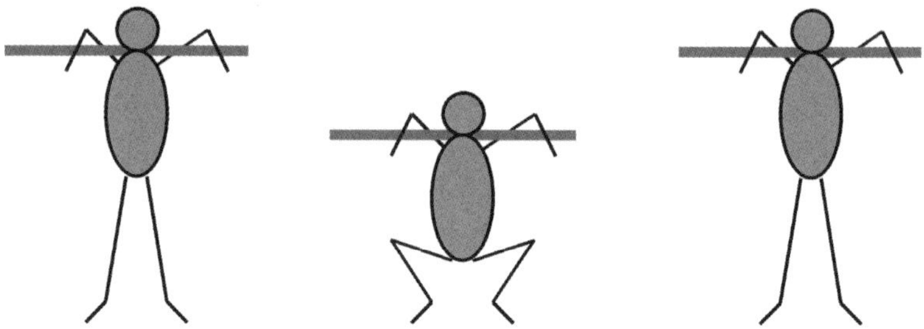

4. Aufgabenart: Körperkoordination
Anweisung: Versuchen Sie, die unten in 4 Schritten beschriebene Übung innerhalb der vorgegebenen Zeit so oft wie möglich zu wiederholen. Üben Sie den Bewegungsablauf 2- bis 3-mal vorher.

Die Übung:

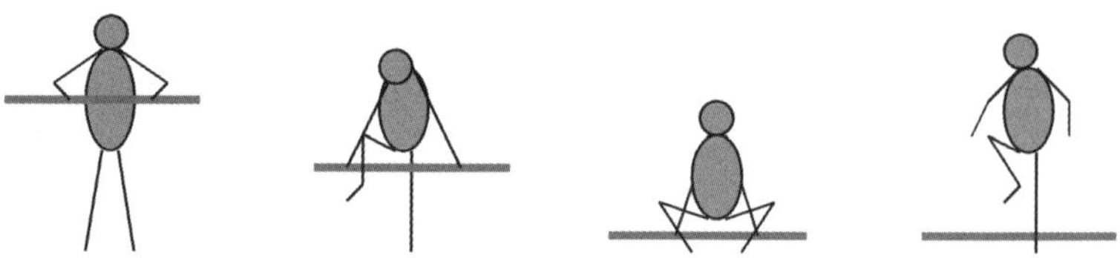

1. Stab vor dem Körper halten.	2. Stab mit beiden Händen festhalten und drübersteigen.	3. Stab hinter sich auf den Boden legen. Nicht fallen lassen!	4. Rückwärts über den Stab steigen und aufheben.

Zeit: 60 Sekunden

5. Aufgabenart: Ausdauer, Sprungkraft
Anweisung: Legen Sie den Besenstiel auf den Boden. Nun sollen Sie mit geschlossenen Beinen innerhalb der vorgegebenen Zeit so oft

wie möglich hin- und herspringen (Slalom). Sie können vorher ein paar Übungssprünge machen.

Die Übung:

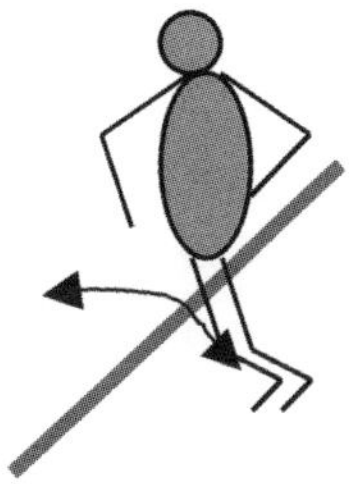

Zeit: 30 Sekunden

Lösungs- und Auswertungsblatt

In dieser Tabelle finden Sie alle Lösungen mit Punkteverteilung. In die unterste Zeile tragen Sie bitte die exakte Punktzahl für jeden Begabungsbereich ein. Jetzt können Sie die Ergebnisse in Ihr persönliches Begabungsprofil übertragen.

Punkteverteilung	verbal	Logisch-mathematisch	kreativ	räumlich	musikalisch	sportlich
Aufgabenart 1	Wortsalat	Logische Reihe	Unvollständige Zeichnungen	Räumliche Bewegung	Töne nachsingen I	Gleichgewicht
1 Punkt	Nebel Leben	32(x2)	ab 5 Ideen	Schneller	richtiger Ton	Übung korrekt absolviert
1 Punkt	Gurke	32(-4x4)	ab 10 Ideen	Falsch	richtiger Ton	Übung korrekt absolviert
1 Punkt	Treppe	9(-11-8x4)	ab 15 Ideen	1	richtiger Ton	Übung korrekt absolviert
1 Punkt	Fiasko	191 ein Schnitt x2+1	Ab 20 Ideen	Unmöglich	richtiger Ton	Übung korrekt absolviert
Aufgabenart 2	Wortschatz	Reihen fortsetzen	Gebundene Zeichnungen	Verdeckte Flächen	Töne nachsingen II	Reaktion und Schnelligkeit
1 Punkt	Stress	Dreieck	3 Zeichnungen	6	3 richtige Töne	Rechtzeitig gefangen
1 Punkt	Talent	Kreis rechts oben in der Ecke, ganz zu sehen	4 Zeichnungen	8	3 x 2 richtige Töne	Rechtzeitig gefangen
1 Punkt	Poesie	Leerer Kreis im Quadrat	5 Zeichnungen	14	3 x 3 richtige Töne	Rechtzeitig gefangen

1 Punkt	Morast	Alle geometrischen Formen groß, wandernder Kreis rechts oben	6 Zeichnungen	30	3 x 4 richtige Töne	Rechtzeitig gefangen
Aufgabenart 3	Lebendiger Wortschatz I	Regel erkennen	Sprachkreativität	Gedankliches Zusammensetzen	Tonhöhe verändern	Kraft und Ausdauer
1 Punkt	Frosch, schlau	4	5-9 Wörter	Richtig	Lied richtig gesungen	10 –19 korrekte Kniebeugen
1 Punkt	Preis, Eisen	3	10-14 Wörter	Richtig	Lied in hö herer Tonart richtig gesungen	20–29 korrekte Kniebeugen
1 Punkt	Stern, Ernte	2	15-19 Wörter	Richtig	Lied in vor gegebener Tonhöhe richtig gesungen	30–39 korrekte Kniebeugen
1 Punkt	Frage, Agent	2	Ab 20 Wörter	Richtig	Lied in Moll richtig gesungen	Ab 40 korrekte Kniebeugen
Aufgabenart 4	Lebendiger Wortschatz II	Sprachlogik	Lebensrettende Kreativität	Entfernungen abschätzen	Mitsingen	Koordination
1 Punkt	-and	China	ab 5 Ideen	Entfernung 1: +/- 10 %	Erste Melodie richtig nachgesungen	1-4 Wiederholungen
1 Punkt	-ille	Lärche	ab 10 Ideen	Entfernung 2: +/- 10 %	Zweite Melodie richtig nachgesungen	5-8 Wiederholungen

1 Punkt	-ase	Schnell	ab 15 Ideen	Entfernung 3: +/- 10 %	Dritte Melodie richtig nachgesungen	9-13 Wiederholungen
1 Punkt	-mut	Anne (nur 1 „e“)	ab 20 Ideen	Entfernung 4: +/- 10 %	Vierte Melodie richtig nachgesungen	Ab 14 Wiederholungen
Aufgabenart 5	Wortflüssigkeit	Logisches Denken	Nützliche Kreativität	Abwicklungen	Rhythmus	Ausdauer, Sprungkraft
1 Punkt	7 oder mehr	2 Wägungen, erst je 3, dann 2 der 3 leichteren	2-3 Ideen	2	Erster Rhythmus richtig wieder gegeben	mehr als 20
1 Punkt	7 oder mehr	Erst 2 Söhne, dann einer zurück, dann Vater allein, ein Sohn zurück, beide Söhne wieder zusammen	4-5 Ideen	2	Zweiter Rhythmus richtig wiedergegeben	mehr als 30
1 Punkt	7 oder mehr	Nach 16 Tagen ist der Teich bedeckt	6-7 Ideen	3	Dritter Rhythmus richtig wiedergegeben	mehr als 40
1 Punkt	7 oder mehr	Nach 1 Stunde und 15 Minuten	ab 8 Ideen	3	Vierter Rhythmus richtig wiedergegeben	Ab 50
Gesamtpunktzahl						

Auswertungstabelle und Begabungsprofil

Malen Sie bitte die von Ihnen erreichten Punkte gut sichtbar aus. Sie sehen dann auf einen Blick Ihre Begabungsschwerpunkte.

Punkte ⇨	1	2	3	4	5	6	7	8	9	10	11	12	13	14	15	16	17	18	19	20
Verbal	○	○	○	○	○	○	○	○	○	○	○	○	○	○	○	○	○	○	○	○
Logisch	○	○	○	○	○	○	○	○	○	○	○	○	○	○	○	○	○	○	○	○
Kreativ	○	○	○	○	○	○	○	○	○	○	○	○	○	○	○	○	○	○	○	○
Räumlich	○	○	○	○	○	○	○	○	○	○	○	○	○	○	○	○	○	○	○	○
Musikalisch	○	○	○	○	○	○	○	○	○	○	○	○	○	○	○	○	○	○	○	○
Körperlich	○	○	○	○	○	○	○	○	○	○	○	○	○	○	○	○	○	○	○	○
Abstufungen ⇨	geringe Begabung			mäßige Begabung			mittlere Begabung								Begabung			große Begabung		

Auswertungstabelle und Begabungsprofil ***Beispiel***

Malen Sie bitte die von Ihnen erreichten Punkte gut sichtbar aus. Sie sehen dann auf einen Blick Ihre Begabungsschwerpunkte.

Punkte ⇨	1	2	3	4	5	6	7	8	9	10	11	12	13	14	15	16	17	18	19	20
Verbal	●	●	●	●	●	●	●	●	●	○	○	○	○	○	○	○	○	○	○	○
Logisch	●	●	●	●	●	●	●	●	●	●	●	●	●	●	●	●	○	○	○	○
Kreativ	●	●	●	●	●	●	●	●	●	●	●	●	●	●	●	●	●	●	○	○
Räumlich	●	●	●	●	●	●	●	○	○	○	○	○	○	○	○	○	○	○	○	○
Musikalisch	●	●	●	●	○	○	○	○	○	○	○	○	○	○	○	○	○	○	○	○
Körperlich	●	●	●	●	●	●	●	●	●	●	●	●	●	●	●	●	○	○	○	○
Abstufungen ⇨	geringe Begabung			mäßige Begabung			mittlere Begabung								Begabung			große Begabung		

Interpretation der Ergebnisse

Grundsätzliches: Alle Begabungen sind in der Gesamtbevölkerung normal verteilt. Man kann sich diese Verteilung als Glockenkurve vorstellen, die in der Mitte am höchsten ist und zu den Rändern hin gegen Null ausläuft. Im Mittelfeld sind ca. zwei Drittel (68 Prozent) durchschnittlich Begabte versammelt (in unserem Test ungefähr 4 bis 17 Punkte), am linken Rand ca. 16 Prozent unterdurchschnittlich Begabte (in unserem Test 0 bis 3 Punkte), am rechten Rand die überdurchschnittlich Begabten (in unserem Test 18 bis 20 Punkte). Die obersten 2 Prozent werden auch als Hochbegabte bezeichnet. Es ist völlig normal, dass jemand nicht in allen Bereichen überdurchschnittlich ist, ebenso, dass die Leistungen nicht überall unterdurchschnittlich ausfallen. In der Regel ist unser Begabungsprofil sehr abwechslungsreich, und jede/r kann sich auf die Suche nach „seinen" oder „ihren" Begabungen machen. Lesen Sie jetzt die Interpretationen für die verschiedenen Ergebnisse. Sie gelten für alle Begabungsbereiche.

0 bis 6 Punkte: geringe Begabung, mäßige Begabung

Sie liegen bei diesem Begabungsfeld im unteren Bereich, was darauf hinweist, dass dies nicht unbedingt Ihre stärkste Seite ist. Wir vermuten, dass Ihnen die Lösung der Aufgaben weder besonders leicht fiel, noch Sie sonderlich mit Begeisterung erfüllt hat. Macht nichts! Wir Menschen zeichnen uns durch viele unterschiedliche, unabhängige Begabungen aus.

Die Anlagen, also das, was wir uns in diesem Test anschauen, sind zwar zu einem beachtlichen Teil an unserer Entwicklung, unseren Leistungen, Erfolgen und Misserfolgen beteiligt. Das heißt aber auch, dass, selbst wenn Ihre Begabungsschwerpunkte nicht in diesem Bereich liegen, noch längst nicht alles verloren ist. Der andere Teil unserer persönlichen Entwicklung wird nämlich von den sogenannten Umwelteinflüssen bestimmt, also in der Kindheit und Jugend von Lehrern, Eltern, Freunden, Vorbildern aus Musik, Sport und Kino, als Erwachsene von der Familie, dem Arbeitsplatz, Kollegen, Wohnort, Infrastruktur, Einkommens- und Bildungsschicht usw.

Wenn Ihnen etwas wirklich Spaß macht, können Sie mit Engagement, Fleiß und Ausdauer auch ohne besonderes Talent durchaus Erfolge erzielen. Es wird allerdings etwas mehr Beharrlichkeit erfordern, und Ihre persönlichen Stärken können sich eventuell nicht voll entfalten, weil sie unterdrückt oder zumindest vernachlässigt werden.

7 bis 14 Punkte: mittlere Begabung

Sie liegen bei diesem Begabungsbereich im breiten Mittelfeld. Hier befinden sich ca. 50 Prozent aller Menschen mit ihren Leistungen. Allerdings sucht man gewöhnlich nicht nach Gebieten, in denen man durchschnittlich ist, sondern nach besonderen Talenten. Unserer mehrjährigen Erfahrung nach gibt es so etwas bei nahezu allen Menschen. Sie haben hier zwar schon einmal eine Begabung, mit der Sie im soliden Mittelfeld liegen, aber vielleicht gibt es auch bei Ihnen ein besonders ausgeprägtes Talent. Am besten sehen Sie sich gleich die anderen Testergebnisse an.

Selbstverständlich – und das möchten wir ganz besonders betonen – kann man sich auch an Beschäftigungen erfreuen, für die man nicht schwarz-auf-weiß-bestätigt ein besonderes Talent besitzt. Nahezu jeder Mensch, der mit seinen Begabungen zwischen 7 und 14 Punkten liegt, kann erfolgreich in einem Chor singen, sportliche Leistungen erbringen, originelle Ideen produzieren, kann sich, auch beruflich, mit Literatur, Philosophie und Wissenschaft beschäftigen.

15 bis 20 Punkte: Begabung, große Begabung

Sie haben die meisten oder sogar alle Aufgaben richtig gelöst. Wenn dies ohne fremde Hilfe und in der vorgegebenen Zeit geschehen ist, liegen Sie in diesem Begabungsfeld mindestens im oberen Viertel. Das bedeutet, dass Sie auf diesem Gebiet sowohl schneller und leichter lernen, als auch, dass Sie hier am meisten erreichen können, vielleicht auch schon erreicht haben. Wenn Sie Lust haben, etwas Zeit freischaufeln können und es bisher versäumt haben, beschäftigen Sie sich mit Ihrem Talent, bauen Sie es aus, trainieren Sie Ihre Fähigkeiten. Wer weiß, was noch daraus wird? Sie werden sehen, das Lernen fällt Ihnen auf diesem Gebiet deutlich leichter als vielen anderen und Sie können es hier zu höherer Meisterschaft bringen. Es ist ein bisschen wie bei einem Schatz, den man gefunden hat, und nun muss man ihn ausbuddeln, heben und vermehren. Viel Erfolg!

6. Kapitel: Der persönliche Talentefinder … auf den Spuren des Enthusiasmus

„Wünsche sind die Vorboten unserer Fähigkeiten.“
J. W. von Goethe

Vor wenigen Wochen wurde ich in einem Interview gefragt, was die wichtigste Lektion sei, die ich in 20 Jahren Unternehmercoaching gelernt hätte. Die Frage war für mich nicht leicht zu beantworten, weil mir sofort eine Vielzahl von wichtigen Aha-Erlebnissen, Coaching-Erfahrungen und Durchbrüchen in den Sinn kamen, die es eigentlich alle verdient hatten, jetzt erwähnt zu werden.

Nach kurzer Bedenkzeit antwortete ich dann: „In den ersten zehn Jahren unserer Karrierecoachings habe ich den Fokus vor allem auf den Markt gerichtet: Wo will mein Klient mit seinem Unternehmen (oder auch seiner eigener Karriere hin) und wie können wir ihn dort möglichst schnell als Experten positionieren?

Dann habe ich begriffen, dass dies nur perfekt funktioniert, wenn zwischen den Aufgaben, die der Kunde sich stellte und seinen Talenten ein hohes Maß an Übereinstimmung bestand. Und so bin ich in den letzten Jahren immer stärker dazu übergegangen, für *jeden die optimale ‚Aufgaben-Talent-Passung‘ zu finden.*

Dies setzt zunächst voraus, dass wir für jeden Kunden ein kristallklares Profil seiner Talente und Stärken entwickeln mussten – ein Prozess, der Klienten mit einem starken Talentbewusstsein leicht von der Hand ging, andere aber für längere Zeit ins Grübeln brachte.

Aus den Erfahrungen vieler Einzelchoachings haben wir unseren Talent- und Stärkenfindungsprozess in den letzten Jahren systematisiert und zu einem mehrteiligen Analyseverfahren verdichtet. Da jedes Model dieser Analyse die Suche nach unseren Stärken und Talenten von einer anderen Perspektive angeht, ergibt sich am Ende durch die mehrfache Bestätigung der Ergebnisse eine hohe Gewissheit, die eigenen Talente und Stärken vollständig und zutreffend erfasst zu haben.

Der persönliche Talente- und Stärkenfinder im Überblick

Wenn unsere zehn Grundintelligenzen die Tonleiter sind, dann sind – wie schon erwähnt – unsere Talente die Akkorde, die wir darauf spielen. Unsere Talente sind also die Kombination von Intelligenzen in einem bestimmten Funktionsbereich, deren Potenzial wir brauchen, um auf diesem Gebiet hervorragende Leistungen zu erbringen. Unsere Talente entfalten und polieren wir dann mit Wissen und Skills zu unseren Stärken. Damit eine Fähigkeit von uns als Stärke bezeichnet werden kann, müssen wir zunächst in der Lage sein, sie stetig und konsequent und nahezu perfekt durchzuführen. Das bedeutet, Stärken sind ein vorhersagbarer Teil unserer Performance.

Werfen wir einen Blick auf Oliver Kahn, der gerade von Journalisten – als erster Torwart überhaupt – zum besten Fußballspieler der WM 2002 gewählt worden ist. Oliver Kahns Fähigkeit, gegnerische Stürmer davon abzuhalten, den Ball vorbei an ihm ins Tor zu bugsieren, ist legendär. Sein räumliches Vorstellungsvermögen, seine Fähigkeit zur Selbstmotivation (intrapersonale Intelligenz), und seine körperlich-kinästhetische Intelligenz sind zusammen mit seinem Ehrgeiz und seiner Trainingsdisziplin (intrapersonale Intelligenz) eine so gelungene Kombination eingegangen, dass sein Talent als Torwart außer Frage steht. Da Oliver Kahn diese Topleistungen stetig und konsistent zeigt, ist diese Stärke auch ein vorhersagbarer Teil seiner Performance.

Das zweite – und für unseren Talente- und Stärkenfinder-Test besonders aussagekräftige – Kriterium einer Stärke ist, dass uns *diese Aktivität mit Enthusiasmus, leidenschaftlicher Begeisterung und Genugtuung erfüllt.* Es genügt also nicht, dass wir etwas ständig supergut können, damit wir von einer Stärke sprechen. Erforderlich ist weiter, dass diese Tätigkeit uns ausfüllt, glücklich macht und unsere Seele jubilieren lässt.

Bill Gates beispielsweise ist sicher ein hervorragender Unternehmer, der viele Jahre als CEO von Microsoft bewiesen hat, dass er ausgezeichnet in der Lage ist, die Konzernstrategie in die Praxis umzusetzen. Trotzdem ist die Praxis der Unternehmensführung keine seiner vielen Stärken. Bill Gates hat immer wieder betont, wie viel Energie ihm diese Aufgabe raubt und deswegen folgerichtig den Vorstandsvorsitz seinem Freund und Partner Steve Balmer übertragen. Das gibt ihm die Möglichkeit, sich wieder voll auf seine Stärken zu konzentrieren, zu denen unter anderem die Entwicklung neuer Produkte und neuer Geschäftsfelder gehört.

Da die zehn Grundintelligenzen bei jedem Menschen in unterschiedlicher Ausprägung und Kombination vorliegen und bei jedem von uns durch kulturelle Einflüsse und persönliche Entscheidungen weiter ausdifferenziert werden, verfügt jeder Mensch über ein Talentprofil, das genauso einzigartig ist wie sein Fingerabdruck oder die Kombination seiner Gene.

Es gibt zwar nur zehn verschiedene Dimensionen von Rechnerleistung als Ausgangsbasis, aber es ist faszinierend, was jeder von uns daraus machen kann – frei nach dem Motto: „Die einzelnen Töne in der Musik waren schon immer da. Aber schauen Sie sich an, was Beethoven daraus gemacht hat …"

Wenn es also im Detail genauso viele Talente und Stärkeprofile gibt wie Individuen, dann helfen uns die Raster der Intelligenztests des letzten Kapitels nur im ersten Schritt weiter.

Zum weiteren Feintuning unserer Talentanalyse – wie wir sie in diesem Kapitel betreiben wollen – brauchen wir also noch feinere und präzisere Instrumente. Dabei hat sich in der Praxis herausgestellt, dass *die Stimme unseres Herzens – die Aktivitäten und Reaktionen unseres limbischen Systems – der beste Talente-Indikator* ist, der sich finden lässt.

Der Rat vieler Weisheitslehrer, „Folge der Stimme deines Herzens", hat hier seine volle Berechtigung. Die fünf Module unseres Talentefinders geben deshalb mit ihren verschiedenen Perspektiven Gelegenheit, unseren Herz- und Bauchgefühlen Gehör zu verschaffen:

1. Wir starten mit einer Analyse unserer eigenen Biografie und arbeiten Schlüsselerlebnisse und Aktivitäten heraus, die uns schon von frühester Kindheit an intensiv begeistert haben.
2. Danach erarbeiten wir uns ein Enthusiasmus-Szenario für die Gegenwart.
3. Der dritte Baustein ist die Analyse unserer Intention, getreu dem Motto: Wünsche sind die Vorboten unserer Fähigkeiten.
4. Baustein 4 ist die „Aussteigerübung", die uns die Chance gibt, in einem ganz anderen emotionalen Kontext mit viel Abstand über unsere Talente nachzudenken.
5. Baustein 5 stellt abschießend 34 Denk- und Handlungspräferenzen vor, die sich bei der Analyse von vielen hunderttausend Menschen als besonders häufige Talent-Muster gezeigt haben, und lädt Sie ein, sich in diesem Spiegel selbst zu erkennen und einzuordnen.

Die Analyse der eigenen Biografie

Bei der Analyse der eigenen Geschichte hat sich ein zweistufiges Vorgehen bewährt:

Im ersten Schritt lohnt es sich, alle emotionalen Schlüsselerlebnisse anzuschauen, bei denen uns die Augen dafür geöffnet worden sind, dass wir uns zu einer bestimmten Aufgabe berufen und von ihr angezogen fühlen. Im zweiten Schritt ist es dann empfehlenswert, unsere ganze Erinnerungsdatenbank noch einmal von frühester Jugend an durchzukämmen, um ein möglichst vollständiges Bild aller Talente- und Stärkenkombinationen zu erkennen.

Talent-Entdeckung durch Schlüsselerlebnisse

Manchen Menschen fällt es ziemlich leicht, ihre wichtigsten Talente und Stärken in der Vergangenheitsanalyse zu erkennen, weil sie durch ganz außergewöhnliche Aha-Erlebnisse vom Schicksal einen „Wink mit dem Zaunpfahl" bekommen haben.

Eher selten (und in unserer Praxis noch nicht aufgetaucht) scheinen sogenannte „Erleuchtungserlebnisse", von denen in der Literatur des Talent-Scoutings wiederholt berichtet wird.[22] Bekannt geworden ist etwa das Erlebnis von Mutter Teresa, die ursprünglich an einer vornehmen Privatschule unterrichtete und eines Tages auf dem Weg nach Hause Zeuge wurde, wie ein älterer Mann vor ihr auf der Straße zusammenbrach. Mutter Teresa leistete ihm erste Hilfe und brachte ihn zu mehreren Krankenhäusern. Dort wurde jedoch seine Aufnahme abgelehnt, weil er offensichtlich zu arm war, um die Behandlungskosten zu begleichen. Der Mann starb schließlich in den Armen von Mutter Teresa, nicht ohne vorher noch einmal die Augen zu öffnen und ihr zu sagen: „Wenn ich jetzt sterbe, ist dies der glücklichste Tag in meinem Leben. Es ist nämlich das erste Mal, dass sich jemand um mich kümmert und bei mir bleibt."

Mutter Teresa ließ sich von diesem Erlebnis tief berühren. Sie erkannte ihre Berufung und aktivierte ihre Talente – angefangen von ihrer Empathie, über ihre Führungsqualitäten bis zu ihrem Überzeugungsvermögen: Sie gründete ihren eigenen Orden, widmete ihr Leben der Hilfe der Ärmsten der Armen und der Rest ist Geschichte ...

Erleuchtungserlebnisse müssen nicht immer so dramatisch und plakativ sein, um uns mit der Nase auf unsere Talente zu stoßen. Ein Kollege von mir berichtet in seinen Seminaren zum Beispiel von einer Studentin, die in den Semesterferien im örtlichen Krankenhaus jobbte, um ihr Studium zu finanzieren. Eines Tages unterhielten sich zwei Krankenschwestern in ihrer Nähe abfällig über einen schwieri-

[22] Vgl. Chang, *The Passion Plan*, San Fransisco 2000, S. 78

gen Patienten, der ihnen besonders viel Arbeit bereitete. Sie beobachtete zufällig das Gesicht des alten Mannes, der das Gespräch mit anhören musste. Sie spürte seinen Schmerz so sehr, dass sie anschließend viel Zeit investierte, um die unbedachten Äußerungen ihrer Kolleginnen vergessen zu machen.

Diese kleine Episode half der jungen Frau, ihr großes Talent zu erkennen, mit Einfühlungsvermögen und Hingabe das Leben anderer Menschen zu bereichern. Konsequenterweise wechselte sie ihr Studienfach, um ihre Berufung zum Beruf zu machen.

In der Praxis häufiger als Erleuchtungserlebnisse sind Schlüsselerlebnisse, die mit einer abrupten Veränderung unserer Lebensumstände zu tun haben: der Tod eines nahe stehenden Menschen, Heirat, Scheidung, der Verlust des eigenen Unternehmens, die Notwendigkeit, nach einem Feuer ganz von vorn beginnen zu müssen. Solche und ähnliche Situation sind oft Auslöser eines Prozesses, der uns unsere Talente und Stärken schlagartig bewusst macht.

Einer unserer Kunden, der Sohn eines sehr reichen Vaters, genoss sein Studium im Ausland in vollen Zügen, als sein Vater beim Absturz des firmeneigenen Flugzeugs tödlich verunglückte. Obwohl der Sohn bisher nicht im Entferntesten daran gedacht hatte, jemals in die Fußstapfen seines Vaters zu treten, entschied er sich nach dessen Unfalltod spontan, die Nachfolge anzutreten. „Es war das Gefühl der Verantwortung für die Familie“, erzählte er mir viele Jahre später, „das mich nie mehr losgelassen hat ...“

Eine wichtige Hilfe bei der Entdeckung unserer Talente ist auch die Intuition: Eine ganze Reihe von Kunden haben in unseren Einzelcoachings berichtet, dass sie schon sehr früh im Leben tief aus ihrem Inneren heraus und ohne jeden äußeren Einfluss wussten, was sie mit ihrem Leben anfangen wollten. Mir selbst ist es ähnlich ergangen: Vom ersten Tag meiner Schulzeit an hatte ich das merkwürdige Gefühl. „Wenn ich mal groß bin, möchte ich genauso wie meine Lehrerin vor anderen stehen und diese unterrichten dürfen. Aber ich werde auf keinen Fall Lehrer, weil das Unterrichten von Lesen und Schreiben viel zu einfach und langweilig ist.“

Diese intuitive Einschätzung berührt mich noch heute, denn als Erstklässler hatte ich keinen Grund, Lesen und Schreiben für langweilig zu halten.

Jahre später wollte ich dann Universitätsprofessor werden und als ich schließlich den ersten Topmanagement-Trainer kennenlernte, der ausschließlich Unternehmer, Vorstände und andere Business-Profis trainierte, war mein Lebensziel endgültig klar.

Ich sehe noch heute die ungläubigen Gesichter meiner Freunde und Studienkollegen, als ich ihnen mit jungen 23 Jahren von meinen hochfliegenden Plänen erzählte. Und ich spüre noch heute dieselbe tiefe, innere Gewissheit wie damals, dass diese Berufung meinen Talenten optimal entsprechen würde.

Tatsächlich hat sich in 20 Berufsjahren nichts an meiner Begeisterung für meinen Beruf geändert: Meine Familie macht sich nach wie vor darüber lustig, dass ich nach einem langen Flugtag über den Atlantik vor dem Einchecken ins Hotel immer noch in die nächste Buchhandlung laufe, um mir sofort die Neuerscheinungen meines Fachgebiets zuzulegen ...

Talente entdecken durch Vergangenheitsanalyse

Der oben beschriebene Wink des Schicksals, der uns mit der Nase auf unsere Talente stößt, ist sicher hilfreich, aber eher die Ausnahme als die Regel. Die weitaus meisten Menschen finden ihre Talente durch eine sorgfältige Analyse ihrer Kindheit, indem sie genau untersuchen, von welchen Aktivitäten sie sich spontan angezogen gefühlt haben und was schon damals ihre Begeisterung und Leidenschaft geweckt hat. Folgende Überlegungen können Ihnen dabei helfen:

1. Versetzen Sie sich zurück in Ihre Kindheit und durchleben Sie dort (mit geschlossenen Augen) möglichst viele Highlights, die Sie damals emotional bewegt haben.

2. Überlegen Sie, bei welchen Erlebnissen Sie mehr Zuschauer waren (zum Beispiel Erstkommunion, Geburtstagsparty, tolle Reisen usw.) und bei welchen Erlebnissen Sie aktiv beteiligt waren. Beschäftigen Sie sich nun intensiv mit diesen Aktivitäten und Aufgaben, bei denen Sie mit Enthusiasmus, Begeisterung und Hingabe bei der Sache waren. Überlegen Sie, inwieweit Sie schon in Ihrer Kindheit Ketten von Aktivitäten erkennen, die über mehrere Jahre hinweg immer wieder Ihre Begeisterung geweckt haben.
3. Was haben Sie in Ihrer Jugend und Kindheit unheimlich gern getan?
4. Wo haben Ihre Eltern Sie suchen müssen, wenn Sie in einer Aktivität versunken waren und um sich herum alles vergessen hatten?
5. Was hätten Ihre Eltern, Großeltern, Onkel und Tanten gesagt, wenn man sie nach ihren Lieblingsaktivitäten befragt hätte?

Eine Freundin von mir, die viele Jahre im Marketing-Bereich Spitzenpositionen bekleidet hat und sich gerade ein Sabbatical zur beruflichen Neuorientierung gönnt, antwortete auf die letzte Frage sehr spontan und entschieden: „Meine Familie wusste immer: sie kümmert sich um alle und singt und tanzt den ganzen Tag ...“ An diesem Grundprofil ihrer Talente hat sich bis heute nichts verändert. Von daher war es nur folgerichtig, dass diese Topmanagerin schon vor Jahren eine Zweitkarriere als Sängerin begonnen hat, in der sie von ihrem Publikum riesigen Zuspruch bekommt und sich jetzt überlegt, ob sie nicht ganz in das Feld ihrer größten Stärken wechseln soll ...

Falls Sie Ihre Talente und Ihre Berufung im Leben schon aufgrund von Schlüsselerlebnissen gut einschätzen können, empfehle ich Ihnen gleichwohl, Ihre Kindheit sorgfältig auf weitere Talentmuster zu untersuchen:

Wir alle verfügen nämlich über unglaublich viele faszinierende Begabungen und Talentpräferenzen. Auch wenn wir vielleicht nicht jedes Talent beruflich nutzen können, so bekommen wir doch wertvolle Anregungen, welche Hobby- und Freizeitaktivitäten uns am meisten liegen. Und dies ist von entscheidender Bedeutung. Denn unser limbisches System funktioniert nach dem Prinzip, dass es *leidenschaftliche Begeisterung in einem Lebensbereich nutzt, um unser ganzes Leben emotional anders einzufärben.*

Jeder, der einmal heftig verliebt war, kennt das Gefühl: Nur weil wir die Frau oder den Mann unseres Lebens getroffen haben, macht es auf einmal Spaß, im Stau zu stehen und die Kritik unseres Chefs ist genauso unwichtig geworden wie die Tatsache, dass auf unserem Bankkonto Ebbe angesagt ist.

Wie wir uns im nächsten Teil des Buches noch näher anschauen, genügt unserem limbischen System, dass wir *irgendetwas* heiß und innig lieben, um die Eigendynamik positiver Emotionen zu starten.

Ob dieses Etwas unser Lebenspartner, unser Baby, ein Oldtimer oder der Aufenthalt in der freien Natur ist, ist dabei zweitrangig. Entscheidend ist allein die Tiefe des Gefühls:

Wie viel Hingabe, Begeisterung, Passion, Leidenschaft und Enthusiasmus entwickeln wir für das, was wir lieben?

Und hier wird ein klares Bild all der Dinge, die wir immer schon heiß und innig geliebt haben, unschätzbar wertvoll. Denn sie geben uns die Gelegenheit, den „Enthusiasmus-Thermostat“ in unserem limbischen System so aufzudrehen, dass wir für die Entfaltung möglichst vieler Talente das optimale Emotions-Fundament vorfinden.

Um Ihnen einige Beispiele für solche Enthusiasmus-Cluster zu geben, hier einige Beobachtungen aus meiner Kindheit:

1. Von meinem ersten Tretroller an habe ich Geschwindigkeiten mehr geliebt als alles andere: Ob Fahrräder, Gokarts, Gleitschuhe, Schlitten oder Skier – schon als Kind habe ich Dutzende Stunden damit zugebracht, immer schneller den Berg hinunterzusausen. Und während ich Geschwindigkeit als reines Glück erlebte, riefen die Nachbarn regelmäßig meine Mutter an und sagten: „Holen Sie Ihren Verrückten rein, bevor er sich das Genick bricht ...“

2. Von der ersten Sportstunde an liebte ich Turnen heiß und innig, während mir Leichtathletik nur in den ersten Jahren Spaß machte, solange ich ohne viel Trainieren zu den Besten gehörte.

3. Mein wichtigstes Hobby in den Teenager-Jahren war Lesen, und zwar das Lesen von Sachbüchern. Als 15-Jähriger habe ich in den Sommerferien Wolfgang Zielkes „*Konzentrieren keine Kunst*“ ausgewertet und allen Ehrgeiz daran gesetzt, in den Lernfächern (Biologie, Geschichte, Physik usw.) so gut aufzupassen, dass ich mir alle Hausaufgaben ersparen konnte …

4. Als 16-Jähriger begann ich dann im Turnen mit dem Krafttraining, woraus eine „Liebe zum Eisen“ wurde, die bis heute anhält.

Das Wiederentdecken dieser Kindheitslieben hat mir vor einigen Jahren große Dienste erwiesen: Irgendwann hatte ich während der ersten Jahre des Karriereaufbaus beruflich und privat so viele Verpflichtungen, dass für meine Hobbys immer weniger Zeit blieb und die Freude aus meinem Leben zu verschwinden begann.

Die Rückbesinnung auf die Freizeitaktivitäten, die ich schon immer geliebt habe, war ein wichtiger Schlüssel, meine emotionale Balance zurückzugewinnen. Wenn ich heute von einem Wochenende auf der Skipiste mit meinen Freunden Harald Harb und Diana Rogers (meinen Ski-Coaches, denen ich einen Großteil meines skifahrerischen Könnens verdanke) oder einem Tag auf der Rennpiste mit meinem Fahr-Coach Hans Danzinger (einem mehrfachen österreichischen Staatsmeister) zurückkehre, dann hüpft mein Herz vor Freude und lässt mich die nächsten Wochen unter der Decke fliegen.

Talent- und Stärken-Scouting in der Gegenwart

Natürlich bietet nicht nur unsere Vergangenheit eine Fülle von Informationen, um unseren Talenten auf die Spur zu kommen. Im Hier und Jetzt gibt es ebenfalls eine ganze Reihe von bewährten Übungen, um als Talent-Scout fündig zu werden.

Selbstbeobachtung in der Gegenwart

1. Analysieren Sie 14 Tage lang Ihren Tagesablauf, indem Sie alle Aktivitäten notieren und allabendlich entscheiden, von welchen Sie sich angezogen fühlen und welche Sie eher vermeiden.
2. Was sind die Dinge, die Sie am meisten genießen?
3. Was stört Sie aktiv?
4. Was raubt Ihnen Energie?
5. Was tun Sie gern und wo schleppen Sie sich eher dahin?
6. Wovon hätten Sie gern sehr viel mehr in Ihrem Leben?
7. Was würden Sie am meisten vermissen, wenn es wegfiele?

Spannend wird es, wenn Sie sich Ihre Antworten noch einmal auf strukturelle Gemeinsamkeiten anschauen: Neben inhaltlich definierten Aktivitäten (Fußball spielen, Buchhaltung, Marketing usw.) gibt es nämlich auch kontext-definierte Talente (zum Beispiel helfen, lernen, führen oder sich jeweils bis zum Limit puschen).

Fragen Sie sich also:

1. Gibt es bei meinen Talenten ein gemeinsames Thema (Beispiel: anderen helfen zu können)?
2. Gibt es sonstige Übereinstimmung (zum Beispiel jeweils den Grenzbereich ausloten zu wollen)?
3. Unter welchen (Zusatz-)Bedingungen fühle ich mich besonders glücklich (Beispiel: immer dann, wenn Zeitdruck herrscht; immer dann, wenn ich von vielen Zuschauern beobachtet werde; immer dann, wenn andere glauben, ich würde es sowieso nicht schaffen usw.)?
4. Unter welchen Rahmenbedingungen lebe ich besonders auf?

5. Was mag ich an inspirierenden Umfeldern ganz besonders: die Menschen, die Aktivität oder die Rahmenbedingungen wie Wettbewerb etc.
6. Welche Menschen machen mich besonders lebendig?
7. Was bewundere ich an ihnen am meisten und welche Qualitäten haben wir gemeinsam?

Weitere Techniken, die Ihnen helfen können, Ihren Talenten auf die Spur zu kommen, sind:

1. Befragen Sie Ihre Freunde und Kunden, welche Talente und Stärken an Ihnen besonders ins Auge fallen.
2. Analysieren Sie Ihr Umfeld: Womit umgeben Sie sich? Welche Bücher lesen Sie? Mit welchen Menschen verbringen Sie besonders viel Zeit?
3. Legen Sie eine Liste potenzieller Stärken an und machen Sie „Talent-Geschmacksproben“: Wenn Sie im letzten Kapitel beispielsweise von Ihrer hohen musikalischen Begabung überrascht waren, aber niemals Singen oder Musizieren gelernt haben, dann probieren Sie es aus.
4. Bemühen Sie sich um „fremden Input“: Reisen Sie in Länder, die Ihnen eigentlich nicht so viel bedeuten, gehen Sie zu Filmfestivals und Partys, zu denen Sie sonst nicht gehen würden oder schauen Sie sich Filme an, die sonst nicht im Zentrum Ihrer Aufmerksamkeit liegen: Viele Klienten berichten, dass sie durch solche „Out-of-the-Box“-Erfahrungen (zu denen ihnen oft Freunde verholfen haben, die sie einfach mitschleppten) zu neuen Einsichten über sich selbst gekommen sind – frei nach dem Grundsatz: *Neue Erfahrungen werden in uns nur das zum Schwingen bringen, was immer schon da war.*

Die Analyse von Spontanreaktionen in Stresssituationen oder im Grenzbereich unserer Leistungsfähigkeit

Da unsere Talente und Stärken neurologisch sehr tief in uns verankert sind, liefern extreme Stresssituationen ebenfalls gute Anhaltspunkte für Talentpotenziale, da wir unsere Grundbegabungen auch dann noch aktivieren können, wenn alle erlernten Skills schon längst vergessen oder blockiert sind.

So konnte die NASA bei ihren Gemini- und Apollo-Projekten bei technischen Pannen, die Astronauten in Lebensgefahr brachten, deutliche Unterschiede in deren Problemlösungssouveränität erkennen, obwohl vorher alle Kandidaten einem rigorosen Auswahlverfahren unterzogen worden waren.[23]

Beobachten Sie also einmal, was Ihre ersten Spontanreaktionen sind, wenn Ihnen bei einer Party das Grillfeuer außer Kontrolle gerät und die erste Tischdecke in Brand setzt:

Erstarren Sie vor Schreck und tun nichts, handeln Sie spontan und reißen das Tischtuch samt Geschirr zu Boden, schauen Sie, welche Freunde helfen könnten, übernehmen die Führung und verteilen Kommandos, bringen Sie als Erstes Ihre Gäste in Sicherheit?

Unsere Spontanreaktionen decken sehr schnell auf, wo unsere Stärken im Denken, Handeln, Führen und Organisieren liegen.

Fragen Sie sich also:

1. Was ist mein Verhaltensgrundmuster in Stress- und Konfliktsituationen?
2. Welche Talente und Stärken sind in diesem Grundmuster zu erkennen?

---

[23] Buckingham, Coffman, a.a.O., S. 74 ff.

Zu welchen Dingen im Leben fühle ich mich spontan hingezogen?

Gibt es Aktivitäten in Ihrem Leben, zu denen Sie sich schon immer hingezogen gefühlt haben, zu denen Sie aber – aus welchen Gründen auch immer – bis heute nicht gekommen sind?

Vielleicht konnten Sie in Ihrer Jugend nicht studieren, weil das Geld dazu fehlte. Möglicherweise wollten Sie auch Pilotin oder Nahkämpferin werden, aber weder die Lufthansa noch die Bundeswehr ließen sich vor Jahren davon überzeugen, dass Frauen Talente für diese Berufe mitbringen können?

Was immer Ihr Handicap war, dass sich zwischen Sie und die Realisierung Ihres Talents gestellt hat: Lassen Sie sich durch den Zeitablauf nicht davon abhalten, das zu tun, wozu Sie Ihre größten Stärken befähigen. Nehmen Sie sich ein Beispiel an Anna Mary Robertson Moses. Sie widmete sich als junges Mädchen der Landschaftsmalerei, wurde dann aber durch ein hartes Leben als Farmerin gezwungen, über 60 Jahre lang ihr Talent brachliegen zu lassen. Als sie sich jedoch im Alter von 78 Jahren zur Ruhe setzte, gönnte sie sich den Luxus, ihrem Talent freien Lauf zu lassen. Und als sie 23 Jahre später starb, hinterließ sie der Welt Tausende Bilder mit Szenen aus ihrer Kindheit, war inzwischen weltberühmt und ging als Grandma Moses in die Kunstgeschichte ein.

Talent-Indikator schnelles Lernen

Die Geschwindigkeit, mit der wir neues Wissen aufnehmen und neue Skills lernen, ist ebenfalls ein guter Indikator für unser Talent: Wenn Sie beim Lernen Ihren Klassenkameraden weit voraus sind, sich neuen Lernstoff beim ersten Mal merken, im Lehrbuch schon den Stoff des nächsten Kapitels vorgearbeitet haben und Ihre Lehrer mit Fragen quälen, die diese sowieso nicht beantworten können, spricht viel dafür, dass Sie für dieses Fach ganz besonderes Talent haben.

Ähnliches gilt im Sport: Je weniger Wiederholungen Sie brauchen, um in einer bestimmten Sportart den Bogen rauszuhaben, umso mehr Rechnerleistung – sprich Talent – steht Ihnen bei der körperlich-kinästhetischen Intelligenz zur Verfügung.

Marc Girardelli – neben Ingemar Stenmark der beste Skifahrer aller Zeiten – erzählte mir beispielsweise, dass sein skifahrerisches Talent sich allmählich und Schritt für Schritt dadurch offenbart hat, dass er immer und überall etwas schneller dazu gelernt hat als alle anderen Rennläufer auf dem Skigymnasium.

Auch Ayrton Sennas Jahrhunderttalent ließ sich nicht an einem einzigen spektakulären Kriterium festmachen, sondern daran, dass er im Lernen und sich Einstellen auf neue Situationen allen anderen eine Vielzahl von kleinen Schritten voraus war.

Behalten Sie aber auch im Auge, dass unsere Talente Akkorde sind, die sich aus dem Zusammenspiel mehrerer Rechnerleistungen ergeben: Oliver Kahn beispielsweise, der beste Torhüter der Welt, machte nie durch eine überragende Lerngeschwindigkeit von sich reden und galt seinen Entdeckern deshalb zwar als gutes, nicht aber als überragendes Bewegungstalent. Die intrapersonale Intelligenz – die Fähigkeit von Oliver Kahn, sich über Jahrzehnte zu härtestem Training motivieren zu können – war sein Schlüssel zum Erfolg. Fragen Sie sich deshalb:

1. Wo lerne ich deutlich schneller als andere?
2. Wo beschäftige ich mich aus eigenem Antrieb mit den Hintergründen meines Lernthemas, alternativen Konzepten, Mindermeinungen usw.?
3. Wo ist mein Wissensdurst so groß, dass ich meinen Ausbildern mit meinen Fragen eher auf den Wecker gehe?
4. Wo ist mein Interesse so groß, dass ich über ein deutlich besseres Gedächtnis verfüge als sonst?

5. Gehöre ich wie Oliver Kahn zu denen, deren besonderes Talent darin besteht, sich härter fordern zu können als andere, und die deswegen aus ihren Talenten mehr herausholen?

Der Enthusiasmus-Test

Wenn Sie wissen wollen, ob eine Tätigkeit, die Ihnen viel Spaß macht, wirklich eine Ihrer großen Leidenschaften ist, bei der Ihr limbisches System voll engagiert ist und Überstunden macht, dann stellen Sie sich folgende Fragen:

1. Träumen Sie von dieser Aktivität?
2. Entwickeln Sie große Vorfreude?
3. Ist Ihr Energielevel höher als sonst?
4. Performen Sie besser als sonst?
5. Ist Ihr Enthusiasmus stabil und verändert sich nicht im Zeitablauf?
6. Haben Sie mehr Selbstvertrauen während der Performance?
7. Fallen Sie anderen mit Ihrem Enthusiasmus auf oder reißen Sie andere mit?
8. Sind Sie nachher energiegeladen?
9. Spüren Sie nach der Tätigkeit eine große innere Genugtuung?

Manche Menschen tun sich schwer, die Frage nach der inneren Genugtuung eindeutig und klar zu beantworten, weil es sich dabei um ein höchst subjektives Kriterium handelt. Die Faustformel lautet: Mach es ähnlich wie in der Liebe. Wenn du einen Menschen wirklich liebst, dann weißt du es. Und wenn du Zweifel hast, ob du jemand wirklich liebst, dann sind diese Zweifel im Zweifelsfall berechtigt. Solange Sie also daran zweifeln, dass eine Aktivität Sie wirklich mit innerer Genugtuung erfüllt, sind diese Zweifel berechtigt.

Interessant ist auch, sich diese Testfragen einmal in Bezug auf verschiedene Talente zu stellen oder sich einmal mit anderen Performance zu vergleichen: Wenn ich beispielsweise meinen Enthusiasmus als Redner vor Großgruppen mit meiner Begeisterung für mein Hobby Skifahren vergleiche, stelle ich fest, dass ich bei meinem beruflich genutztem Talent bei den Fragen 6 und 7 (nach meinem Selbstvertrauen und meiner Fähigkeit, andere mitzureißen) viel entschiedener mit „Ja" antworten kann als in meiner Hobbydisziplin. Mein Skibuddy Harald Harp, der als Rennläufer die amerikanische Profimeisterschaft (Eastern ProCircuit) gewonnen hat, ist dort viel stärker.

Vielleicht gelingt es Ihnen, durch solche „Enthusiasmus-Ratings" ein noch klareres Bild von Ihrer Talente- und Stärkenhierarchie zu bekommen.

Der Vergleich mit wahren Spitzenleistern in einer Disziplin zeigt uns dann schnell, ob nur unser Herz sehr begeistert ist (was für eine Hobby-Stärke ja durchaus genügt), oder ob auch die anderen Performance-Elemente gegeben sind.

Die Analyse unserer Zukunftsperspektiven: Wünsche als Vorboten unserer Talente

Schon Goethe wusste darum, dass unsere geheimsten und tiefsten Wünsche oft Indikatoren für unsere Fähigkeiten sind. Es macht deshalb durchaus Sinn, in die Welt unserer Intentionen und Absichten hineinzuhorchen, um die Wegrichtung für unseren Enthusiasmus zu erkennen.

Wir nutzen die Analyse von Wunschszenarien allerdings nur ergänzend zur Vergangenheits- und Gegenwartsanalyse, weil beide eindeutigere Erkenntnisse liefern.

Die Praxis zeigt, dass Visionen oft von Wunschvorstellungen mitbestimmt werden, die unsere Kultur, die Werbung oder nahe stehende Menschen uns vermittelt haben. Insofern ist die Zukunftsanalyse vor allem dann aussagefähig, wenn sie Perspektiven weiterführt, die wir aus den Grundmustern unserer Kindheit bereits kennen. Fragen Sie sich also:

1. Wenn alle Schwierigkeiten und Begrenzungen aufgehoben wären, wie wollte ich sein und was würde ich tun und haben wollen?
2. Was sagen meine Träume über meine Talente und Stärken?
3. Notieren Sie auch unrealistische Träume – die Umwandlung in realistische Ziele, die wir mit unseren Begabungen auch erreichen können, ist dann der nächste Schritt.

Der Abgleich mit häufig vorkommenden Stärkeprofilen

Der spannenden Frage, ob es Kombinationen von Grundintelligenzen und damit Talente gibt, die besonders häufig vorkommen, hat sich die Gallup-Organisation intensiv gewidmet. Sie hat den faszinierenden Versuch unternommen, aus über zwei Millionen Interviews, die in den letzten 30 Jahren mit Spitzenleistern in aller Welt geführt worden sind, herauszudestillieren, welche Talente und Stärken in der faszinierenden Vielfalt menschlicher Begabungen immer wieder auftauchen. Bei der Aggregation dieser Einzelmuster kristallisierten sich insgesamt 34 „Talent-Themen" heraus:[24]

Im Bereich der logisch-analytischen und kreativ-assoziativen Intelligenz waren acht Talentmuster besonders auffällig:

1. Der analytische Denker, der objektiv und emotionslos Daten prüft und nach Mustern und Verbindungen sucht.
2. Der Situationsgestalter, der komplexe Situationen liebt und immer versucht, den besten Lösungsweg zu finden – mit je mehr Variablen, desto lieber.
3. Der Fokussierte, der sein Leben von Ziel zu Ziel und von Priorität zu Priorität lebt.

[24] Vgl. Buckingham, Clifton, *Now, Discover Your Strengths*, S. 83 ff.

4. Der Ideen- und Konzeptorientierte, der aufblüht, wenn er die schwierige Welt der Dinge mit einem stimmigen Ideenkonzept erläutern kann.
5. Der Denker, der sich im Universum seiner Gedanken wohl fühlt und seinen Intellekt mit selbstentwickelten anspruchsvollen Fragen beschäftigt.
6. Der Problemlöser, der durch Herausforderungen inspiriert wird, die Ursachen des Problems identifiziert und dann die Lösung findet und umsetzt.
7. Der Stratege, der Muster und Strukturen in einer komplexen Welt erkennt und diesen Vorsprung zur Entwicklung von Strategien nutzt.
8. Der Vergangenheitsorientierte, der die Lehren der Geschichte genau untersucht, um durch dieses Kontextverständnis morgen besser gerüstet zu sein.

Im Bereich der intrapersonalen Intelligenz fanden die Gallup-Forscher 15 Muster:

1. Der Erfolgreiche, der angetrieben wird von dem Ehrgeiz, jeden Tag etwas erreichen zu müssen.
2. Der Aktivitätsorientierte, für den Handeln und Umsetzen das Motivationselexier sind.
3. Der Anpassungsorientierte, der sich optimal ins Hier und Jetzt einfügen kann und will.
4. Der Wertorientierte, der sein Leben um klar definierte Glaubensüberzeugungen lebt.
5. Der Wettbewerbsorientierte, der erst im Wettbewerb mit anderen zu Höchstleistungen aufläuft.
6. Der sich mit dem Universum verbunden Fühlende, der aus diesem Bewusstsein Sicherheit gewinnt und auch für andere zum Brückenbilder wird.

7. Der Vorsichtige, der für alle Herausforderungen des Lebens mit Plan B vorgesorgt hat.
8. Der Disziplinierte, dessen Welt geplant, ordentlich und strukturiert ist.
9. Der Zukunftsorientierte, den die eigene Vision motiviert in die Zukunft zieht.
10. Der Sammler, der nichts wegwirft, weil eines Tages alles wichtig werden kann.
11. Der Lerner, der sich zum Prozess des Lernens hingezogen fühlt und bei dem die Inhalte erst danach wichtig werden.
12. Der Optimierer, für den Exzellenz der einzige Standard ist. Ob bei ihm selbst oder bei anderen – es geht immer darum, vom Guten zur Spitze vorzudringen.
13. Der Verantwortliche, der die psychologische Eigentümerschaft übernimmt, wenn er sein Wort gegeben hat: Wenn er sich „committet“, stehe ich auch für die Fertigstellung gerade.
14. Der Selbstsichere, der im tiefsten Inneren seinen Stärken vertraut – seien es seine Fähigkeiten oder sein Urteil.
15. Der Statusorientierte, der danach strebt, in den Augen seiner Mitmenschen etwas Besonderes zu sein und etwas Außerordentliches zu leisten.

Im Bereich der interpersonalen Intelligenz wurden folgende Talent-Muster erkannt:

1. Der Anführer, der nicht ruht, bis er die anderen hinter sich für das gemeinsame Ziel versammelt hat.
2. Der Kommunikator, der gerne in der Öffentlichkeit spricht, schreibt und andere Menschen überzeugt.

3. Der Entwickler, der das Potenzial in anderen erkennt und zur Entfaltung bringen will.
4. Der Empathische, der die Emotionen der Menschen um ihn herum versteht.
5. Der Faire, der alle Menschen gleich behandelt und daran arbeitet, dass das System in Balance ist.
6. Der Harmonieorientierte, der seinen Beitrag dazu leistet, dass Konflikte nicht entstehen oder konstruktiv gelöst werden.
7. Der Andere-mit-Einbeziehende, der die Gruppe vergrößert, damit möglichst alle unterstützt werden können.
8. Der Jedem-gerecht-Werdende, der von der Individualität jedes Menschen fasziniert ist und ihr entsprechen möchte.
9. Der Positive, der andere mit Anerkennung und einem Lächeln unterstützt: „Möge ich es schaffen, dass sich alle besser fühlen."
10. Der Beziehungsmanager, der in wenigen intensiven Beziehungen aufgeht, die er stark pflegt.
11. Der Kontakter, der darin aufgeht, Fremde zu Freunden zu machen und andere Menschen zu gewinnen.

Ich glaube, dass diese Forschungsarbeit der Gallup-Organisation besonders anschaulich macht, wie das Potenzial der zehn Grundintelligenzen durch die dominanten Werte einer Kultur und die Werteentscheidung des Einzelnen auf „Intelligenz-Akkorde" verdichtet wird, die dann zu unseren Stärken werden können.

Vielleicht nutzen Sie die Chance, lieber Leser, diese Typologie noch einmal vor dem Hintergrund anzuschauen, welche fünf Talentfelder auf Sie selbst am meisten zutreffen, umso das Bild Ihrer Stärken weiter abzurunden.[25]

[25] Im Schutzumschlag des Buches von Buckingham und Coffman finden Sie eine Code-Nummer, die jeden Buchkäufer einmalig berechtigt, seine Talentpräferenzen über einen Internet-Test kostenlos objektivieren zu lassen.

Im Rahmen unserer Unternehmercoachings habe ich in den letzten Jahren zwei Beobachtungen gemacht, die ich Ihnen abschließend vorstellen möchte, damit sich Ihr Bild zum Talent-Indikator-Enthusiasmus abrunden kann:

1. Unsere Talente korrelieren weitgehend – aber nicht immer – mit dem Enthusiasmusfaktor, sondern beide verhalten sich zueinander wie zwei sich weitgehend überschneidende Kreise.

   So gibt es durchaus Talente, bei denen kein besonderer Wunsch und keine besondere Freude nach ihrer Entfaltung besteht. Es gibt zum Beispiel Menschen, die höchst musikalisch sind, mit diesem Talent aber nichts anfangen wollen. Und ab und an treffen wir auch auf Menschen, die inbrünstig etwas können wollen, dafür aber leider nicht ausreichend Talent besitzen.

   Der erste Fall – etwas zu können, aber davon keinen Gebrauch machen zu wollen – ist unproblematisch.

   Der zweite – zugegeben seltene Fall – leider nicht: Wenn Menschen „ohne Stimme" in falscher Selbsteinschätzung eine Sänger-Karriere starten oder untalentierte Kommunikatoren nicht von einer Karriere als Minister oder Manager lassen können, dann leidet neben den Betroffenen auch ihr gesamtes Umfeld.

   Deshalb noch einmal zur Erinnerung: Eine Stärke ist nur das, was wir *enthusiastisch und konsistent mit hoher Performance tun.*

   Es ist deshalb unverzichtbar, dass wir nach dem „Ja" unseres limbischen Systems auch das „Ja" unserer Neokortex einholen: Nur der objektivierende Vergleich mit anderen Performern zeigt dann, ob wir mit unserer Begeisterung als Hobbytorwart in der Kreisklasse oder als Oliver-Kahn-Nachfolger bei den Profis von Bayern München richtig aufgehoben sind.

2. Eine zweite, zentral wichtige Beobachtung zum Schluss: Wer die Fragen-Batterie dieses Kapitels so beantworten will, dass er wirklich die Stimme seines Herzens hört, der tut gut daran, sich von seinem Schreibtisch, Arbeitsplatz, Computer, Faxgerät, Mobil-

telefon und allem anderen zu entfernen, was ihn in die Routinemuster des Alltags eingebunden hält. Auch Freunde, Verwandte und Bekannte, so hilfreich sie in späteren Phasen der Talentefindung sind, sollten anfangs außen vor bleiben: Eine achtstündige Mountainbike-Tour, an deren Ende Sie aufmerksam in sich hineinspüren, was Ihr Herz über Ihre Talente weiß, wird in vielen Fällen genügen.

Andere Klienten von uns mussten dagegen um die halbe Welt fliegen und in Kanada drei Wochen Lachse angeln, bis sie ihren Alltag soweit hinter sich gelassen hatten, dass endlich ihr Talent-Gold unter dem Schutt der Alltagsroutine zu erkennen war.

3. Generell lässt sich sagen: ob drei Tage Kloster oder eine Woche Hawaii, ist nicht wichtig – entscheidend für die innere Qualität Ihrer Einsichten ist, dass Sie Ihren persönlichen Rahmen finden und auch aufsuchen. Die rationale Einsicht: „Die Fragen kann ich am Schreibtisch genauso gut beantworten“, ist zwar logisch richtig. Deswegen stimmt sie zwar auf der Ebene Ihres rationalen Denkens, aber eben nicht auf der Ebene des limbischen Systems, um die es hier geht. Anders gesagt: *Ihr Herz spricht in der Wildnis lauter.* Also gehen Sie hin – was immer Ihre „Wildnis“ ist – und hören Sie zu!

Was Ihnen bei Ihrer Entfaltung Ihrer intrapersonalen Intelligenz sonst noch hilft, erfahren Sie im nächsten Teil.

Teil IV: Die Entfaltung unserer emotionalen Talente

Unter intrapersonaler Intelligenz verstehen wir die Fähigkeit, konstruktiv mit uns selbst umzugehen. Wie schon ausgeführt, unterscheidet sie sich in zwei wesentlichen Komponenten von unseren anderen Intelligenzen: Zum einen können wir die Fähigkeit, uns selbst zu verstehen und gut mit uns umzugehen, nicht delegieren. Das heißt, wir alle sind darauf angewiesen – unabhängig davon, welche Rechnerleistungen wir hier als Talente mitbekommen haben – diesen Begabungsbereich so weit zu entwickeln, dass wir zumindest einigermaßen gut mit uns klarkommen. Zum anderen werden bei der intrapersonalen Intelligenz mehrere Rechnerleistungen zusammengefasst, die nach sehr unterschiedlichen Modalitäten funktionieren. So unterliegen die Beeinflussung und Steuerung unserer Gefühle anderen Gesetzmäßigkeiten als die Steuerung unseres Verhaltens. Wer sich moderne Gesellschaften anschaut, wird überall auf der Welt feststellen, dass wir in der Entwicklung unserer rationalen Intelligenz durch Wissen und Skills sehr viel weiter sind, als mit unserer Methodik zur Entfaltung der emotionalen Intelligenz.

Daniel Goleman's Grundlagenwerk zur „*Emotionalen Intelligenz*" hat zu Recht großes Aufsehen erregt und uns eine erste Landkarte gegeben, um uns auf dem Gebiet der Emotionen zurechtzufinden.

Wer sich im Freundes- oder Familienkreis einmal umschaut – von einem Blick in Tageszeitungen oder Nachrichtensendungen einmal ganz zu schweigen –, stellt jedoch schnell fest, dass viele von uns im Bereich des emotionalen Selbstmanagements einigen Entwicklungsbedarf haben. Es ist deshalb schade, dass die grundlegenden Skills der intrapersonalen Intelligenz in unserem Bildungssystem nicht genauso vermittelt und trainiert werden wie die grundlegenden Skills der Mathematik: Auch wer mathematisch nicht sonderlich begabt ist, tut gut daran, als Minimalprogramm zur Schadensbegrenzung zumindest die vier Grundrechenarten, das Prozentrechnen und den Dreisatz zu beherrschen. Den Grundrechenarten der Mathematik entsprechen bei der emotionalen Intelligenz folgende intrapersonale Fähigkeiten:

1. Zur *affektionalen Intelligenz* gehört die Fähigkeit, die eigenen Gefühle zu erkennen, sie zu verstehen sowie die Fähigkeit, negative Gefühle managen und transformieren zu können. Sie umfasst darüber hinaus die Fähigkeit, die eigenen Gefühle verstärken oder abschwächen zu können.
2. *Motivationsintelligenz* bezeichnet unsere Fähigkeit, uns selbst zum Handeln motivieren zu können (Kapitel 7).
3. Unsere *Verhaltensintelligenz* meint die Fähigkeit, das eigene Verhalten zu verstehen (Kapitel 8) sowie die Fähigkeit, das eigene Verhalten steuern und verändern zu können (Kapitel 9).

7. Kapitel: Bedienungsanleitung zur Entfaltung unserer Motivationsintelligenz

Die zweite zentrale Komponente unserer intrapersonalen Intelligenz ist die Motivationsintelligenz. Sie ist definiert als unsere Begabung, uns selbst zum Handeln zu bringen. Sie umfasst die Fähigkeit zu erkennen, was wir wirklich wollen

1. Zur Entwicklung von Visionen und Träumen nutzen wir vor allem neuronale Netze der rechten Hemisphäre.
2. Unsere Ziele planen wir dann logisch-sequenziell durch Einsatz unseres rationalen Denkens.
3. Wollen, Begehren, Leidenschaft, Passion und Liebe produzieren wir – wie wir schon gesehen haben – im limbischen System.
4. Unser Stammhirn stellt darüber hinaus tief konditionierte Verhaltensmuster zur Verfügung, die unser Handeln unterstützen oder behindern können.

Motivationsintelligenz ist vor allem die Fähigkeit, zum Meister des eigenen Wollens und Begehrens zu werden. Da unsere westlichen Kulturen durch jahrhundertealte lust- und wollensfeindliche Traditionen des christlichen Abendlandes geprägt sind, müssen wir unser Wollen und Begehren zunächst von dem Schutt befreien, unter dem wir es im Laufe der Jahrhunderte beerdigt haben.

Falls Sie übrigens glauben, Ihr emotionales Verhältnis zum Wollen sei unbelastet und positiv, dann lassen Sie einmal langsam die Begriffe Wollen, Begehren, Lust, Leidenschaft, Passion und Ekstase auf sich wirken. Wenn Ihnen zu keinem Begriff Bedenken, negative Assoziationen oder die Vermutung in den Sinn kommt, man solle diese Energien nur homöopathisch einsetzen, um sich nicht selbst zu gefährden, dann dürfen Sie sich gratulieren: Ihnen sind viele Motivationsbremsen erspart geblieben. Vielleicht werfen Sie trotzdem einen Blick auf den nächsten Absatz, um zu sehen, welches Bild die Neurowissenschaften vorurteilsfrei von unserem Wollen zeichnet:

1. Neurowissenschaftlicher sind sich einig darüber, dass unser Wollen ein Masterphänomen ist, das nahezu alle anderen Gehirnbereiche beherrscht. Wir verstehen nur, was wir verstehen wollen, wir lernen nur, was wir lernen wollen und wir erinnern uns nur an die Dinge, an die wir uns erinnern wollen.
2. Wollen ist ein Schlüsselfaktor unseres Lebens – nämlich die ständige Schwingung unseres limbischen Systems.
3. Wollen ist das langsam brennende Feuer, das uns immer stärker in unsere anderen Gefühle hineinträgt. Wenn wir lernen, im Motivationsfeuer des Wollens zu bleiben und durch es hindurchzugehen, kommen wir zum Glück, zum Mitgefühl und zur Liebe.
4. Wollen beeinflusst unseren ganzen Körper, weil unser limbisches System eng mit unserem autonomen Nervensystem und unseren inneren Organen verbunden ist.
5. Unser limbisches System und die mit ihm verbundenen Organe brauchen Lust und Vergnügen. Wenn wir länger nicht bekommen, was wir wollen, begibt sich unser Körper in einen inneren Halbschlaf.
6. Wollen hört niemals auf, sondern ist ein Schlüsselprozess, der unser ganzes Leben lang fortdauert. *Unser Begehren ist für immer, unsere Befriedigung ist auf Zeit.*
7. Wollen und Begehren sind der emotionale Prozess des ständigen Expandierens. Befriedigung ist die zeitweilige Rast beim Erfolg auf dem Weg zu weiteren Erfolgen. Wenn die Genugtuung des Erfolgs eintritt, sollten wir uns also ausruhen und den Erfolg feiern, statt uns zu kritisieren, dass wir immer weiter wollen wollen.
8. So wie unser Gehirn aufgebaut ist, ist Wollen für unser limbisches System, was Denken für unsere Neokortex ist. Mit dem

Wollen aufzuhören ist ähnlich Erfolg versprechend, wie das Denken einzustellen.

9. Intensives Begehren ist die Voraussetzung jeder Schöpfung. Jesus beispielsweise war ein leidenschaftlicher Sucher. Auch Buddha, dessen Anhänger uns raten, das Begehren aufzugeben, war ein leidenschaftlicher Sucher der Wahrheit. Er wollte mehr als wir alle: Er wollte die absolute Realität kennenlernen und er fand sie. Und er hätte das Absolute nicht gesehen, wenn er sich dafür durch sein brennendes Verlangen nicht so geöffnet hätte. Dass das Feuer der Leidenschaft der Schlüssel zu außergewöhnlichen Erfolgen ist, lässt sich auch bei weltlicheren Karrieren nachweisen. Arnold Schwarzenegger beispielsweise, den seine Motivationsintelligenz befähigte, vom österreichischen Polizistensohn zu einem der erfolgreichsten Sportler und Filmschauspieler des 20. Jahrhunderts aufzusteigen, findet in seiner Biografie letztlich nur ein Schlüsselkriterium, das ihn von allen Mitbewerbern unterscheidet: „Ich wollte den Erfolg mehr als alle anderen. Ich wollte ihn so sehr, dass es schmerzte ...“[26]

Wenn also unser Wollen und Begehren die entscheidenden Voraussetzungen für die Entfaltung unserer Stärken sind, dann müssen wir unser Talent zur Selbstmotivation bestmöglich nutzen.

Nicht jeder wird das Wollen eines Arnold Schwarzenegger in die Wiege gelegt bekommen haben, aber auch für unser Wollen gilt: Wir können es nicht delegieren. Und deswegen sollten wir zweierlei tun: Erstens uns anschauen, welche Hindernisse sich unserem Wollen in den Weg stellen, um sie ausräumen zu können. Und zweitens sollten wir unser Wollen sorgfältig studieren. Wenn wir die Nuancen und Feinheiten unserer Begehren unterscheiden können, sind wir auf dem Weg zur Entfaltung unserer Motivationsintelligenz – ist doch unser Differenzierungsvermögen ein wichtiger Indikator jedweder Intelligenz ...

---

[26] Arnold Schwarzenegger, *Die Karriere eines Bodybuilders*, Gossau 1979, S. 51

Hindernisse auf dem Weg des Wollens

1. Das erste Hindernis, das wir auf dem Weg zum Wollen überwinden müssen, ist die Wollens- und Lustfeindlichkeit unserer Kultur. Im Christentum ist Hedonismus eben seit vielen hundert Jahren out. Und die Spuren davon sind in jedem von uns zu erkennen: Wir überlegen uns großartige Begründungen, warum wir einen Porsche 911 brauchen („Ich bin beruflich viel unterwegs“) oder warum wir Fußball spielen gehen („Wenn man so viel sitzt, sollte man halt an seine Fitness denken“) statt schlicht mitzuteilen, dass unser verrücktes Auto oder das Manövrieren einer Lederkugel mit dem Fuß über größere Entfernungen einfach Spaß machen.

2. In unserer Kindheit wurde der Prozess des Wollens auch als egoistisch und deshalb familien- und teamfeindlich gebrandmarkt: „Kinder, die was wollen, kriegen was auf die Bollen“ lautete dazu die Spruchweisheit meines Großvaters.

   Darüber hinaus gibt es individuelle Faktoren, die unser Wollen behindern.

3. Viele von uns können im eigenen Erleben den Unterschied zwischen dem Wunsch (einen Gedanken, der von der Neokortex kommt) und unserem Wollen und Begehren (einem starken Bauchgefühl, das von unserem limbischen System produziert wird) nicht unterscheiden: *Solange wir einen Wunsch (die kognitive Handlungsabsicht) nicht mit Wollen (der Begeisterung aus dem Bauch) aufgeladen haben, brauchen wir uns nicht zu wundern, wenn unsere Motivation kümmerlich bleibt.*

4. Manche Menschen glauben an das Prinzip „Taten sagen mehr als Worte“. Es stimmt oft, aber leider nicht immer, denn unser Handeln wird auch von der Routine des Stammhirns gesteuert und nicht wenige Menschen stecken tief in den Routinen ihrer familiären und beruflichen Aufgaben. Ihr Routinehandeln ist kein Ausdruck von Motivation, sondern lässt im Gegenteil jedes Aufkommen von Leidenschaft im Keim ersticken.

5. Manchmal zerstreuen wir die Energie unseres Wollens, indem wir zu lange vom Handeln träumen. Bei anderen Gelegenheiten verraucht unser anfängliches Wollen in aufwendiger bürokratischer Planung. Und in einigen Fällen verzichten wir darauf, am Wollen festzuhalten, weil wir rationalisieren, dass der Erfolg uns nicht länger interessiert: Wir sagen uns „der Aufwand ist zu hoch“. Wir behaupten, das Feedback sei zu schlecht. Oder aber unser Wollen verschwindet hinter der Miniaturausgabe dessen, was wir für erreichbar halten.

6. Ein weiteres wichtiges Handicap für unser Wollen ist unsere Fokussierung auf das Endergebnis. Wir fixieren uns darauf, jemanden zu lieben oder eine bestimmte Summe Geld zu besitzen und verlieren darüber das Momentum für den Prozess, dieses Ergebnis auch zu erreichen.

Wenn wir diese Fallgruben, in denen unser Wollen komplett verschwinden kann, vermeiden wollen, müssen wir dem Prozess des Wollens Priorität einräumen und uns fragen, *wie wir uns für den gesamten Prozess genauso motivieren können wie für das gewünschte Ergebnis.*

Einer der einfachsten und präzisesten Wege herauszufinden, welche Auslöser das Feuer unseres Wollens und Begehrens zuverlässig entfachen, haben vor Jahren russische Sportpsychologen mit der sogenannten Motivatorenanalyse entwickelt.

Dieses Verfahren, das ich an anderer Stelle ausführlich beschrieben habe[27], basiert auf einem faszinierenden Grundgedanken: Wenn ein Athlet an zehn Profiwettkämpfen teilnimmt und bei dreien weit über sich hinauswächst und neue persönliche Bestleistungen aufstellt, dann – so die Hypothese der sowjetischen Wissenschaftler – könnten diese überragenden Ergebnisse auch damit zusammenhängen, dass der Athlet ganz besonders motiviert war.

Die Sowjets vermuteten, dass es bei jedem Menschen Motivationsauslöser geben könnte, die uns helfen, über uns hinauszuwachsen.

[27] Alexander Christiani, *Weck den Sieger in dir*, Wiesbaden 1997, S. 159 ff.

Untersuchungen an mehreren hundert Weltklasseathleten brachten dann den wissenschaftlichen Nachweis, dass die Hypothese der russischen Wissenschaftler berechtigt war: Wir alle haben „Knöpfe" im Kopf, auf die wir nur zu drücken brauchen, um auf Kommando motiviert Gas zu geben.

Eine wichtige Komponente zur Entfaltung unserer Motivationsintelligenz besteht darin, unsere individuellen Motivatoren zu kennen und systematisch zur Verfolgung unserer Ziele einzusetzen. Dazu haben wir für Sie folgenden Test entwickelt.

Die Motivatorenanalyse

1. Schritt: Listen Sie mindestens fünf Situationen auf, in denen Sie weit über Ihre normalen Leistungen hinausgewachsen sind.
   a) Gefragt wird allein nach Situationen, in denen Sie weit besser waren als sonst. Genauso wie es Tage gibt, an denen wir deutlich hinter unseren gewohnten Leistungen zurückbleiben, gibt es Tage, an denen wir uns positiv überraschen. Und genau um diese positiven Ausreißer nach oben geht es!
   b) Es ist unerheblich, ob es sich bei Ihren Superleistungen um berufliche oder private Erfolgserlebnisse handelt. Der Gewinn eines Tischtennisturniers oder Ihre erste Passfahrt mit einem Mountainbike bietet sich also genauso für die Analyse an wie Ihr mündliches Abitur, Ihr Doktorexamen, eine exzellente Messepräsentation oder der mitreißendste Vortrag, den Sie je gehalten haben.
   c) Unerheblich ist weiterhin, wie lange der Erfolg zurückliegt: Wenn Ihnen zu Ihrem mündlichen Abitur noch 60 Stichwörter in den Sinn kommen und sich 30 davon um die Komplimente ranken, die Sie für Ihre Superleistung bekommen haben, dann wissen Sie Bescheid. Die Vermutung, dass Anerkennung für Ihr Ego wohl ein ganz besonderer Motivator ist, lässt sich auch an Erfolgserlebnissen aufzeigen, die schon Jahrzehnte zurückliegen.

d) Für Ihre Analyse kommen auch Leistungen in Betracht, bei denen sich der Arbeitsprozess über einen längeren Zeitraum erstreckt hat (etwa eine Diplom- oder Doktorarbeit, Projekte etc.). Um ein möglichst klares Erinnerungsbild als Grundlage für die weitere Analyse zu bekommen, empfiehlt es sich hier, an Arbeitsphasen zurückzudenken, in denen sich viele Projektelemente in der Erinnerung verdichten (zum Beispiel mündliche Diplomprüfung, Richtfest beim Hausbau, Messepräsentationen von Projekten usw.).

e) Entscheidend ist – wie gesagt – die Auswahl von Leistungen, bei denen Sie stark *über sich* hinausgewachsen sind. Es ist also völlig unerheblich, wie Sie bei diesen Ereignissen im *Verhältnis zu anderen* abgeschnitten haben. Angenommen, Sie wären bei einem großen Städtemarathon mit 10 000 Teilnehmern 9 537 geworden. Wenn das Ihr erster Marathon war und Sie damit Ihre bisherigen Joggingleistungen weit überboten haben, dann ist dies für Sie ein Erfolg, der die Analyse verdient.

2. Schritt: Wählen Sie von Ihrer Liste der Erfolgserlebnisse eines aus, für dessen Analyse Sie sich spontan interessieren. Gehen Sie anschließend in Gedanken zurück zu diesem Ereignis und lassen Sie es mit geschlossenen Augen in etwa zehn Minuten noch einmal vor Ihrem geistigen Auge ablaufen. Starten Sie zum Beispiel am Vorabend des großen Erfolgstages.

Erinnern Sie sich daran, wann Sie zu Bett gegangen sind, welche Gedanken Sie hinsichtlich des nächsten Tages hatten und wie Sie eingeschlafen sind. Erleben Sie dann Ihren Erfolgstag dreidimensional: Was haben Sie *gesehen, gehört, gefühlt, getan* und – wenn dies zusätzliches Kolorit gibt – *geschmeckt* und *gerochen*? Verfolgen Sie das Erlebnis durch Ihre eigenen Augen, sehen Sie sich also als Darsteller und nicht als Beobachter von außen. Konzentrieren Sie sich in Ihrem Erinnerungsprozess auf drei Komponenten:

a) *Was höre und sehe ich?* Das heißt, welche Eindrücke von diesem Ereignis hätte eine Fernsehkamera eingefangen?

b) *Was sage ich zu mir selbst in dieser Situation?* Protokoll des inneren Dialogs, wie er von einem „inneren Tonband" festgehalten worden wäre.

c) *Welche entscheidenden Phasen gab es in der Vorbereitung?* Machen Sie eine Rückblende wie in einem Dokumentarfilm, die zeigt, wie es zu dieser hervorragenden Leistung kam.

3. Schritt: Nachdem Sie Ihre Erinnerung aufgefrischt haben, protokollieren Sie Ihr Erfolgserlebnis in Stichworten. Je mehr Ideen Ihnen einfallen und je konkreter diese Gedanken sind, umso besser. Setzen Sie sich zum Ziel, in 20 Minuten mindestens 50 Erinnerungsstichwörter zu protokollieren.

4. Schritt: Werten Sie das Erinnerungsprotokoll anhand der folgenden Checkliste aus:

	schwach 1	**2**	**mittel 3**	**4**	**stark 5**
1. Selbst in Aktion sein					
2. Anderen zuschauen können					
3. Vergangene Erlebnisse					
4. Zukunftsperspektive					
5. Identifikation mit dem Sinn der Aufgabe					
6. Wohlgefühl während des Ereignisses					
7. Wettkampf- oder Rekordorientierung					
8. Allein arbeiten können					
9. Companionship					

10. Äußere Faktoren					
11. Anerkennung					
12. Sachfeedback					
13. Herausforderung					
14. Gute Vorbereitung					
15.					
16.					

Hier eine kurze Beschreibung der einzelnen Motivatoren:

1. *Selbst in Aktion sein* meint die Frage: Wie stimulierend war es für Sie, sich während des Ereignisses „lustvoll im Vollzug der eigenen Möglichkeiten und Talente" zu erleben?

2. *Anderen zuschauen können:* Inwieweit haben Sie sich durch das Vorbild anderer zu Ihrem Erfolg anspornen lassen? Gibt Ihnen die Überlegung: „Was der kann, schaffe ich schon lange" Mut und Zuversicht?

3. *Erinnerungen an vergangene Erfolge oder Misserfolge* können ebenfalls einen erheblichen Motivationsschub freisetzen: Wer beim Marathon zwischen dem 32. und 34. Kilometer gegen „die Wand" läuft, dem kann die Erinnerung an sein bisheriges erfolgreiches Überwinden dieses toten Punktes genauso helfen wie einem Läuferkollegen das mahnende Beispiel, an dieser Stelle beim letzten Mal aufgegeben zu haben.

4. *Zukunftsperspektive:* Für eine bessere Zukunft sind manche Menschen bereit, in der Gegenwart hart zu arbeiten und auf vieles zu verzichten. Solche Menschen interessieren sich zum Beispiel bei einer neuen Arbeitsstelle viel stärker für den Karriereplan als für das aktuelle Gehalt und lassen sich mit dem Versprechen einer neueren Zukunft immer wieder neu motivieren.

5. *Wettkampf- und Rekordorientierung:* Der Wunsch, Erster zu sein, ist für einige Menschen ein starker Motivator, der sich wie ein roter Faden durch ihr ganzes Leben zieht.

6. *Allein arbeiten können:* Für manche Menschen ist es ausgesprochen anspornend, selbst in der Verantwortung und damit Herr des Geschehens zu sein. Andere würden von der Vorstellung: „Alle schauen auf mich und wenn's schief geht, habe ich den Schwarzen Peter" eher gebremst. Die Frage ist: Wie stark motiviert es Sie, für Ihr Ergebnis allein und selbst geradezustehen?

7. *Anerkennung* meint: Wie wichtig war es für Sie *während der Leistungserbringung,* dass Sie anschließend für eine gute Leistung von anderen gelobt und anerkannt werden wollten? Ein indirekter Hinweis auf unseren Bedarf an Streicheleinheiten ist die Anzahl der Komplimente, die uns nach einer Spitzenleistung noch in Erinnerung ist.

8. *Sachfeedback* oder die „Anerkennung durch die Sache": Wer als Anstreicher morgens in ein schmutziges Zimmer kommt und dem Raum bis zum Feierabend mit einer Tapete zu neuem Glanz verhilft, der kann das Ergebnis seiner Arbeit anschauen und sich daran erfreuen. Für manche Menschen ist der Motivator Sachfeedback ein so wichtiger Baustein dauerhafter Motivation, dass sie in Berufen, die ein solches Feedback nicht bieten, regelrecht versauern.

9. *Äußere Faktoren,* die sich auf unsere Fähigkeit zur Spitzenleistung auswirken, sind zum Beispiel große Zuschauerzahlen oder die Anwesenheit von Menschen, deren Urteil uns wichtig ist (Freund, Freundin, Ehepartner, Eltern, Coach, Chef usw.). Darüber hinaus können neue Arbeits- oder Sportgeräte, unsere Lieblingsgarderobe oder andere konditionierte „Positivanker" (Maskottchen) eine wichtige Rolle spielen.

10. *Companionship* beschreibt den Motivator, etwas gemeinsam mit anderen tun zu können. Ich habe diesen Motivator bewusst nicht Teamfähigkeit oder Teamgeist genannt, weil Companionship tatsächlich etwas anderes meint: Es ist durchaus möglich – und

auch gar nicht selten –, dass ein Mensch teamfähig ist und auch über Teamgeist verfügt, es unter Motivationsaspekten aber trotzdem vorzieht, als Alleinarbeiter verantwortlich zu sein. Companionship bezeichnet also nicht die Teamfähigkeit, sondern die Aktivierbarkeit und Motivierbarkeit durch die Möglichkeit gemeinsamen Arbeitens.

11. *Herausforderung:* Sind Sie einer dieser „Jetzt-erst-recht!"-Typen? Je weniger andere Ihnen zutrauen, umso mehr Ehrgeiz entwickeln Sie? Wenn Sie ein „Wenn's-schwierig-wird-fängt-der-Spaß-erst-an"-Mensch sind, werden Herausforderungen Sie stark motivieren.

12. *Gute Vorbereitung:* Gute Vorbereitung ist in aller Regel Voraussetzung für jeden Erfolg – mit Ausnahme von Situationen, die spontanes Improvisieren erfordern. Es geht deshalb hier allein um die Frage, inwieweit die gute Vorbereitung Ihnen ein zusätzliches (subjektives) Sicherheitsgefühl vermittelt hat, das Sie unterstützt hat, hier über sich hinauszuwachsen.

13. *Sinn und Identifikation mit der Aufgabe:* Manche Menschen werden in ihrer Motivation stark davon geprägt, etwas Sinnvolles oder Wertvolles zu tun. Ein typisches Beispiel hierfür sind Menschen in Pflegeberufen und solche, die sich ehrenamtlich karitativen Aufgaben widmen. Der stärkste Demotivator für sinnorientierte Menschen ist das Gefühl, etwas Unnützes zu tun oder für den Papierkorb zu arbeiten.

Nachdem Sie nun die einzelnen Motivatoren besser einschätzen können, analysieren Sie Ihr Erfolgsprotokoll bitte in mehreren Schritten. Fragen Sie sich:

1. Welche drei bis maximal fünf Motivatoren haben mich bei diesem Erfolg am stärksten angespornt? Geben Sie sich bei diesen Motivatoren fünf Punkte.

2. Welche Motivatoren haben bei diesem Erfolg praktisch keine Rolle gespielt? Geben Sie sich hier jeweils einen Punkt.

3. Nachdem Sie die stärksten und schwächsten Motivatoren als Eckpfeiler bestimmt haben, ordnen Sie die übriggebliebenen Motivatoren mit zwei, drei oder vier Punkten dem Mittelfeld zu.

4. Fragen Sie sich anschließend, ob diese erste Analyse Ihre Hauptmotivatoren bereits vollständig beschreibt. Etwa 90 Prozent unserer Seminarteilnehmer erkennen spontan, dass sich die von ihnen bei der ersten Analyse gefunden Motivatoren wie ein roter Faden durch ihr ganzes Leben ziehen.

5. Sollten Sie noch Zweifel haben, ob Sie alle wichtigen Motivationsknöpfe schon im ersten Durchgang entdeckt haben, so wiederholen Sie die Übung mit einem anderen Spitzenleistungserlebnis.

Auf Wunsch vieler Seminarteilnehmer und insbesondere zahlreicher Anfragen von Vertriebsteams arbeiten wir daran, die Motivatorenanalyse in einer internetfähigen Testversion zur Verfügung zu stellen. Als Coautoren für dieses Projekt habe ichden amerikanischen Testpsychologen Prof. Dr. Richard Bents und seinen deutschen Kollegen Dr. Rainer Blank gewinnen können. Wenn Sie also Ihre Testergebnisse aus diesem Buch weiter objektivieren wollen oder eine Motivatorenanalyse für Ihr ganzes Team brauchen, finden Sie zusätzliche Informationen über die Homepage der Christiani Consulting KG unter www.christiani-consulting.com.

8. Kapitel: Verhaltensintelligenz: Das eigene Verhalten erkennen und zutreffend einschätzen

Bevor wir Ihnen ein weiteres Modell zur Erfassung der Persönlichkeit vorstellen, soll der Blick noch einmal auf eine grundsätzliche Überlegung gelenkt werden: Zur Selbsterkenntnis unserer Persönlichkeitsstruktur sind wir vor allem dann fähig, wenn wir unsere ganzheitliche Entwicklung, wenn wir die ganzheitliche Entwicklung der inneren menschlichen Fähigkeiten anstreben.

Engagement für den ganzen Menschen: Megatrend Mensch®

Diese ganzheitliche Entwicklung ist bereits an der Inschrift „Erkenne Dich selbst" auf dem Tempel des Orakels in Delphi abzulesen. Den Philosophen in Delphi war schon vor 2000 Jahren klar, dass wir Menschen einerseits nicht zu objektiver Erkenntnis fähig sind, uns andererseits aber nichts anderes übrig bleibt, als nach ihr zu streben und sich ihr bestmöglich anzunähern. „Erkenne Dich selbst" ist eine universelle Wahrheit und meint auch, dass *jeder* Mensch eine Persönlichkeit ist, nicht nur wenige „außergewöhnliche" und gar „auserwählte" Menschen. Wer seine individuellen Merkmale, die in seiner Person angelegt sind, erkennen und entfalten will, wer sein eigenes Verhalten einschätzen will, wird zweifellos und unweigerlich entdecken, dass er eine individuelle, einzigartige und äußerst facettenreiche Persönlichkeit hat und ist.

Was hat das mit der Talentsuche und Stärkenentfaltung zu tun? Nun: Die Entwicklungen in Gesellschaft und Arbeitswelt führen zu einer immer komplexeren und ausdifferenzierteren Welt. Abgesehen davon, dass jedem Menschen das Recht zusteht, seine Anlagen optimal zu entwickeln und zu entfalten, ist unsere Gesellschaft davon abhängig, dass alle oder zumindest möglichst viele Menschen ihre Stärken erkennen und ausbauen können. Konkret: SIE sollten nicht einzelne

Anlagen entwickeln, sondern alle. Voraussetzung dafür aber ist der Blick auf sich selbst als ganzheitlicher Mensch.

Es gibt also einen individualistischen und einen gesellschaftlichen Aspekt: Jeder von uns hat das Recht und die Pflicht, die in ihm angelegten Talente zu erkennen und zu stärken. Und die Gesellschaft ist darauf angewiesen, dass möglichst viele Menschen so handeln. Sie muss die Rahmenbedingungen und Voraussetzungen schaffen, damit dies möglich ist. Die Gesellschaft – und auch „Untergruppen" wie etwa die Arbeitswelt – darf durchaus diese ganzheitliche Entwicklung fordern. Sie muss sie aber auch fördern.

Dieser Punkt ist so wichtig und wird an dieser Stelle dezidiert betont, weil der Trend der Zukunft „Megatrend Mensch®" heißt. Nur wenn wir bei der Talentsuche und Talententwicklung, bei der Persönlichkeitsentwicklung insgesamt, beim „Erkenne Dich selbst" den ganzen Menschen in den Fokus rücken, können wir all die vorhandenen, aber noch brachliegenden Talente, Fähigkeiten und Kompetenzen ausschöpfen, die wir brauchen, um als Individuen und vor allem als Gesellschaft erfolgreich zu sein.

Diese Notwendigkeit zur ganzheitlichen Entwicklung lässt sich auch so ausdrücken:

- Es genügt nicht mehr, die im zweiten Teil genannten multiplen Intelligenzen zu entwickeln. Wir müssen endlich auch den emotionalen Talenten das Recht zugestehen, sich zu entfalten.

- Es genügt nicht mehr, den Herausforderungen der Zukunft mit Vernunft und Verstand beikommen zu wollen. Intuition und Bauchentscheidungen sind genauso wichtig. Die „Problemlöser" Intuition und Gefühl müssen stärker in den Mittelpunkt rücken.

- Neben das Paradigma von Vernunft und Verstand muss das Paradigma der Gefühle und Emotionen treten. Beides sollte bei der Stärkenentwicklung Berücksichtigung finden. Es geht nicht mehr um IQ *oder* EI, also Emotionale Intelligenz – es kann nur noch IQ *und* EI heißen!

- Bei allen genannten Punkten dürfen wir natürlich nicht in das Gegenteil verfallen: Wer nun allein auf die Entfaltung der emotionalen Talente setzt, handelt genauso fahrlässig wie derjenige, der das Paradigma von der Unfehlbarkeit etwa der intellektuellen Intelligenz verteidigt. Immer gilt: Wir sollten ALLE Aspekte des menschlichen Seins beachten und der Diskussion über die ganzheitliche Ausrichtung des Menschen, die es ja schon seit Längerem gibt, endlich Taten folgen lassen.

„**Ganzheitlichkeit**“: So mancher wird nun sagen, das sei doch alter Wein in neuen Schläuchen. Aber zum Beispiel in weiten Teilen unserer Arbeitswelt ist es so, dass Menschen immer wieder reduziert werden auf ihre Rolle als Funktionsträger. Das gilt übrigens für den Vorstandsvorsitzenden ebenso wie für den Lagerarbeiter.

Verhaltensänderung bei gleichzeitiger Wahrung der persönlichen Integrität

Allzu häufig fallen heutzutage Begriffe wie Organisationsstrukturen, Führungsrichtlinien und Ablaufprozesse, wenn von Unternehmen die Rede ist. Dabei wird häufig vergessen, dass eine Organisation, ein Unternehmen zuallererst aus Menschen besteht:

- Nur wenn sich der Mensch verändert, kann sich die Organisation wandeln.
- Nur wenn der Mensch sich weiterentwickelt, kann sich die Organisation weiterentwickeln.
- Nur wenn der Mensch alle seine Talente und Kompetenzen stärkt, wächst die Organisation.

„Megatrend Mensch®“ heißt, dass der Mensch nicht länger in seiner reduzierten Eigenschaft als Rollen- und Funktionsträger von Bedeutung ist. Er gewinnt vielmehr an Relevanz als ganzheitliche Persönlichkeit. Persönlichkeitsentwicklung heißt darum in Zukunft immer:

- Es handelt sich um einen lebenslangen Prozess, um einen Prozess der permanenten Annäherung.
- Persönlichkeitsentwicklung ist die bewusste Erfahrung und das bewusste Erkennen der eigenen Person als ganzheitliche Erscheinung: Vernunft, Verstand, Denken und Ratio, Fühlen und Beziehungsgestaltung.
- Akzeptanz seiner selbst: „So bin ich" – bei gleichzeitiger Überzeugung, sich im Rahmen seiner Anlagen weiterentwickeln zu können.

Auf den Punkt gebracht: Persönlichkeitsentfaltung findet immer statt unter der Prämisse: ganzheitliche Verhaltensänderung bei gleichzeitiger Wahrung der persönlichen Integrität.

Der ganzheitliche Mensch: Ratio und Intuition

Obwohl jeder weiß, dass „Gefühle Tatsachen sind" und die emotionale Intelligenz ein Faktum, wird dem Primat der Vernunft und dem rationalen Denken als Problemlöser immer noch der Vorrang eingeräumt. Zur Erläuterung eignet sich eine kurze Betrachtung des Menschen als Entscheidungsträger.

Wenn es um wichtige Entscheidungen etwa in Führungsprozessen geht, hat es derjenige schwer, der seine Entscheidung damit legitimiert, dazu habe ihm seine Intuition geraten. Wer sie mit Zahlen, Daten, Fakten begründet, erhält eher Applaus.

Allerdings ist diesbezüglich gerade in den letzten Jahren ein Umdenkungsprozess zu beobachten, der einerseits den „Megatrend Mensch®" bestätigt, ihn aber andererseits vorantreibt, indem er verdeutlicht, dass Persönlichkeitsentwicklung als ganzheitlicher Prozess gesehen werden muss.

Der Umdenkungsprozess zeigt sich zum Beispiel, wenn sich Prominente aus Politik, Wirtschaft und Sport dazu „bekennen", sich selbst bei wichtigsten Entscheidungen auf ihr Bauchgefühl zu verlassen. So verriet Porsche-Chef Wendelin Wiedeking dem Unternehmermagazin „Impulse“ bereits 2004, wie bedeutsam die Intuition für viele seiner millionenschweren Entscheidungen gewesen sei. Der ehemalige McKinsey-Boss Jürgen Kluge sieht die innere Stimme als treibende Kraft von Innovationen, und für Ex-Siemens-Chef Heinrich von Pierer ist erfolgreiches Unternehmertum ohne intuitive Entscheidungen nicht möglich.

Belege für den ganzheitlichen Ansatz

Im Jahr 2006 wartete der SPIEGEL in seiner Titelgeschichte „Gefühltes Wissen: Die Erforschung der Intuition“ mit einer Vielzahl an Argumenten auf, dass bei allen Entscheidungen des Menschen das Unbewusste mitmische, ja, sogar einen größeren Anteil habe als das Bewusstsein. Lange Zeit galt auch bei Hirnforschern die Ratio als unumschränkte Herrscherin bei menschlichen Entscheidungen. Neuere Untersuchungen belegten jedoch, dass Emotionen, Gefühle und Instinkte weitaus umfassender Entscheidungsprozesse beeinflussen, als bisher gedacht. Und mittlerweile ist die Hirnforschung davon überzeugt, dass jede Entscheidung einen emotionalen Anstoß benötige – aus purem Verstand heraus könne der Mensch nicht handeln.

Zu demselben Ergebnis kommt Claudio Fernandez Araoz in seinem Buch *„Great People Decisions“*, in dem er zahlreiche Studien und Beispiele dafür angibt, dass Entscheidungen und Erfolg nicht auf der Ratio allein beruhen – und auch nicht beruhen sollen. „The Power of Emotional Intelligence“ – sie lässt sich selbst von den größten Ignoranten nicht länger leugnen.

Araoz resümiert aufgrund mehrerer Studien: „It seemed that for successful managers, EI“ – also die „Emotional Intelligence“, die „Emotionale Intelligenz – „mattered more than IQ.“ Bei Entscheidungen hingegen, die als „Fehler“ bezeichnet werden müssen, spielt nach Araoz der IQ eine weitaus größere Rolle als die EI. Das heißt:

Der Einbezug der emotionalen Intelligenz in Entscheidungsfindungen führt zu einer größeren Erfolgswahrscheinlichkeit!

Viele Menschen sind immer noch Gefangene eines auf linearer Kausalität und rationalen Prinzipien beruhenden Denkmodells – sie sind reine „Kopfmenschen". Das Selbstbild vieler Menschen ist geprägt durch das Ideal der souveränen Persönlichkeit, die rational und „mit Verstand geschlagen" die Zügel fest in der Hand hält. Es fällt ihnen schwer, anzuerkennen, dass der Mensch die Grenzen der Rationalität durchaus sprengen kann. Und darum brauchen sie den wissenschaftlichen Beweis, dass die Intuition der Ratio ebenbürtig, wenn nicht sogar überlegen ist.

Gleichwohl wächst die Akzeptanz, nicht allein die Rationalität als Basis von Entscheidungsprozessen anzuerkennen. Und das ist auch gut so. Denn die rationale Analyse reicht in einer immer komplexeren und vernetzten Umwelt nicht mehr aus, um effektiv entscheiden und kommunizieren zu können. Die Vielzahl der Informationen und Fakten hemmt dann, sie führt dazu, selbst dringende Entscheidungen immer wieder hinauszuzögern. Intuition reduziert die Komplexität von Problemstellungen, indem sie das dahinterstehende Muster spüren lässt. Wichtig ist daher das Zulassen von Möglichkeiten, die außerhalb des Verstandes liegen, selbst wenn diese auf den ersten Blick unwahrscheinlich erscheinen.

In Entscheidungssituationen zapfen wir quasi unbewusste Quellen an, in denen Wissen über die Welt abgespeichert ist, ohne dass wir uns dessen bewusst sind. Alle körperlich-physikalischen und geistig-seelischen Erscheinungen bilden eine untrennbare Einheit. Entscheidungen müssen daher unter einem ganzheitlichen Aspekt vollzogen werden. Wer diesen ganzheitlichen Aspekt akzeptiert, eröffnet sich neue Wege der Erkenntnis – und eine höhere Erkenntnisqualität: Er handelt als Kopf- und als Bauchmensch, mit Ratio und Intuition, mit Verstand und Gefühl.

Die Intuition hilft uns weiter:

- bei komplexen Entscheidungen mit hoher Informationsdichte,
- bei Entscheidungen, in denen es zwischen den rationalen Argumenten „unentschieden“ steht – die Intuition fungiert gleichsam als „Schiedsrichter“,
- bei Entscheidungen, in denen es darum geht, das Gespür für den richtigen Zeitpunkt zu haben, der sich mit rationalen Maßstäben nicht bestimmen lässt,
- bei kreativen Problemlösungsprozessen,
- bei wichtigen strategischen und in die Zukunft gerichteten Entscheidungen,
- bei der „Entcodierung“ körpersprachlicher Signale und
- beim Aufbau von Gesprächen, die eine außergewöhnliche Strukturierung erfordern.

Zu guter Letzt sei noch eine Koryphäe der Hirnforschung angeführt. Ernst Pöppel beschreibt in seinem Buch *„Der Rahmen“*, dass wir in die Welt hineingeboren werden mit einer Vielzahl an Programmen von Möglichkeiten. Im Rahmen des Prägungslernens werden einige dieser Möglichkeiten aktualisiert, andere dagegen abgeschaltet. Oder sie verkümmern.

Auch Ernst Pöppel betont den ganzheitlichen Aspekt des Mensch-Seins und sagt in seinem Buch *„Zum Entscheiden geboren: Gehirnforschung für Manager“* zu den menschlichen Entscheidungsprozessen, Entscheidungsprozesse sollten idealtypisch derart ablaufen, dass zum einen ein Problem nüchtern und unter Ansehung der Faktenlage analysiert werden müsse, zum anderen aber zugleich eine emotional gefärbte, intuitive Bewertung vorzunehmen sei.

Doch nun genug der Belege für die ganzheitliche Ausrichtung des Mensch-Seins. Klar ist: Wer Stärkenmanagement anstrebt, sollte mehrdimensional, multiperspektivisch, eben ganzheitlich orientiert daran gehen. Rationalität muss nicht über Bord geworfen werden – sie darf aber auch nicht als einzige Entscheidungsinstanz gesehen werden. Intuition, Gefühle und Emotionen, kurz: EI, stehen als zumindest gleichberechtigte Partner daneben. Sie bilden eine Einheit – und das trifft auch bei der Persönlichkeitsentfaltung und der Stärken- und Talententwicklung zu.

Rahmen der Persönlichkeitsentwicklung: Kompetenz, Verhalten und Werte

Ganzheitlichkeit hat etwas mit Zügellosigkeit, mit Unordnung zu tun, mit dem Netzwerkgedanken, dass alles mit allem in einem Zusammenhang steht. Wer sich auf das Individuum Mensch einlässt und sich nicht einengen lassen will auf einige wenige Aspekte des Mensch-Seins, gerät allzu schnell ins Uferlose. Darum brauchen wir hier – wo es jetzt um die Verhaltensintelligenz des Menschen geht – einen Rahmen, der Halt gibt.

Einen solchen Rahmen bietet die folgende Abbildung:

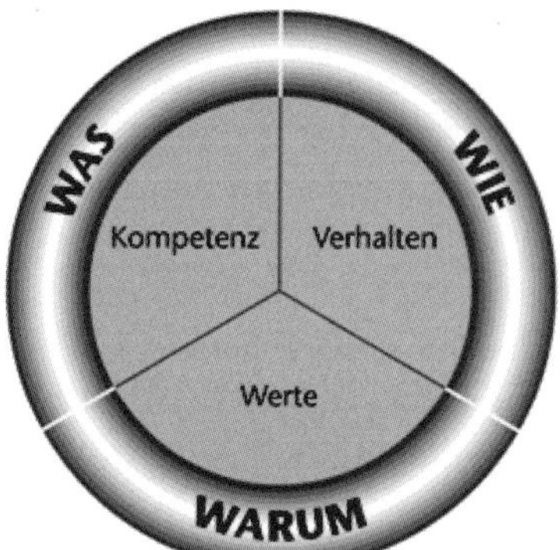

Quelle: INSIGHTS MDI International® Deutschland GmbH

Sie werden wenige Seiten später ein noch differenzierteres Schaubild kennenlernen – an dieser Stelle jetzt so viel: „Megatrend Mensch®“ bedeutet, dass bei der Persönlichkeitsentwicklung drei Faktoren eine Rolle spielen:

- Beim „**Was**" geht es um die Kompetenzen eines Menschen, seine Fähigkeiten und Fertigkeiten.
- Beim „**Wie**" steht das Verhalten im Mittelpunkt: Welche Persönlichkeitsmerkmale haben welchen konkreten Einfluss auf das Verhalten?
- Beim „**Warum**" sind die Werte, Einstellungen und Glaubenssätze eines Menschen wichtig: Welche Vision leitet ihn, welche übergeordneten Ziele sind für ihn bestimmend?

In diesem Rahmen bewegt sich ganzheitliche Persönlichkeitsentwicklung. Und nachdem Sie im zweiten Teil dieses Buches die Gelegenheit hatten, Ihre sogenannten Testintelligenzen zu erheben und Ihren Talenten durch unser „Enthusiasmus-Profil" auf die Spur zu kommen, ist nun der Boden bereitet für die Darstellung eines weiteren spannenden Persönlichkeitstests – für die sogenannte INSIGHTS MDI Potential-Analyse® sowie die ASSESS Kompetenz-Analyse®[28].

Die INSIGHTS MDI®-Analyse ermittelt drei zentrale Dimensionen unseres Verhaltens, die sich – in Anlehnung an obige Abbildung – wie folgt beschreiben lassen:

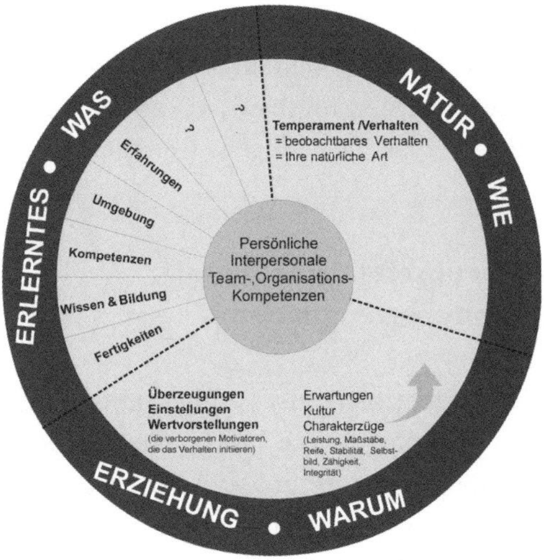

[28] Frank M. Scheelen, *Menschenkenntnis auf einen Blick*, München 2002

1. **Das WARUM – unsere Werte und Grundüberzeugungen:** Wie die Gallup-Untersuchung mit dem Herausarbeiten von 34 Talentmustern deutlich gezeigt hat, lassen wir Menschen uns bei der Kombination unserer angeborenen Grundintelligenzen entscheidend von den Werten leiten, die uns am wichtigsten sind. Die INSIGHTS-Werte-Analyse gibt Ihnen deshalb die Gelegenheit, die bewussten und unbewussten Werte und Grundüberzeugungen, die Ihr Verhalten bestimmen, näher kennenzulernen.
2. **Das WIE – unsere Verhaltenspräferenzen:** Unser Stammhirn speichert die Muster unseres Verhaltens im jeweiligen Kontext, um uns im Wiederholungsfall durch Verhaltensgewohnheiten die Sicherheit der Erfahrung zu geben. Die INSIGHTS-Potential-Analyse® erlaubt Ihnen deshalb, sich einen sorgfältigen Überblick über von Ihnen bevorzugte Verhaltensweisen – die sogenannten Verhaltenspräferenzen – zu verschaffen.
3. **Das WAS – unsere Kompetenzen:** Kompetenzen sind das Produkt aus unseren angeborenen Talenten, die wir mit Wissen und Skills zu unseren Stärken entwickelt haben. Die ASSESS Kompetenz-Analyse® ermittelt deshalb auch Ihre Persönlichkeitsausprägungen sowie Ihre Kompetenzen.

Wenn Sie diese drei Dimensionen Ihres Verhaltens kennen, dann haben Sie eine exzellente Ausgangsbasis, um zu entscheiden, in welche Richtung Sie Ihre Verhaltensintelligenz weiter ausbauen wollen.

Basis und Motor unseres Verhaltens: Werte und Grundüberzeugungen

Unser Entscheidungsverhalten ist häufig von unseren Werten und Überzeugungen abhängig. Diese Wertvorstellungen steuern unser Verhalten und motivieren uns, uns Ziele zu stecken und sie umzusetzen. Unsere Werte beantworten die Frage: „Aus welchem Grund verhalten wir uns gerade auf diese Weise?“ Sie geben also Aufschluss über die zugrunde liegenden Motive unseres Handelns.

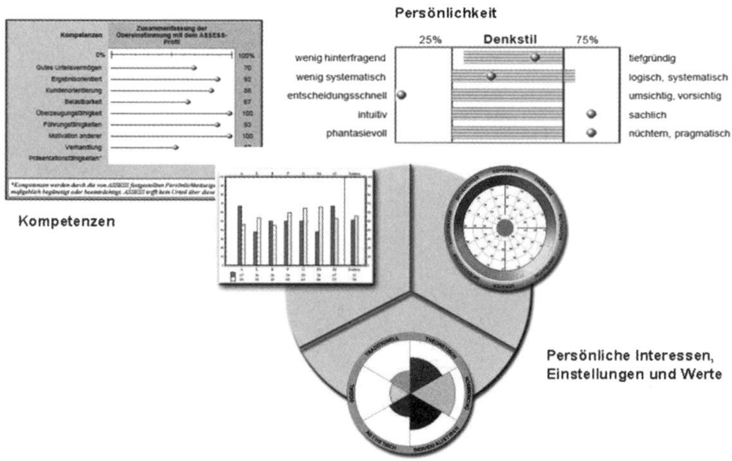

Quelle: INSIGHTS MDI International® Deutschland GmbH

Oft sind die eigenen Werte unreflektiert und steuern unser Verhalten aus dem Unterbewusstsein. Deshalb macht es Sinn, sich über sie klar zu werden. Sie mögen ein Grund sein, warum Sie mit einem Job permanent unzufrieden sind, ohne genau zu wissen, warum.

Die INSIGHTS-Werte-Analyse unterscheidet zwischen sechs grundlegenden Werten. Grundlage sind die Erkenntnissen des deutschen Kulturphilosophen und Psychologen Eduard Spranger, die er in seinem Buch „*Lebensformen*"[29] 1914 darlegte. Selbstverständlich verfügt jeder Mensch über mehr als einen dieser sechs Werte. Doch in der Regel sind zwei Werte besonders stark ausgeprägt. Sie bewirken, dass wir mit Energie, Motivation und Begeisterung an bestimmte Aktivitäten herangehen.

Die sechs Grundwerte nach Eduard Spranger

- **Der theoretische Wert**: Menschen mit einem hohen theoretischen Wert wollen ihr Wissen beständig erweitern und „die Wahrheit" entdecken. Dabei geht es ihnen weniger um die Anwendbarkeit ihres Wissens, als vielmehr um die Erkenntnis

[29] Eduard Spranger: *Lebensformen. Psychologie und Ethik der Persönlichkeit,* Tübingen 1966

selbst. Sie fällen deshalb kaum Urteile, sondern beobachten, ordnen, systematisieren und suchen nach objektiven Erkenntnissen. In praktischen und alltäglichen Dingen sind sie dagegen schnell hilflos, und ihre Gefühle zeigen sie nicht gerne. Sie bevorzugen Kontakte mit Menschen, die über viel Wissen verfügen, sodass sie von ihnen lernen können.

- **Der ökonomische Wert**: Menschen mit einem hohen ökonomischen Wert möchten viel Geld verdienen (möglichst mehr als die anderen!), in Wohlstand leben, sich für die Zukunft absichern. Was sie unternehmen, sollte sich „auszahlen“ und Nutzen bringen – sie sind am praktischen Nutzen interessiert. Werte wie Schönheit oder Harmonie haben für sie keine Bedeutung.
- **Der ästhetische Wert**: Das Hauptaugenmerk gilt der äußeren Form, der Schönheit und Ästhetik. Nutzen und Anwendbarkeit sind dagegen ebenso unwichtig wie die Frage, warum etwas so schön ist. Hauptsache, es sieht gut aus oder fühlt sich gut an. Menschen mit hohem ästhetischem Wert sind Genießer, denen ein harmonisches Ambiente, Kunst, Lebensgenuss und intensive emotionale Erlebnisse am wichtigsten sind. Sie wollen sich selbst verwirklichen. Für die praktischen oder finanziellen Aspekte des Lebens haben sie wenig Verständnis.
- **Der soziale Wert**: Menschen mit einem hohen sozialen Wert nehmen an ihren Mitmenschen großen Anteil und sind ständig darum bemüht, anderen zu helfen und ihnen das Leben angenehmer zu machen. Dabei stellen sie sich selbst gerne zurück. Sie sind großzügig, offen, emotional und haben eine positive Lebenseinstellung.
- **Der individualistische Wert**: Macht, Führung und Karriere stehen für Menschen mit hohem individualistischem Wert im Vordergrund. Sie wollen Einfluss nehmen, Ansehen erringen und sich von anderen abheben. Sie haben große Ziele und setzen diese mit klugen Strategien um. Zu anderen Menschen entwickeln sie keine tiefen Beziehungen, weil sie vor allem mit sich selbst beschäftigt sind.

- **Der traditionelle Wert**: Menschen mit hohem traditionellem Wert werden von festen Überzeugungen geleitet. Für diese Überzeugungen setzen sie sich engagiert ein. Deshalb mögen sie keine Veränderungen, beharren vielmehr auf ihrer Weltanschauung. Sie versuchen, den höheren Sinn des Lebens zu begreifen und sind deshalb meist an Religion oder Philosophie interessiert.

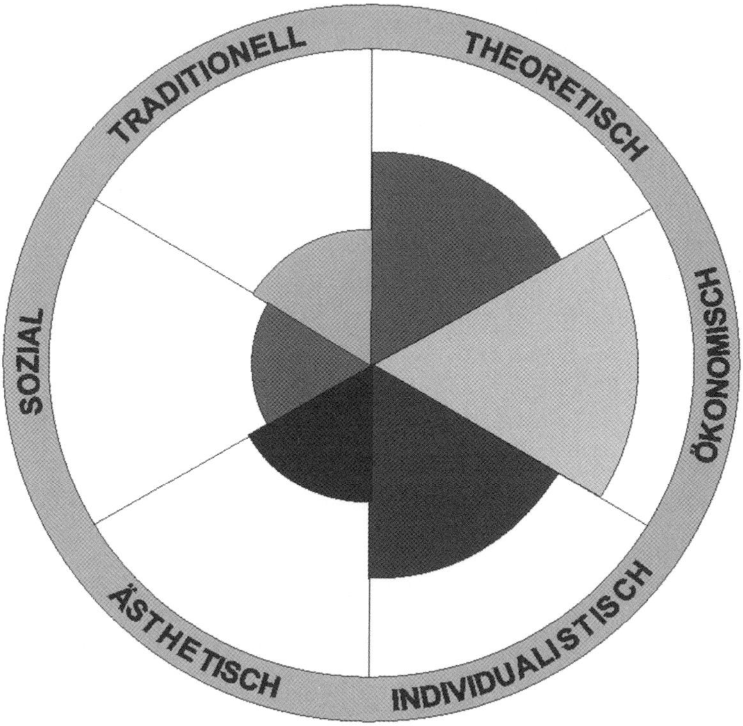

Quelle: INSIGHTS MDI International® Deutschland GmbH

Angenommen, ein Mensch mit einem überwiegenden sozialen Wert würde als Wissenschaftler in einem Forschungslabor arbeiten. Sicherlich wäre er sehr um das Wohlergehen seiner Kollegen bemüht – aber ob ihm das reichen würde? Wäre er nicht zufriedener in einer Tätigkeit, in der er unmittelbar erleben könnte, wie Menschen von den Ergebnissen seiner Wissenschaft profitieren?

Das heißt: Nur wenn unsere Arbeit unseren inneren Werten entspricht, sind wir wirklich mit Feuereifer dabei. Und nur dann sind wir bereit, uns einzusetzen, uns zu engagieren und zu kämpfen und werden nicht gleich bei der ersten beruflichen Enttäuschung aufgeben.

Zu diesem Ergebnis kam übrigens auch eine Studie, die das Scheelen-Institut im Auftrag eines Allfinanzunternehmens durchführte. Sie zeigte, welche Werte und Verhaltensdimensionen bei den erfolgreichen Allfinanz-Führungskräften besonders stark und welche weniger stark ausgeprägt waren. Die erfolgsrelevanten Ausprägungen waren das ökonomische und individualistische Motiv, verbunden mit einem Anteil sozialer Ausprägung (stärkster Wert bei niedriger Fluktuation im Team). In der Folge konnte das Unternehmen gezielt potenzielle Führungskräfte und Verkäufer mit diesem Werteprofil und Persönlichkeitsprofil ansprechen, auswählen und somit nachweislich die Fluktuation reduzieren. (Die Gesamtstudie kann beim SCHEELEN-Institut angefordert und auch unter www.Scheelen-insitut.de eingesehen werden.)

Übung: Welche Werte dominieren bei Ihnen?

Mithilfe des folgenden Tests können Sie einen Eindruck davon gewinnen, welche Werte bei Ihnen besonders stark ausgeprägt sind.

Theoretischer Wert

Welche Aussagen treffen auf Sie zu? 1 = überhaupt nicht, 2 = ein bisschen, 3 = manchmal, 4 = häufig, 5 = immer

Ich gehe den Dingen gerne auf den Grund und möchte immer mehr über etwas wissen.	
Es macht mir Spaß zu lesen, zu lernen und Zusammenhänge zu entdecken.	
Ich befasse mich gerne mit Theorien, ziehe Vergleiche und entdecke Unterschiede.	
Für mich sind Fakten wichtiger als Meinungen oder Gefühle.	
Ich versenke mich stundenlang alleine in Bücher.	

Ökonomischer Wert

Welche Aussagen treffen auf Sie zu? 1 = überhaupt nicht, 2 = ein bisschen, 3 = manchmal, 4 = häufig, 5 = immer

Für mich ist es wichtig, viel zu verdienen und langfristig abgesichert zu sein.	
Bei neuen Dingen denke ich zuerst, wie man es praktisch nutzen und anwenden könnte.	
Ich versuche, Investitionen zu machen, die sich in absehbarer Zeit auszahlen.	
Ich weiß immer, wie viel Geld auf meinem Konto ist.	
Ich plane meine Zeit genau und hasse es, wenn ich unerwartet aufgehalten werde.	

Ästhetischer Wert

Welche Aussagen treffen auf Sie zu? 1 = überhaupt nicht, 2 = ein bisschen, 3 = manchmal, 4 = häufig, 5 = immer

In einer schönen Landschaft oder einem stilvollen Ambiente fühle ich mich am wohlsten.	
Mein Arbeitsplatz ist mit Bildern, Kunstwerken oder künstlerischen Gegenständen geschmückt.	
Menschen, die sich für Musik, Literatur oder Kunst begeistern können, sind mir am sympathischsten.	
Ich höre mehr auf meine Gefühle als auf meinen Kopf.	
Ich kann schöne Situationen und Erlebnisse in vollen Zügen genießen und auskosten.	

Sozialer Wert

Welche Aussagen treffen auf Sie zu? 1 = überhaupt nicht, 2 = ein bisschen, 3 = manchmal, 4 = häufig, 5 = immer

Ich habe viele Freunde und Bekannte und bin grundsätzlich immer interessiert, mit anderen ins Gespräch zu kommen.	
Am Wohlergehen der anderen ist mir viel gelegen, dafür setze ich mich stark ein.	
Ich empfinde großes Mitgefühl mit Menschen, die Not leiden müssen.	
Ich höre anderen Menschen eher zu, als dass ich selbst rede und von mir erzähle.	
Ich brauche Harmonie und kann Streit und Konflikte nicht gut aushalten.	

Individualistischer Wert

Welche Aussagen treffen auf Sie zu? 1 = überhaupt nicht, 2 = ein bisschen, 3 = manchmal, 4 = häufig, 5 = immer

Ich gehe gerne in Konkurrenz zu anderen und möchte am liebsten immer der Sieger sein.	
Ich nehme auch in meiner Freizeit an Wettbewerben teil.	
In Gruppen übernehme ich rasch die Leitung, bin Wortführer oder Moderator.	
Ich gebe nie auf, sondern kämpfe auch, wenn es schwierig wird.	
Es ist mir wichtig, mich von anderen abzuheben und etwas Besonderes darzustellen.	

Traditioneller Wert

Welche Aussagen treffen auf Sie zu? 1 = überhaupt nicht, 2 = ein bisschen, 3 = manchmal, 4 = häufig, 5 = immer

Ich habe feste Überzeugungen und versuche, immer danach zu handeln.	
Ich philosophiere gerne mit anderen über das Leben und versuche, sie von meiner Haltung zu überzeugen.	
Was ich mache, muss für mich einen tieferen Sinn haben, ich mache nichts nur „zum Spaß“.	
Ich bin Mitglied in Organisationen, die die gleichen Überzeugungen vertreten wie ich.	
Ich brauche Zeit, um mich auf Veränderungen einzustellen.	

Zählen Sie die Punkte, die Sie sich bei den einzelnen Werten gegeben haben zusammen und erstellen Sie eine Rangliste.

Theoretischer Wert	
Ökonomischer Wert	
Ästhetischer Wert	
Sozialer Wert	
Individueller Wert	
Traditioneller Wert	

Testauswertung

Werte, denen Sie insgesamt 18–25 Punkte gegeben haben:

Diese Werte sind ausschlaggebend für Sie. Sie bestimmen Ihr Handeln und beeinflussen Sie bei der Auswahl Ihrer beruflichen Tätigkeit. Bei diesen hohen Werten müssen Sie damit rechnen, dass andere Menschen wenig Verständnis für Ihre starken Überzeugungen haben.

Werte, denen Sie insgesamt 8–17 Punkte gegeben haben:

Diese Werte sind Ihnen wichtig, aber nicht ausschlaggebend für Ihr Handeln. Erst wenn Ihre wichtigsten Werte erfüllt sind, kommen diese Überzeugungen zum Tragen.

Werte, denen Sie insgesamt 0–7 Punkte gegeben haben:

Diese Werte spielen in Ihrem Leben eine geringe oder gar keine Rolle. Wahrscheinlich sind Sie bei Ihnen sogar geringer ausgebildet als beim Durchschnitt der Bevölkerung. Bei Menschen, denen diese Werte sehr wichtig sind, werden Sie Erstaunen oder Ablehnung hervorrufen.

Eine genauere Analyse können Sie anhand des INSIGHTS MDI-Leadership-Checks erstellen. So lernen Sie, Ihre verborgenen Motivatoren besser zu verstehen und zu erkennen, welche Werte Sie zum Handeln veranlassen. Unterscheiden sich Ihre Anschauungen gravierend von denen der anderen, so werden Sie als jemand wahrgenommen, der „gegen den Strom" schwimmt. Das Bewusstsein darüber kann Ihnen helfen, sich eine Umgebung zu suchen, in der Ihre spezielle Werteausprägung akzeptiert wird.

Verhalten: Stärken und Verhaltenspräferenzen feststellen

Durch die Frage nach dem „Wie" erfahren wir, wo wir Verhaltensstärken und Verhaltenspräferenzen haben:

- Welche Vorlieben haben Sie?
- Wie gehen Sie an Aufgaben heran?
- Wie verhalten Sie sich in konkreten Situationen?
- Welches Verhalten liegt Ihnen besonders, was sind Ihre Stärken, was Ihre Schwächen?

Machen Sie einmal folgende kleine Übung. Schreiben Sie auf ein Blatt Papier Ihren Namen. Zuerst mit der Hand, die Sie immer zum

Schreiben benutzen. Anschließend schreiben Sie Ihren Namen mit der anderen Hand. Wenn Sie Rechtshänder sind, dann mit Ihrer linken Hand, als Linkshänder mit der rechten Hand. Sicherlich geht es Ihnen dabei wie den meisten Menschen: Sie haben eine bestimmte Präferenz, mit welcher Hand Sie schreiben. Müssen Sie entgegen Ihrer Präferenz mit der ungewohnten Hand schreiben, so fällt Ihnen das viel schwerer, Sie brauchen länger, und das Ergebnis sieht ziemlich krakelig und unansehnlich aus.

Diese Übung ist in doppelter Hinsicht aufschlussreich, wenn Sie von Ihrer angeborenen Veranlagung her Linkshänder sind, Ihre Eltern Sie aber zum Schreiben mit der rechten Hand umerzogen haben: Die Übung zeigt einerseits, dass wir durch jahrelanges Training durchaus auch Präferenzen dort entwickeln können, wo wir kein besonderes Talent haben. Wenn „umerzogene Linkshänder" sich allerdings entscheiden, wie Leonardo da Vinci an ihrer Beidhändigkeit zu arbeiten, dann lernen sie das Schreiben mit der linken Hand sehr viel schneller als jeder normale Rechtshänder, was wiederum die Rolle unserer angeborenen Talente verdeutlicht.

Ähnlich verhält es sich mit unserem Beruf. Entspricht dieser nicht Ihren natürlichen Präferenzen, so müssen Sie viel Energie verwenden, um ihn einigermaßen gut auszufüllen. Wahrscheinlich werden Sie ihn aber nie so gut machen wie jemand, dessen Präferenzen genau zu dieser Tätigkeit passen. Für Sie ist der Aufwand immens und das Ergebnis frustrierend.

Deshalb ist es wichtig, dass Sie Ihre natürlichen Präferenzen kennen. Dann können Sie sich noch bewusster Tätigkeiten und Positionen suchen, die Ihrem natürlichen Verhalten entsprechen und in denen Sie Ihre Stärken gezielt einsetzen können.

Verhaltensweisen sind natürlich äußerst vielschichtig. Jeder Mensch entwickelt im Laufe seines Lebens sein ganz eigenes Repertoire, das er individuell dosiert und je nach Situation einsetzt. Deshalb haben die Menschen schon seit Jahrhunderten versucht, Verhaltensweisen auf charakteristische Züge zu reduzieren, um „typische" Unterschiede deutlich zu machen.

Bereits der griechische Arzt Hippokrates teilte seine Patienten in Choleriker, Sanguiniker, Phlegmatiker und Melancholiker ein, um sich und seinen Schülern die Diagnose und Behandlung der Patienten zu erleichtern. Er machte damals die unterschiedlich stark wirkenden „Körpersäfte" für die unterschiedlichen Temperamente verantwortlich.

Heute sind die Unterscheidungskriterien differenzierter, aber die Erkenntnis, dass Menschen bei all ihrer Unterschiedlichkeit und Individualität Gemeinsamkeiten und Ähnlichkeiten im Verhalten zeigen, hat sich gehalten und bewährt.

Persönlichkeitserkennung nach Jung

Die INSIGHTS MDI®-Methode zur Persönlichkeitserkennung geht auf die Erkenntnisse des Schweizer Tiefenpsychologen C. G. Jung zurück. Er veröffentlichte 1929 sein Werk „*Psychologische Typen*[30]", in dem er acht Persönlichkeitstypen unterschied. Er differenzierte nach den beiden Kriterien „Präferenzen" und „Funktionen":

- **Präferenzen**: Je nachdem, ob ein Mensch eine Vorliebe für die „innere" oder die „äußere" Welt hat, ist er introvertiert oder extravertiert. Ist jemand introvertiert, so beschäftigt er sich eher mit seinem Innenleben, seinen Werten, Ideen und Gefühlen. Ist jemand eher extravertiert, so gilt seine Orientierung stärker der äußeren Welt.
- **Funktionen**: Jung unterschied vier Grundfunktionen: Denken, Fühlen, Empfinden und Intuition. Während jeder Mensch prinzipiell über alle Funktionen verfügt, nutzt er eine dieser Funktionen vorrangig.

Aus der Kombination dieser beiden Kriterien ergeben sich die acht Grundtypen Jungs:

30 Carl Gustav Jung, Gesammelte Werke in 20 Bänden, Band 6: *Psychologische Typen*, Düsseldorf 1995

1. Introvertiertes Empfinden
2. Introvertierte Intuition
3. Introvertiertes Denken
4. Introvertiertes Fühlen
5. Extravertiertes Empfinden
6. Extravertierte Intuition
7. Extravertiertes Denken
8. Extravertiertes Fühlen

Übung: Welche Tendenzen hat Ihr Verhalten?

Machen Sie einen ersten Check: In welche Richtung weist Ihr Verhalten? Denken Sie einmal an private Situationen, wenn Sie mit Ihrer Familie oder Freunden zusammen sind. Und dann an berufliche Ereignisse. Wohin tendiert Ihr Verhalten?

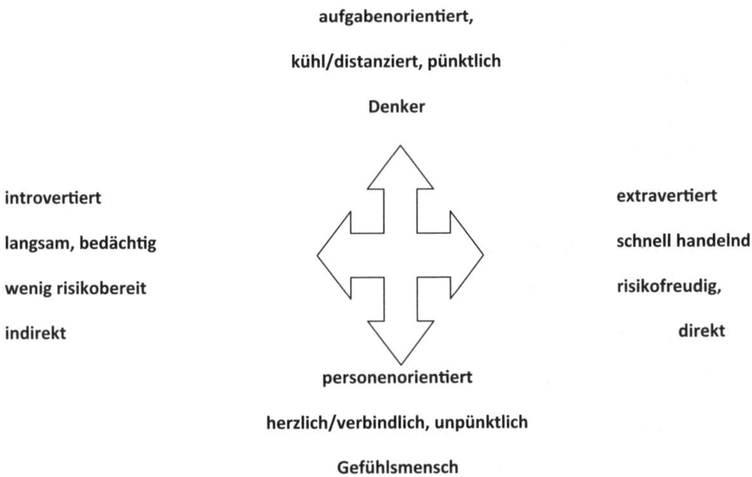

Quelle: INSIGHTS MDI International® Deutschland GmbH

Vom Direktor bis zum Reformer: die acht Haupttypen nach INSIGHTS

Sie können jetzt schon ein wenig einschätzen, ob Sie ein eher introvertierter Mensch sind oder ein eher extravertierter. Mithilfe der Potenzial-Analyse von INSIGHTS MDI ist es möglich, eine detailliertere individuelle Persönlichkeitsanalyse zu erstellen, die typische Verhaltensweisen, Stärken und Schwächen einer Person klar beschreiben.

INSIGHTS misst im Gegensatz zu anderen Methoden sowohl einen natürlichen als auch einen „angepassten" Stil. Optimal ist, wenn der natürliche Stil mit dem im Beruf adaptierten Stil zusammenfällt. Dann üben Sie den Beruf aus, der wirklich zu Ihren natürlichen Fähigkeiten passt. Sie können das Verhalten beruflich zeigen, das Ihnen auch privat entspricht.

Es ist sinnvoll, eine individuelle Persönlichkeitsanalyse erstellen zu lassen.

Aber auch, wenn Sie sich mit den acht Haupttypen von INSIGHTS auseinandersetzen, erhalten Sie wichtige Informationen zu Ihren Verhaltenstendenzen.

1. **Direktor**: Er ist ein ziel- und ergebnisorientierter Macher und Bestimmer, für den nur die Leistung zählt.
2. **Motivator**: Seine Fähigkeit ist, andere für die Ziele, die er sich gesteckt hat, zu gewinnen.
3. **Inspirator**: Er ist eloquent, stark im Kontakt mit anderen Leuten, sehr ideenreich und flexibel.
4. **Berater**: Er denkt an andere und das Team, ist auf Harmonie und Ausgleich der Interessen bedacht.
5. **Unterstützer**: Er verfügt über Beziehungsstärke und leistet die beste Arbeit, wenn er klare Anweisungen sowie ein überschaubares und konstantes Umfeld hat.

6. **Koordinator**: Er ist hilfsbereit und entgegenkommend und erkennt rasch komplexe Zusammenhänge.
7. **Beobachter**: Er beschäftigt sich lieber mit Sachen als mit Menschen. Er ist ein Denker und Tüftler, der, sofern er genügend Zeit hat, hervorragende Lösungen erarbeitet.
8. **Reformer**: Er braucht ein klares Ziel und kann schwierige Zusammenhänge auch unter Zeitdruck bearbeiten. Sein Perfektionsdrang und sein Umsetzungswille dominieren.

Quelle: INSIGHTS MDI International® Deutschland GmbH

Beschreibung der acht Typen

Je nach den Anforderungen, die eine Tätigkeit erfordert, sind unterschiedliche Fähigkeiten erforderlich. Übernimmt ein Inspirator einen Job, der überwiegend Büroarbeit erfordert und wenig Kontakt mit anderen Menschen ermöglicht, so wird er nach kürzester Zeit die Lust verlieren – und keine gute Arbeit abliefern.

Was dann nach außen wie „Versagen" aussieht, vermittelt bei näherem Hinsehen die Erkenntnis: Hier sitzt der falsche Typ am falschen Platz. Für den persönlichen Erfolg wie für den eines Unternehmens ist es wichtig, dass die unterschiedlichen Typen ihren Fähigkeiten und Stärken angemessen eingesetzt werden.

Stärken, Schwächen und Motivationsstruktur des Direktors

Diese Führungspersönlichkeit ist ehrgeizig, hat einen starken Willen und möchte beruflich und privat etwas im Leben erreichen. Der Direktor setzt seine Ziele oder die seines Unternehmens erfolgreich durch.

Die Stärken: Zu seinen Stärken gehört seine Durchsetzungsfähigkeit. Er verliert seine Ziele nicht aus den Augen und kann klare, effektive Strategien entwerfen, um diese zu erreichen. Er ist vorausschauend, wägt die Konsequenzen seiner Entscheidungen ab und hat keine Mühe, sich aufgrund der vorliegenden Informationen rasch für eine Vorgehensweise zu entscheiden. Er ist entschlussfreudig, arbeitet schnell und meist unter Hochdruck. Von seiner Umgebung erwartet er das Gleiche.

Der Direktor gibt sich nicht mit mittelmäßiger Arbeit zufrieden. Deswegen ist er beruflich erfolgreich und gelangt oft bis in die höchsten Führungspositionen. Er ist auf den eigenen Vorteil bedacht und kann sich eloquent und taktisch klug durchsetzen.

Der Direktor kann gut delegieren und andere für seine Ziele einsetzen. Er erkennt schnell, wo die Stärken der anderen liegen und wie er sich diese zunutze machen kann.

Die Schwächen: Zu den Schwächen dieses Typs gehört, dass er auf die Bedürfnisse und Gefühle anderer Menschen nicht gerne eingeht. Rücksichtnahme und Einfühlungsvermögen – das sind nicht seine Stärken. Vor allem auf das Gefühlsleben anderer Menschen nimmt er wenig Rücksicht, weil ihm selbst Gefühle nicht wichtig sind.

Menschen mit wenig Selbstbewusstsein kann er nicht respektieren und auch ihre Bedürfnisse nicht ernst nehmen. Am liebsten meidet er den Kontakt mit ihnen. Andere empfinden ihn deshalb als verletzend und arrogant.

Der Direktor hat nicht gerne Vorgesetzte über sich. Hat er einen Chef, muss dieser sich ihm gegenüber deutlich positionieren und durchsetzen. Ansonsten wird der Direktor in Konkurrenz gehen und versuchen, seine eigenen Entscheidungen zu treffen.

Unter Stress gerät ein Direktor, wenn er sich zu viel auflädt und aufgrund des Zeitdrucks Fehler macht.

Die Motivation: Der Direktor ist an Macht, Ansehen und Geld interessiert. Führungspositionen, Titel, Symbole, die seine Macht demonstrieren, motivieren ihn für seine Arbeit. Ausschlaggebend ist aber die Entscheidungskompetenz, die ihm gewährt wird. Je mehr er eigenständig entscheiden, seine eigenen Strategien entwickeln und diese in eigener Verantwortung umsetzen kann, desto engagierter geht er an die Arbeit.

Fazit: Der Direktor	
Ziele	Dominanz, Unabhängigkeit, Veränderung, Ergebnisse
Verhalten	schnell, entschlossen, scharfsinnig, unter Umständen rücksichtslos

Stärken	Führung, Ziele umsetzen, Herausforderungen annehmen, Risiken eingehen, delegieren, selbstsicher, mutig
Schwächen	ungeduldig, auf sich bezogen, konkurrierend

Stärken, Schwächen und Motivationsstruktur des Motivators

Auch der Motivator führt gerne andere Menschen. Aber nicht, indem er ihnen Anweisungen gibt, sondern indem er sie mitreißt. Denn er verfügt über große Beziehungsstärke.

Die Stärken: Sein Ziel ist es, andere Menschen zu gewinnen. Er hat seine Ziele oder die seines Unternehmens klar vor Augen und ist entschlossen und ehrgeizig, sie zu erreichen. Er ist aber kein Einzelkämpfer, sondern führt am liebsten ein Team – am besten aus hochklassigen Leuten – zu hervorragenden Ergebnissen. Er will seine eigenen Entscheidungen treffen, aber er bezieht dabei andere mit ein.

Der Motivator kann sehr gut auf andere Menschen eingehen. Er verfügt über eine große Intuition und besitzt die Fähigkeit, zuzuhören. Beides befähigt ihn, andere Menschen zu verstehen und rasch herauszufinden, wie er mit ihnen umgehen muss, um seine Ziele zu erreichen. Er ist sehr umgänglich und gewinnt leicht die Sympathien anderer Menschen. Muss er sich aber zwischen seinen Zielen und den Interessen anderer entscheiden, so wird er zugunsten seiner Ziele handeln.

Der Motivator ist sehr eloquent und kann andere hervorragend überzeugen. Er hat eine ungemein positive Ausstrahlung, die sich auf andere überträgt. Er möchte gerne von anderen gemocht werden und vermeidet deshalb unpopuläre Maßnahmen.

Die Schwächen: Der Motivator ist gelegentlich zu optimistisch und verkennt darüber die Realität. Er muss dann feststellen, dass seine optimistischen Prognosen bei genauer Analyse der Wirklichkeit nicht standhalten. Mit Details gibt er sich nicht gerne ab, und aus dieser Oberflächlichkeit heraus können ihm Fehler unterlaufen.

Menschen, die sehr sachlich sind und ihre Gefühle nicht äußern, langweilen ihn. Es fällt ihm schwer, bei der Sache zu bleiben. Leicht passiert es auch, dass er zu viel redet und auf die anderen Menschen nicht mehr eingeht.

Unter Stress gerät der Motivator, wenn er merkt, dass andere seine Bedeutung nicht anerkennen.

Die Motivation: Ein Motivator braucht viel Abwechslung und immer wieder neue Projekte. Außerdem braucht er Menschen um sich herum, die er für seine Ideen und Pläne gewinnen kann. Führungspositionen, Macht und Einfluss motivieren ihn, aber nur, wenn sie nicht verhindern, dass er in Kontakt mit anderen Menschen kommt.

Fazit: Der Motivator	
Ziele	Macht, Anerkennung, Ergebnisse mithilfe von anderen erzielen
Verhalten	überzeugen, mitreißen, motivieren, reden
Stärken	Optimismus, Beziehungs- und Kontaktstärke, Begeisterungsfähigkeit, gute Laune
Schwächen	vertrauensselig, zu optimistisch, geltungssüchtig, oberflächlich

Stärken, Schwächen und Motivationsstruktur des Inspirators

Dieser Typus ist ein lebhafter, meist gut gelaunter Mensch voller Ideen, Plänen und Einfällen. Er sprüht vor Energie und liebt es, vor vielen Menschen aufzutreten und zu reden.

Die Stärken: Mit seiner Redegewandtheit nimmt der Inspirator andere für seine Ideen und für sich selbst ein. Er ist umgänglich, freundlich und humorvoll. Er kann seine Zuhörer fesseln und unterhalten und sie mit seinem Charme und Witz fesseln. Er steht gerne im Rampenlicht – je mehr Zuhörer, desto besser. Lampenfieber oder Selbstzweifel kennt er nicht, er ist voller Optimismus und geht grundsätzlich davon aus, dass er andere für sich einnehmen kann.

Der Inspirator ist kreativ. Da er unstrukturiert denkt, kann er Querverbindungen herstellen und Einfälle entwickeln, auf die andere nicht kämen. Wenn er sich inspiriert fühlt, kann er einmalige Ideen kreieren oder Visionen malen. Er sieht nicht die Probleme, sondern stets die Chancen und Möglichkeiten.

Die Schwächen: Die Umsetzung der Ideen ist nicht die Sache des Inspirators. So schnell er sich für etwas begeistert, so schnell ist er auch wieder bei der nächsten Sache. Er ist sprunghaft und verzettelt sich in seinen vielen Aktivitäten. So verpuffen viele seiner guten Ideen.

Sein Optimismus verleitet ihn, die Realität manchmal zu rosig zu sehen und die Tragweite von auftauchenden Schwierigkeiten zu unterschätzen. Da er sich nicht intensiv mit den Dingen auseinandersetzt, übersieht er vieles und kratzt oft nur an der Oberfläche.

Der Inspirator möchte immer wieder neue Menschen kennenlernen, auf intensive, tiefgehende Freundschaften legt er keinen Wert.

Er ist unzuverlässig, legt sich nicht gerne fest und kommt zu Verabredungen und Meetings meist unpünktlich.

Die Motivation: Einen Inspirator motivieren neue Projekte, neue Bekanntschaften, neue Ideen. Er verfügt gerne über einen Freiraum, in dem er seine Zeit selbst einteilen kann. Die Möglichkeit, sich zu inszenieren und einen großen Auftritt hinzulegen, spornt ihn zu Höchstleistungen an.

Fazit: Der Inspirator	
Ziele	Popularität, Bestätigung, Ideen anregen
Verhalten	spontan, begeisternd, sprunghaft, eloquent
Stärken	Redegewandtheit, Begeisterungsfähigkeit, Kontaktstärke, Humor
Schwächen	oberflächlich, unzuverlässig, unorganisiert

Stärken, Schwächen und Motivationsstruktur des Beraters

Bei ihm handelt es sich um einen Familienmenschen. Der Job ist für ihn bei Weitem nicht alles. Er ist sehr warmherzig und anderen Menschen zugewandt.

Die Stärken: Er verfügt über eine große Beziehungsstärke. Er kommt ebenfalls leicht in Kontakt mit anderen, ist aber wirklich an ihnen interessiert, hört zu und versucht, sie und ihre Anliegen genau zu verstehen. Dadurch baut er intensive Kontakte auf.

Er hilft anderen gerne und versucht, Lösungen zu finden, die genau auf ihre Situation passen. Er hat die Kompetenz und Geduld, Strukturen und Strategien zu entwickeln, mit denen er Aufgaben lösen kann.

Der Berater ist ein guter Teamarbeiter, der sich die Ziele des Teams zu eigen macht und sich intensiv dafür einsetzt. Er fügt sich gerne ein und ist absolut loyal. Zudem erledigt er seine Aufgaben gewissenhaft und setzt sich für ein gutes Arbeitsklima ein.

Die Schwächen: Der Berater übernimmt nicht gerne die letzte Verantwortung. Er wünscht sich eine Führungskraft, die die großen Leitlinien bestimmt, denen er sich gerne unterwirft. Muss er zu selbstständig arbeiten, wird er unsicher.

Ist er von Menschen persönlich enttäuscht, dann vergisst er das nie und ist über lange Zeit sehr nachtragend. Dieses „Elefantengedächtnis“ kann seine Arbeitsleistung erheblich beeinflussen. Er stellt seine eigenen Interessen gegenüber den Interessen anderer zurück und ist dabei oft zu nachgiebig.

Die Motivation: Er braucht ein harmonisches Umfeld, um sich auf seine Arbeit konzentrieren zu können. Außerdem benötigt er Stabilität und genügend Vorbereitungszeit auf Veränderungen. Er ist kein Arbeitstier, der bis spät in den Abend im Büro sitzt. Findet er zu wenig Zeit für seine Familie oder Freude, dann verliert er die Lust an der Arbeit.

Fazit: Der Berater	
Ziele	Fürsorge, Unterstützung geben, Harmonie, Stabilität, Ideen umsetzen
Verhalten	emphatisch, zuhören, nachfragen, nach Gemeinsamkeiten suchen
Stärken	tolerant, zuverlässig, loyal, verständnisvoll
Schwächen	vermeidet Entscheidungen, zögerlich, zu sehr auf Personen fixiert

Stärken, Schwächen und Motivationsstruktur des Unterstützers

Der Unterstützer ist ein beständiger Mensch, der zuverlässig und loyal seine Arbeit leistet. Er braucht Zeit, bis er mit anderen Menschen in Kontakt kommt, ist dann aber bereit, sich selbstlos und engagiert für sie einzusetzen.

Die Stärken: Auf den ersten Blick wirkt dieser Typus reserviert und misstrauisch. Er schaut sich andere Menschen erst einmal genau an, ehe er mit ihnen in Kontakt tritt. Er kann aber sehr enge Beziehungen zu einer kleinen Gruppe von Menschen entwickeln, zu denen er Vertrauen gefasst hat. Deshalb ist er ein hervorragender Teamarbeiter, dem die Ziele des Teams mehr am Herzen liegen als seine eigenen.

Typisch für ihn ist, dass er ein Spezialgebiet hat, in das er sich über Jahre mit großer Geduld und Interesse eingearbeitet hat. Er hat starke Überzeugungen. Er setzt sich enorm für eine Sache ein, die dieser entspricht.

Die Schwächen: Der Unterstützer beschränkt sich lieber auf einen kleinen Kreis von Menschen, die er gut kennt. Reden vor großem Publikum, Verhandlungen mit bisher unbekannten Geschäftspartnern oder Messeauftritte liegen ihm nicht.

Mit Veränderungen kommt der Unterstützer überhaupt nicht klar, er braucht viel Zeit, um sich darauf einzustellen. Gehen sie ihm zu schnell voran, reagiert er mit Sturheit.

Die Motivation: Einen Unterstützer motivieren Routine, Überschaubarkeit und Ruhe. Er setzt sich für alles vehement ein, was seinen Werten und Überzeugungen entspricht.

Fazit: Der Unterstützer	
Ziele	Stabilität, Pläne umsetzen
Verhalten	beständig, ruhig, hilfsbereit
Stärken	Umsetzung, großer Einsatz, Selbstlosigkeit
Schwächen	angepasst, unterwürfig

Stärken, Schwächen und Motivationsstruktur des Koordinators

Er stellt hohe Ansprüche an seine Arbeit und seine Umgebung, aber auch an sich selbst. Er macht Wertarbeit – und das braucht seine Zeit.

Die Stärken: Er geht mit viel Disziplin und Sorgfalt an die Arbeit, die er präzise und strukturiert ausführt. Selten finden andere Fehler in seiner Arbeit, da er sie so lange überprüft, bis sie einwandfrei ist. Er tüftelt gerne und sucht nach Lösungen für komplexe Probleme.

Doch er verliert sich nicht völlig in der Sacharbeit. Er ist durchaus interessiert an Kontakten zu Menschen – aber nur wenigen. Für sie setzt er sich mit hohem Engagement ein. Er ist sehr hilfsbereit und zuverlässig. Kritik und Einwände bringt er diplomatisch vor, um andere nicht zu verletzen.

Die Schwächen: Für seine Arbeit braucht der Koordinator Zeit. Er läuft oft Gefahr, sich in Details zu verlieren und kann unter Druck nicht mehr unterscheiden, was wirklich wichtig ist. Wird er mit Stress oder Chaos konfrontiert, reagiert er nervös.

Der Koordinator kommt nur selten in Kontakt mit Leuten, die er nicht kennt, und wirkt dann abweisend und unnahbar. Er hat Angst, von anderen ausgenutzt zu werden, und muss dieses Misstrauen erst langsam überwinden. Über seine unmittelbare Projektarbeit hinaus übernimmt er nicht gerne Verantwortung.

Die Motivation: Der Koordinator braucht ein stabiles Umfeld, das wenig Veränderungen mit sich bringt. Anspruchsvolle Aufgaben, bei denen er sein Expertenwissen einbringen kann, motivieren ihn ebenso wie die Aussicht, genügend Zeit dafür zu haben.

Fazit: Der Koordinator	
Ziele	Sicherheit, Präzision, Umsetzung
Verhalten	nachdenklich, präzise, genau
Stärken	Zuverlässigkeit, Genauigkeit, konzeptuelle Stärke, Loyalität
Schwächen	misstrauisch, reserviert

Stärken, Schwächen und Motivationsstruktur des Beobachters

Dieser Typus ist ein Denker und Analytiker, der fast ausschließlich an der Sache und so gut wie gar nicht an anderen Menschen interessiert ist.

Die Stärken: Der Beobachter ist ein Experte, der gerne komplizierte Probleme löst, Untersuchungen durchführt oder Analysen erstellt. Mit Geduld und Akribie versenkt er sich in seine Arbeit und ist froh, wenn ihn keiner dabei stört. Seine Arbeit ist sehr anspruchsvoll und herausfordernd. Er legt hohe Maßstäbe an ihre Qualität – und auch an sich selbst.

Der Beobachter hat die Fähigkeit, den Überblick über das Gesamte zu bewahren und eine Gesamtschau zu liefern. Damit ermöglicht er es anderen, Orientierung zu finden und ihren Beitrag zum Gesamten zu erkennen. Er ist sehr scharfsinnig, zieht schnell logische Schlussfolgerungen und betrachtet Probleme aus unterschiedlichen Perspektiven.

Trotz seiner überwiegend sehr rationalen Herangehensweise verfügt er über Intuition.

Die Schwächen: Der Beobachter hat im Grunde kein Interesse an anderen Menschen – das gilt aber nicht für seine engste Familie. Bei anderen Menschen beeindrucken ihn Wissen und Verstand. Für Plausch und Small Talk ist er nicht zu haben.

Allem Neuen gegenüber ist der Beobachter skeptisch. Er braucht Zeit, sich durch intensive Analyse von dessen Nutzen zu überzeugen. Deshalb sträubt er sich auch gegen Veränderungen, deren Sinn er nicht nachvollziehen kann.

Mit Fehlern kann der Beobachter nur schlecht umgehen. Er trachtet danach, sie zu vermeiden, aber unterlaufen sie ihm doch, wird er versuchen, sie anderen anzuhängen.

Die Motivation: Den Beobachter motivieren Herausforderungen und die Möglichkeit, sein Wissen zu erweitern und sich intensiv mit einem Problem zu befassen.

Fazit: Der Beobachter	
Ziele	Gesamtschau, Vorhersehbarkeit
Verhalten	genau, analysierend
Stärken	analytisches Denken, Strategien, Intuition, Zuverlässigkeit
Schwächen	kühl, reserviert

Stärken, Schwächen und Motivationsstruktur des Reformers

Der Reformer ist ebenfalls ein Denker. Er schließt den Kreis zum Direktor und verfügt wie dieser über einen großen Ehrgeiz und den Willen, immer der Erste zu sein.

Die Stärken: Der Reformer will Ergebnisse sehen – und die sollen möglichst erstklassig sein. Bei ihm paaren sich Perfektionismus mit Entscheidungsstärke und Wettbewerbsdenken. Er kennt seine Ziele und verliert sich nicht im Detail. Oft präsentiert er geradezu brillante Lösungen.

Der Reformer ist sehr gut organisiert und strukturiert. Er geht entschlossen an seine Projekte und ist sehr wettbewerbsorientiert. Er kann schnell und scharfsinnig denken und sich hundertprozentig auf das konzentrieren, was er gerade macht.

Gegenüber Neuerungen und Innovationen ist er aufgeschlossen, wenn sie ihm ermöglichen, seine Arbeit zu verbessern.

Die Schwächen: Sein Anspruch, gleichzeitig perfekt und der Erste am Markt zu sein, gleicht manchmal der Quadratur des Kreises. Es frustriert den Reformer, dass er nicht alles bedenken und im Voraus planen kann. Wenn er die Konsequenzen nicht absehen kann, dann hemmt ihn dies in seinen Entscheidungen. Risiken geht er nicht gerne ein.

Der Umgang mit Menschen ist nicht seine Stärke. Er ist am Erfolg interessiert und stellt die Sache in den Vordergrund. Dabei vergisst er leicht, dass er seine Mitarbeiter motivieren muss.

Die Motivation: Der Reformer wird durch Siege und Erfolge motiviert. Wenn es ihm tatsächlich gelingt, ein erstklassiges Produkt als Erster auf den Markt zu bringen, ist das die größte Motivation für seine Arbeit.

Fazit: Der Reformer	
Ziele	Erstklassigkeit, Ergebnisse neue Ideen
Verhalten	analysierend, entscheidend
Stärken	Herausforderungen, Sorgfalt, Beständigkeit
Schwächen	Zweifel, Pessimismus, autoritäres Auftreten

Übung: Welcher Typ sind Sie?

Lesen Sie sich die einzelnen Typen aufmerksam durch und schreiben Sie auf, was von welchem Typ für Sie charakteristisch ist. Bedenken Sie dabei: Meistens haben wir Anteile von verschiedenen Typen. Mit Sicherheit aber können Sie eine Hauptausprägung feststellen.

Wenn Sie eine genaue Standortbestimmung Ihres Verhaltens haben möchten, dann ist eine ausführliche Analyse mithilfe eines computergestützten Tests empfehlenswert. Dieser Test gibt Ihnen eine individuelle Antwort darauf, welche Verhaltensstrategien Sie bevorzugen. Es gibt 384 verschiedene Kombinationen und 60 Positionen auf dem Success-INSIGHTS®-Rad und 19.200 individuelle Textvarianten. Einen Eindruck vom Leadership-Kompetenz-Check bietet Ihnen ein kostenloser Minicheck, den Sie auf der Homepage www.talent-check.definden.

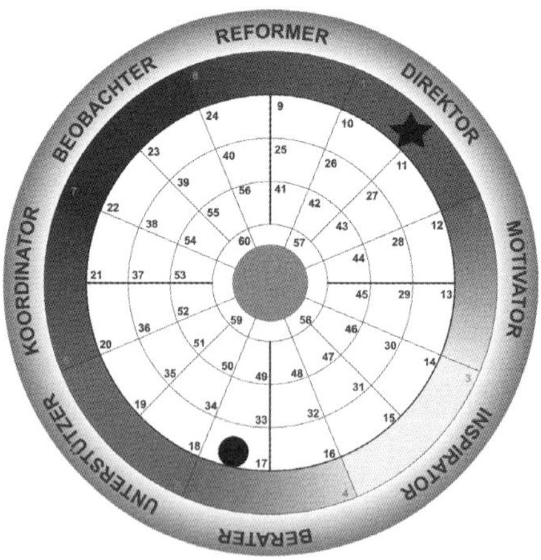

Quelle: INSIGHTS MDI International® Deutschland GmbH

9. Kapitel: Welche Berufe passen zu Ihren Verhaltenspräferenzen am besten?

Können Sie schon einschätzen, zu welchem der acht Haupttypen Sie gehören? Dann werden Sie akzeptieren, dass der analytische Beobachter sich in einem Beruf, in dem es zu zahlreichen sozialen Kontakten kommt, einfach nicht wohlfühlen wird.

Die folgende Übersicht zeigt, welche Berufe und Tätigkeiten zu den Stärken und Verhaltensweisen der einzelnen Typen passen. Wenn Sie wissen, welcher Typ Sie sind, erhalten Sie hier Anregungen, um vielleicht Änderungen vorzunehmen. Und wenn Sie Personalverantwortung tragen: Der „Megatrend Mensch®" macht es notwendig, dass möglichst viele Menschen an dem Arbeitsplatz tätig sind, der zu Ihnen passt!

Der Direktor: Berufe mit Verantwortung und Gestaltungsoptionen

Der Direktor braucht eine Tätigkeit, in der er

- Entscheidungen treffen, Strategien entwickeln und schnelle Ergebnisse erzielen,
- sich Herausforderungen stellen,
- Projekte planen, managen und überwachen,
- Regeln setzen oder auf deren Einhaltung achten,
- verhandeln, präsentieren, überzeugen,
- andere führen, Arbeiten delegieren, Teams anleiten,
- Detailarbeit vermeiden und delegieren sowie
- sich profilieren und von anderen abheben kann.

Geeignete Berufe für Direktoren	
Führungspositionen in allen Branchen, selbstständiger Unternehmer	Möglichkeit der Gestaltung, Einflussnahme und Prestige
Unternehmensberater, Key-Account-Manager, Venture Capitalist, Controller	Hohe Verantwortung für Budget, wirtschaftlichen Erfolg, wichtige Kunden oder Geschäftsbericht. Nähe zur Unternehmensleitung
Banker, Fondmanager, Analyst	Große Verantwortung für hohe Summen, persönliche Entscheidungen
Richter, Notar, Rechtsanwalt, Arzt (Oberarzt, Chirurg), Professor, IT-Trainer, Offizier, Immobilienmakler	Berufe mit großem sozialen Prestige, Verantwortung, Herausforderungen und hohen Verdienstmöglichkeiten

Der Motivator: Berufe mit Kreativität und Eigenverantwortung

Der Motivator braucht eine Tätigkeit, in der er

- andere Menschen zu etwas bewegen,
- andere von etwas überzeugen, Verhandlungen führen, Veranstaltungen leiten,
- Ergebnisse erzielen,
- Routine und starre Strukturen vermeiden, Abwechslung haben,
- rasch handeln, seine Flexibilität und Spontaneität einsetzen, sich schnell an neue Gegebenheiten anpassen,
- Kontakt mit vielen (prominenten) Menschen pflegen sowie
- Spaß und Freiraum haben kann.

Geeignete Berufe für Motivatoren	
Medien- und Filmbranche, Unterhaltungskünstler, Moderator, Regisseur, Produzent, Künstler	Umgang mit kreativen, extravertierten Menschen, schnelle Ergebnisse, rasches und spontanes Handeln, guter Verdienst
Key Account Manager, Pressesprecher, Marketingleiter, Leiter der Öffentlichkeitsarbeit, Art Director, Modedesigner, Hotelmanagement, Designer, Eventmanager	Umgang mit „wichtigen" Leuten, verantwortlich für Außendarstellung, Kreativität, spontanes Handeln, Abwechslung, Selbstdarstellung, Nervenkitzel
Venture Capitalist, Aktienhändler, Börsenmakler,	Umgang mit viel Geld, hohe Verantwortung, eigene Entscheidungen
Mediator, Verhandlungsführer, Politiker, Trainer	Andere überzeugen und mitreißen, Selbstdarstellung, hohes Prestige
Notarzt, Rettungsdienst, Inspektor, Ermittler, Agent	Spontanes Handeln, schnelle Entscheidungen, ständig neue Situationen

Der Inspirator: Berufe mit Veränderung und Unabhängigkeit

Der Inspirator braucht eine Tätigkeit, in der er

- Umgang mit vielen, verschiedenen Menschen pflegen,
- kreativ sein und Ideen entwickeln, andere inspirieren und anregen,
- Neues ausprobieren, Veränderungen bewirken,
- unabhängig agieren und dennoch an ein Team angebunden sein,
- sich mit der Zukunft befassen, an progressive Ideen oder Projekten arbeiten,

- über persönliche Freiräume verfügen sowie
- ein schnelles Tempo gehen kann.

Geeignete Berufe für Inspiratoren	
Medien- und Kommunikationsbranche, künstlerische Berufe, Berufe in der Öffentlichkeitsarbeit und Werbung	Möglichkeit, sich selbst darzustellen, zu reden, Ideen zu entwickeln, viel Abwechslung
Verkäufer (von innovativen oder Prestigeprodukten), Rechtsanwalt, Marketingleiter	Überzeugen, viel Kontakt mit Menschen, kreativ
Trainer, Redner, Entertainer, Animateur, Farb- und Stilberater	Kontakt mit vielen Menschen, inspirieren, mitreißen
Luft- und Raumfahrtbranche, Systementwickler, Spieleerfinder, Architekt, Fundraiser	Ausgefallen, zukunftsorientiert, kreativ

Der Berater: Berufe mit Beziehungsaufbau und Sinnstiftung

Der Berater braucht eine Tätigkeit, in der er

- Menschen beraten, unterstützen, ihnen helfen,
- Beziehungen zu anderen Menschen aufbauen,
- seine Gefühle einbringen und zeigen,
- etwas Nützliches, Sinnstiftendes bewirken,
- Gruppen oder Teams koordinieren oder leiten,
- anderen etwas verkaufen sowie
- seine Überzeugungen einbringen kann.

Geeignete Berufe für Berater	
Lehrer, Sozialarbeiter, heilende Berufe, Verkäufer von Produkten, die Menschen helfen	Helfen, unterstützen, beraten, Kontakt mit anderen Menschen, Beziehungsaufbau
Personalberater, Trainer, Coach, Supervisor, Psychologe, Psychiater, Eheberater	Wie oben
Office Manager, Sekretärin, Account-Manager, Kundenberater, Rechtsanwalt, Flugbegleiter	Koordinieren, Menschen zusammenführen und unterstützen.

Der Unterstützer: Berufe mit Menschenkontakt und harmonischem Umfeld

Der Unterstützer braucht eine Tätigkeit, in der er

- im Hintergrund wirken, wenig Kundenkontakt haben,
- ein stabiles und harmonisches Umfeld haben und in ein Team integriert sein,
- etwas Nützliches und Sinnvolles bewirken,
- seine Überzeugungen einbringen,
- wenig reden, mehr zuhören sowie
- andere unterstützen und zu ihrem Erfolg beitragen kann.

Geeignete Berufe für Unterstützer	
Versicherungsmakler, Immobilienmakler, Psychologe, Therapeut	Langfristige Kundenkontakte, Expertenwissen erforderlich, Vertrauen als Grundlage
Biologe, Chemiker, Koch, Ingenieur	Beitrag zu „großem Ganzen", Teamarbeit, Expertenwissen

Steuerfachangestellter, Rechtsanwalts-, Notargehilfe	Geregelte Abläufe, Arbeit im Hintergrund
Arbeit im Umweltschutz, Non-Profit-Organisationen, mit Kindern, mit Randgruppen	Überzeugungen, Engagement für andere

Der Koordinator: Berufe mit Planung und Systematik

Der Koordinator braucht eine Tätigkeit, in der er

- Abläufe und Prozesse bis ins Detail managen und optimieren,
- sich nach klaren Regeln und Abläufen richten,
- systematisch nach einem Plan vorgehen,
- in einem fest umrissenen Wissensgebiet arbeiten,
- Umgang mit wenigen, ihm bekannten Menschen pflegen,
- im Hintergrund arbeiten, öffentliche Auftritte meiden,
- etwas umsetzen und erledigen,
- sich auf Veränderungen und Neuerungen frühzeitig vorbereiten sowie
- Entscheidungen mit anderen abstimmen oder anderen überlassen kann.

Geeignete Berufe für Koordinatoren	
Sachbearbeiter in Verwaltung, Buchhaltung, Steuer- und Recht	Fachliche Arbeit, Spezialgebiet, genaues Arbeiten
Anwalt mit Spezialgebiet, Ingenieur, Handwerker, EDV-Spezialist, Analyst, Pilot	Qualitätsarbeit, Fachwissen, überschaubarer Kontakt mit Menschen

Technischer Assistent, Sekretärin	Zuverlässige Zuarbeit, Arbeit nach klaren Vorgaben
Tätigkeiten in der Datenverarbeitung, Recherche,	Systematisieren und Aufbereiten von Informationen

Der Beobachter: Berufe mit Zahlen, Daten, Fakten

Der Beobachter braucht eine Tätigkeit, in der er

- logisches, systematisches Denken anwenden,
- Prozesse optimieren
- Informationen recherchieren, analysieren und verarbeiten,
- forschen, beobachten und analysieren,
- sich die Zeit selbst einteilen, über genügend Zeit verfügen,
- qualitativ hochwertige Lösungen für Probleme finden,
- im Hintergrund arbeiten, seine Person heraushalten sowie
- Verantwortung für Zeitpläne, Budget oder andere Menschen vermeiden kann.

Geeignete Berufe für Beobachter	
Richter, Anwalt, Forscher, Wissenschaftler, Facharzt	Urteile aufgrund exakter Analyse
Programmierer, EDV-Entwickler, Ingenieur, F&E-Techniker, Mathematiker	Prozesse optimieren und entwickeln, Wissen erweitern
Konstrukteur, Bauingenieur, Architekt	Spezialistenwissen

Der Reformer: Berufe mit komplexen Fragestellungen und Lösungen

Der Reformer braucht eine Tätigkeit, in der er

- neue Methoden oder Anwendungsmöglichkeiten ersinnen und ausprobieren,
- selbst dazulernen und sein Wissen erweitern,
- komplexe Probleme oder Fragestellungen bearbeiten,
- qualitativ hochwertige Arbeit verrichten,
- sich mit intellektuellen Herausforderungen beschäftigen,
- Probleme von verschiedenen Perspektiven beleuchten,
- etwas umsetzen und Ergebnisse erreichen sowie
- mit einer begrenzten Anzahl von Menschen in Kontakt treten kann.

Geeignete Berufe für Reformer	
Architekt, Künstler, Designer, Schriftsteller, Publizist	Suche nach neuen Ausdrucksformen, Ergebnis sichtbar.
Physiker, Ingenieur, Psychologe, Anwalt	Durchdringung der Materie, neue Anwendungen
Unternehmensberater, Organisationsentwickler, Professor, Trainer, EDV-Spezialist, Marketing-Experte, Finanzplaner	Weiterentwicklung nach gründlichem Nachdenken

10. Kapitel: So können Sie Ihre Verhaltensstärken zuverlässig erkennen und einschätzen

In Deutschland wird zu häufig diskutiert, ob jemand in seinem Beruf eher Fachwissen benötigt oder die sogenannten Soft Skills, die personalen, sozialen und emotionalen Kompetenzen. Der ganzheitliche Ansatz des „Megatrend Mensch®" besagt: Es gibt kein Entweder-oder, sondern ein Sowohl-als-auch. Beispiel Verkauf: Ein Verkäufer mit enormer Fachkompetenz, dem es jedoch nicht möglich ist, eine Beziehung zum Kunden aufzubauen, wird genauso scheitern wie ein Beziehungsmanager, dem die fachliche Ausbildung und die Branchenkenntnisse fehlen.

Soft Skills und Kompetenz ganzheitlich ausbilden

Fakt ist: In Schule und Ausbildung wird immer noch zu großer Wert auf die Fachkompetenz gelegt. Die Praxis jedoch zeigt, dass zum Beispiel ein Bewerber möglichst viele der Soft Skills besitzen sollte, die in seiner Position benötigt werden. Wie also können Sie herausfinden, welche Soft Skills *und* heute geforderte Managementkompetenzen im Einzelnen zu Ihren Stärken gehören?

Eine Studie von Egon Zehnder unter Managern verschiedener Kulturkreise im Buch *Great People Decisions* von Claudio Fernandez Araoz zeigt eindrucksvoll, wie wichtig Soft Skills im Vergleich zu den Hard Skills sind: Ein hoher IQ alleine macht nicht unbedingt einen erfolgreichen Manager aus, beweist die Quote von über 60 Prozent an Fehlschlägen bei Managern mit ausgeprägten intellektuellen Fähigkeiten. Auch Erfahrung alleine ist nicht unbedingt ein Erfolgsgarant, wie über 70 Prozent erfahrene Manager mit wenig oder keinem Erfolg beweisen. Dass hingegen im Schnitt die Manager mit einem hohen EQ in der Umfrage am erfolgreichsten abgeschnitten haben, bestätigt die Bedeutung der Soft Skills als Erfolgsfaktor.

Am faszinierendsten ist, dass diese Ergebnisse sich weltweit zu bestätigen scheinen – über sehr unterschiedliche Kulturen hinweg. Für die USA liegen bereits viele Umfragen vor, die die Bedeutung der emotionalen Kompetenzen betonen. Die im Buch zitierte Vergleichsstudie in Latein Amerika, Deutschland und Japan zeigt, dass auch in diesen extrem unterschiedlichen Kulturen das Primat der Soft Skills gilt. Es zeigt sich, dass die Kombination aus langjähriger (Berufs-)Erfahrung plus Emotionaler Intelligenz der wichtigste Kompetenzfaktor erfolgreicher (Top-)Führungskräfte ist, während die Kombination aus Erfahrung und hohem IQ-Level – bei gering ausgeprägter emotionaler Intelligenz – eher zu Misserfolgen im unternehmerischen Umfeld führt.

Im Folgenden finden Sie 38 Kompetenzfelder, die gemäß Studien für Unternehmen für berufliche Herausforderungen besonders wichtig sind, natürlich nicht alle in allen Jobs gleichermaßen. Im Normalfall umfasst eine Job ca. 10 bis 12 Kompetenzen, die für eine erfolgreiche Durchführung relevant sind. Die Frage ist, ob Sie die Kompetenzen, die Sie sicher beherrschen, in Ihrem gegenwärtigen Job tatsächlich einsetzen können.

Die ersten neun Kompetenzen betreffen den Denkstil, Nummer 10 bis 21 den Arbeitsstil und die Kompetenzen 22 bis 38 den Beziehungsstil.

1. **Visionskraft** bedeutet, langfristige Ziele zu erkennen und die Einführung unterschiedlicher oder alternativer Ideen zu gestalten.

2. **Innovationskraft** meint, neuartige und kreative Lösungen für Probleme zu entwickeln, die etwa in verbesserter Leistung, besseren Ergebnissen oder höherer Produktivität resultieren.

3. **Systematisches Problemlöseverhalten** bedeutet, schwierige Probleme durch umsichtige und systematische Bewertung von Informationen, möglichen Alternativen und Konsequenzen zu lösen.

4. **Entscheidungsstärke** besagt, gute Entscheidungen souverän und unter optimalem Zeitaufwand zu treffen.
5. **Veränderungsinitiative** heißt, Maßnahmen zu ergreifen, um Veränderungsinitiativen effektiv zu unterstützen und einzuführen.
6. **Anpassung an Veränderungen** meint, sich an veränderte Situationen, Umstrukturierungen und Prioritäten entsprechend den Veränderungen im Beruf und des Unternehmens anzupassen.
7. **Zivilcourage** besagt, den Mut zu haben, schwierige Themen auch dann anzugehen, wenn Widerstand erwartet werden kann.
8. **Unternehmerisches Denken & Handeln** meint, ein Grundverständnis für Geschäftsstrategien und finanzielle Konzepte zu haben, die Geschäftsvorgänge des Unternehmens zu verstehen und sowohl dieses Grundverständnis als auch das spezielle Wissen zu nutzen, um effektiv zu arbeiten.
9. **Fachkenntnis** heißt, die Kenntnisse, das Wissen und die Fähigkeiten zu besitzen, die notwendig sind, um in speziellen Fachthemen effektiv zu sein.
10. **Planungs- und Organisationsfähigkeit** meint, die Arbeit effektiv nach den organisatorischen Bedürfnissen, die sich durch die Definition der Unternehmensziele, durch planerische Weitsicht und Prioritätenfestlegung ergeben, zu organisieren und zu planen.
11. **Ergebnisorientiertes Handeln** besagt, sowohl von sich als auch vom Unternehmen die Erreichung oder das Übertreffen vorher festgelegter Ziele einzufordern.
12. **Ergebnisse liefern** meint, einen hohen Grad an persönlichem Einsatz zu zeigen, um Aufgaben zu erledigen.
13. **Qualitätsorientierung** sagt aus, dass hohe Qualitätsstandards bei der Arbeit gefördert und durchgesetzt werden.

14. **Kontinuierliche Verbesserung** heißt, Möglichkeiten zu suchen, um aktuelle Prozesse, Systeme und Methoden zu verbessern und um die Verlässlichkeit, Qualität und Effektivität der Ergebnisse zu fördern.
15. **Grundsatzorientierung** bedeutet, dass für die Zielerreichung die Unternehmensrichtlinien und -regeln eingehalten werden.
16. **Sicherheits- und Risikobewusstsein** meint, dass die Wichtigkeit von Sicherheitsstrategien und -techniken erkannt wird und diese befolgt werden.
17. **Kundenorientierung** heißt, Kundenbedürfnisse vorauszusehen sowie Produkte und Dienstleistungen so zu entwickeln, zu fördern oder zu unterstützen, dass die die Erwartungen der Kunden übertroffen werden.
18. **Kundenservice** bedeutet, die Bedürfnisse der Kunden zu erkennen und zu verstehen und sie so zu erfüllen, dass die Erwartungen der Kunden wiederum übertroffen werden.
19. **Integrität** besagt, einen hohen Standard an Fairness und Ethik im täglichen Miteinander zu erhalten.
20. **Belastbarkeit** bedeutet, mit Problemen, Druck und Stress in der Arbeit in einer effektiven, professionellen und positiven Art umzugehen.
21. **Kontinuierliches Lernen** meint, ständig danach zu streben, das eigene Wissen und die Fertigkeiten durch Weiterbildung und Training zu erweitern und zu vertiefen – und auch andere zu motivieren, ihr Wissen und ihre Fertigkeiten für ihre Arbeit weiterzuentwickeln und zu vertiefen.
22. **Teamwork und Zusammenarbeit** heißt, selbst effektiv zu arbeiten und mit anderen effektiv zusammenzuarbeiten, um ein gemeinsames Ziel zu erreichen.
23. **Überzeugungskraft und Einflussnahm**e meint, andere zu überzeugen eine bestimmte Vorgehensweise zu akzeptieren.

24. **Verkäuferische Überzeugungskraft** bedeutet, andere davon zu überzeugen, ein Produkt oder eine Dienstleistung zu kaufen.

25. **Zielorientierte Führung** besagt, andere zu führen und zu motivieren, um die Unternehmensziele und Zielsetzungen zu erreichen.

26. **Teamführung** bedeutet, andere zu führen, um Teamziele und -Zielsetzungen zu erreichen.

27. **Mitarbeiterentwicklung** meint, andere zu beraten, zu unterstützen, ihnen Feedback zu geben und als Mentor zur Seite zu stehen, um ihre berufliche Entwicklung zu fördern und ihr langfristiges Karrierewachstum zu sichern.

28. **Motivationskraft** heißt, mit der eigenen starken Begeisterung und tiefen Leidenschaft einen Job gut auszuüben, auch andere zu Höchstleistungen anzuspornen.

29. **Unternehmenspolitik** meint, die politischen Zusammenhänge im Unternehmen zu erkennen und zu verstehen und mit den organisationalen Dynamiken umgehen zu können, um die eigenen Ziele zu erreichen.

30. **Beziehungsmanagement** bedeutet, positive Beziehungen mit Menschen außerhalb ihres direkten Arbeitsumfeldes aufzubauen und zu pflegen.

31. **Verhandlungsführung** heißt, die Bedürfnisse und die Motive von beiden involvierten Parteien zu erkennen und eine Win-win-Situation für beide Parteien zu erzielen.

32. **Konfliktmanagement** meint, für Konflikte und für heikle Themen optimale Lösungen zu finden.

33. **Kommunikationsstärke** besagt, klar und effektiv mit Menschen innerhalb und außerhalb des Unternehmens kommunizieren zu können.

34. **Schriftliche Kommunikation** bedeutet, die Fähigkeit in klarer und eindeutiger Weise schriftlich kommunizieren zu können.

35. **Präsentationsfähigkeit** meint, die Kompetenz zu besitzen, in einem formalen Umfeld effektiv mit den Zuhörern zu kommunizieren.

36. **Besprechungen und Meetings leiten** bedeutet, die Fähigkeit zu besitzen, Besprechungen und Meetings effizient und effektiv zu leiten und ein produktives Ergebnis zu erzielen.

37. **Aktive Teilnahme an Meetings** meint, an Meetings konstruktiv und aktiv teilzunehmen.

38. **Kulturelles Verständnis** drückt aus, die Fähigkeiten zu besitzen, sensibel mit individuellen Unterschieden umzugehen, den Willen und die Bereitschaft zu haben, diese zu verstehen und zu akzeptieren, und alle Menschen gleich zu behandeln, unabhängig von Geschlecht, Rasse, Glaube, Herkunft, Status oder Position.

Übung:
Selbsteinschätzung – welche Kompetenzen beherrschen Sie?

Entscheiden Sie, wie viele Punkte Sie sich auf einer Skala von 0 bis 10 geben würden: 0 = noch keine Beherrschung; 10 = volle Beherrschung:

	Kompetenz	Punkte
1	Visionskraft	
2	Innovationskraft	
3	Systematisches Problemlöseverhalten	
4	Entscheidungsstärke	
5	Veränderungsinitiative	
6	Anpassung an Veränderungen	

7	Zivilcourage	
8	Unternehmerisches Denken & Handeln	
9	Fachkenntnis	
10	Planungs- und Organisationsfähigkeit	
11	Ergebnisorientiertes Handeln	
12	Ergebnisse liefern	
13	Qualitätsorientierung	
14	Kontinuierliche Verbesserung	
15	Grundsatzorientierung	
16	Sicherheits- und Risikobewusstsein	
17	Kundenorientierung	
18	Kundenservice	
19	Integrität	
20	Belastbarkeit	
21	Kontinuierliches Lernen	
22	Teamwork und Zusammenarbeit	
23	Überzeugungskraft und Einflussnahme	
24	Verkäuferische Überzeugungskraft	
25	Zielorientierte Führung	
26	Teamführung	
27	Mitarbeiterentwicklung	
28	Motivationskraft	
29	Unternehmenspolitik	
30	Beziehungsmanagement	
31	Verhandlungsführung	
32	Konfliktmanagement	

33	Kommunikationsstärke	
34	Schriftliche Kommunikation	
35	Präsentationsfähigkeit	
36	Besprechungen und Meetings leiten	
37	Aktive Teilnahme an Meetings	
38	Kulturelles Verständnis	

Auswertung

- *Kompetenzen mit 7–10 Punkten:* Sie können davon ausgehen, dass Sie diese Kompetenzen sicher beherrschen. Beobachten Sie, wie häufig Sie diese in Ihrem aktuellen Job einsetzen können.
- *Kompetenzen mit 4–6 Punkten:* Diese Kompetenzen beherrschen Sie teilweise, aber nicht sicher und in allen Situationen. Lesen Sie die Beschreibungen nochmals durch und notieren Sie sich, über welche Aspekte Sie noch nicht sicher verfügen.
- *Kompetenzen mit 0–3 Punkten:* Diese Kompetenzen beherrschen Sie noch nicht. Und das muss kein Nachteil sein. Wenn Sie in Ihrem Beruf nicht erforderlich sind, dann verschwenden Sie nur Zeit und Energie, wenn Sie auch hier „perfekt“ sein wollten.

11. Kapitel: Das eigene Verhalten steuern und ändern

Die Motivation für das eigene Verhalten zu erkennen, ist das eine. Die Verhaltensänderung durchzuführen, das andere – und ungleich schwierigere. Wir alle wissen, wie aufwendig es zumeist ist, unser Verhalten zu ändern. Woran liegt das nur?

Verhaltensintelligenz entwickeln

Ein Blick in die Erfolgsliteratur zum positiven Denken zeigt, dass wir zur Verhaltensänderung lediglich ein klares Ziel und viel Motivation brauchen: „Ein klares Ziel ist aller Leistung Anfang“ heißt es dort.

Viele Menschen haben allerdings die leidvolle Erfahrung gemacht, dass klare Ziele und eine hohe Motivation allein nicht ausreichen, um Verhalten zu ändern. Auf der anderen Seite sind manche Menschen offensichtlich deutlich besser in der Lage als andere, sich regelmäßig so zu verhalten, wie sie es eigentlich wollen. Diese Fähigkeit, konstruktiv das eigene Verhalten steuern zu können, bezeichnen Wissenschaftler als Verhaltensintelligenz. Welches Wissen und welche Skills brauchen wir, um diese Fähigkeit zu entfalten?

Der Gehirnforscher Paul D. MacLean, dem wir die erste umfassende Landkarte über das Zusammenspiel unserer drei Gehirne verdanken, hat herausgearbeitet, dass unser Verhalten zu einem großen Teil von unserem Stammhirn gesteuert wird. Leider bekommen wir für dieses Gehirn in unserem Bildungssystem keine Bedienungsanleitung, sodass wir auf uns selbst zurückgeworfen sind, das entsprechende Wissen und die notwendigen Skills zusammenzutragen, wenn wir unsere Stärken stärken wollen:

Die Bedeutung unserer Erfahrungsmuster

Das Schlüsselwort, das die Organisation von Energie in unserem Stammhirn am besten charakterisiert, lautet „Muster". Muster sind – nach MacLean – organisierte Energie. Sie existieren, um unserer Energie eine erste Grundordnung zu geben und diese Grundordnung zu stabilisieren.

Neurowissenschaftler vermuten, dass Muster gerade wegen ihrer Funktion als Energie-Stabilisierer so schwer zu verändern sind – was auch erklären würde, warum Verhaltensänderung nicht so einfach ist, wie wir oft vermuten. Wir wissen heute auch, dass einmal konfigurierte Muster im Gehirn gespeichert bleiben. Sie werden nicht gelöscht und können nur durch neue Muster überlagert werden.

Unser Verhaltensgedächtnis codiert unsere Erfahrungen als Muster mit dem Ziel, sie in ähnlichen Kontexten wieder abrufen zu können. Zentrale Kontexte, nach denen wir unser Verhalten organisieren, sind beispielsweise die von Zeit und Raum:

- Kontexte der Zeit sind etwa „Zeit zum Arbeiten", „Zeit für mich", „Zeit für Weiterbildung" und „Zeit für die Familie".
- Kontexte des Raums sind unser Zuhause, unser Arbeitsplatz, unser Lieblingssessel, der Platz, an dem wir meditieren, unsere Lieblingsgarderobe, unser Lieblingsurlaubsort usw.

Zeit und Raum sind wichtige Kontexte unseres Verhaltens, aber keinesfalls die einzigen: Unsere Rhythmen und Routinen, unsere Rituale und Werte und andere mentale Konstrukte, wie zum Beispiel Archetypen, sind weitere entscheidende Kontexte, die unser Verhalten strukturieren.

Wer diese kleine Stammhirn-Landkarte von Paul MacLean[31] betrachtet und mit diesem Wissenshintergrund Skills zur Verhaltens-

[31] Paul D. MacLean, *The Triune Brain in Evolution*, New York 1990, S. 142 ff.

steuerung entwickelt, der ist in der Entfaltung seiner Verhaltensintelligenz bereits weit vorangeschritten:

1. Erste zentrale Erkenntnis: Wir werden nach dem gerade Gelernten nie mehr über unser „Verhalten" nachdenken, sondern nur noch über unser „Verhalten im Kontext X".
2. Zentrale Erkenntnis Nr. 2: Unser Verhalten hängt nur zu einem Teil von unseren Zielen und unserer Motivation ab. Zu einem Großteil wird es durch die (uns regelmäßig nicht bewussten) Muster unseres Stammhirns bestimmt.

Wer erkannt hat, dass er sein Verhalten nur bedingt direkt steuern kann, wird sich fragen, über welchen Umweg er die Regie über die Musterbildung im Stammhirn übernehmen kann. Die Antwort nach MacLean lautet:

- Indem wir die Kontrolle über die Parameter übernehmen, die die Kontexte für unser Verhalten bilden. Das sind vor allem Rhythmen, Zeit- und Raumparameter, Routinen, Rituale, Werte und sonstige Konstrukte wie zum Beispiel Archetypen.
- Anders ausgedrückt: Unser Verhalten wird so lange bestehen bleiben oder wiederkommen, bis wir uns – am besten physisch – engagieren und neue Kontexte konstruieren: Solange wir keine neuen Sandbänke installieren, wird das Wasser weiter dahin fließen, wo es immer schon hingeflossen ist.

Verhaltensintelligenz meint demnach vor allem die Fähigkeit, die Kontexte, in denen unser Verhalten strukturiert wird, bewusst auszuwählen und zu gestalten. Die Skills, die uns helfen, unsere Verhaltensintelligenz zu entfalten, sollen nun beschrieben werden.

Machen Sie sich Ihre Rhythmen bewusst

Wir alle kennen den Einfluss von Rhythmen auf unsere Performance: Skifahrer wissen, dass es in der Buckelpiste die halbe Miete ist, in den ersten Buckeln den richtigen Rhythmus zu finden; Tänzer bestätigen, wie aufbauend es ist, im Einklang mit dem Partner genau im Rhythmus der Musik zu schwingen. Und auch Journalisten und Buchautoren kennen die Aufwärmphase, bis „es läuft“ – genauso wie Redner, die in den ersten Minuten zusammen mit dem Publikum den richtigen Rhythmus finden müssen. Mit einem Satz:

- Spitzenleister aller Disziplinen wissen um die Bedeutung des Einschwingens in den richtigen Rhythmus – und sie kennen die Performance-Defizite, wenn dieses Einschwingen nicht gelingt.

Warum ist uns im Alltag die Notwendigkeit des Hineingleitens in unseren Rhythmus so wenig bewusst? Warum klingt es so komisch, wenn wir sagen würden: Ich muss erst noch meinen Rhythmus zum Aufräumen der Garage finden? Bei einer Bergtour finden wir es doch auch völlig normal, bei der simpelsten aller Alltagstätigkeiten – dem Gehen – in den ersten 20 Minuten „unseren Schrittrhythmus finden zu müssen“.

Das Flow-Erlebnis

Der Psychologe Mihaly Csikszentmihalyi bezeichnet den Zustand des Mitschwingens im eigenen Rhythmus als Flow-Erlebnis. Er weist nach, dass wir in diesem Bewusstseinszustand unsere besten Leistungen mit den geringsten Reibungsverlusten erbringen.

Wir alle kennen diesen Flow-Zustand. Und wir wissen auch, dass er von unserer Grundmotivation für eine Tätigkeit völlig unabhängig ist. Ich kann das Rennfahren lieben und das Aufräumen meiner Garage hassen – und trotzdem an einem Tag feststellen: Heute Morgen beim Aufräumen der Garage war ich im Flow und habe ein energiereiches Hochgefühl verspürt. Und heute Nachmittag war ich auf dem Nürburgring, und nichts hat gepasst: Die Linie hat nicht gestimmt und die Kurven waren nicht „rund“ ...

Werden Sie sich deshalb Ihrer Rhythmen bewusst. Ihr Lohn werden immer häufigere Flow-Erlebnisse und das mit Ihnen verbundene Hochgefühl sein. Fragen Sie sich:

1. Welche wiederkehrenden Tätigkeiten fallen mir viel leichter, wenn ich im richtigen Rhythmus bin?
2. Mit welchen Schritten kann ich mich in die Rhythmen zu diesen Tätigkeiten einschwingen?
3. Was fehlt mir an „rhythmusfernen“ Tagen?
4. Wie kann ich „Rhythmusintelligenz“ bei Tätigkeiten entwickeln, die mir besonders wichtig sind?

Schärfen Sie Ihr Bewusstsein für Zeitkategorien

Sie werden dann eine faszinierende Beobachtung machen:

- Wann immer ein Mensch keine Zeit für Muße, keine Zeit für sich selbst, keine Zeit für Weiterbildung oder keine Zeit für seine Familie findet, dann hat er in seinem „Zeitraum“ für diese Kategorie keinen fest definierten „Platz“.

Er findet dann in seinem Leben zwar klar definierte „Zeiträume“ für alles Mögliche (etwa zum Zeitungslesen von Montag bis Freitag von 7.00 Uhr bis 7.15 Uhr beim Frühstück, samstags von 8.00 Uhr bis 10.00 Uhr auf dem Sofa), aber es gelingt ihm nicht, Muße-Zeit unterzubringen, weil alle „Plätze“ seines „Zeitraums“ unbewusst oder bewusst durch Muster strukturiert und damit besetzt sind.

Und solange derjenige, der mehr Muße will, nicht hingeht und „eine Sandbank umbaut“, wird seine durch Verhaltensmuster strukturierte Energie auch nicht in andere Zeitkategorien fließen. Wer dagegen eine neue Zeitkategorie schafft – indem er zum Beispiel morgens zwei Brote und etwas Obst zur Arbeit mitnimmt und auf die bisherige 60-minütige Pause in der Kantine verzichtet – hat auf einmal im Stadtpark von 13.30 Uhr bis 14.00 Uhr Zeit für sich selbst. Darum:

1. Erstellen Sie eine Liste mit allen Zeitkategorien, die Ihnen wichtig sind.
2. Überprüfen Sie, welche Kategorien Sie bereits leben und welche nur auf dem Papier stehen.
3. Prüfen Sie, welche Kategorien sich überschneiden.
4. Entkoppeln Sie Kategorien, die sich überlappen.
5. Geben Sie neuen Aktivitäten einen „Zeitraum“, in dem Sie sie praktizieren können.

Setzen Sie Ihre Raumkategorien bewusst ein

Ein Manager, der stundenlang im Bett arbeitet und telefoniert und anschließend nicht weiß, warum er dort nicht einschlafen kann, zeigt keine große Verhaltensintelligenz bei der Nutzung von Raumkategorien. Denn grundsätzlich gilt: Je mehr Kontexte wir übereinander legen, umso „physischer“ wird die Sandbank, die das Wasser umleitet: Wenn Sie also morgens die Zeit zwischen 6.00 Uhr und 7.00 Uhr als „Zeit für mich zum Joggen“ kategorisieren *und* Ihren Ehepartner zum Mitjoggen gewinnen *und* am Anfang immer die gleiche Strecke joggen *und* die gleiche Dehnungsgymnastik vorneweg machen, dann optimieren Sie die Musterbildung.

Und: Wer jeden Morgen um 6.00 Uhr aufwacht, dessen Zeitkontext wird auch dann von seinem Aufwachen gesteuert, wenn er es im Urlaub eigentlich lieber anders hätte.

Je bewusster wir uns werden, wie sehr wir mit unseren Verhaltensmustern von Zeit- und Raumkategorien abhängig sind, umso bewusster werden wir nach dem suchen, wovon wir abhängig sein wollen:

- Wir begreifen auf einmal, warum der Umzug in ein neues Zuhause uns alle viel mehr stresst, als wir erwartet haben.
- Wir verstehen, warum das Überwechseln der 90-jährigen Großeltern in eine Seniorenresidenz, wo fast alles für sie getan wird, durch das Wegfallen der vertrauten Raumanker zum fast tödlichen Stressfaktor werden kann.
- Wir wissen auf einmal, wie wichtig es ist, dass wir und unsere Familie feste Plätze zum Arbeiten, Spielen, Kommunizieren und zum Zurückziehen haben.

Entwickeln und nützen Sie Routinen und Rituale

Wenn wir bestimmte Handlungen immer wieder in derselben Reihenfolge wiederholen, dann entwickelt unser Stammhirn daraus ein Muster. Wer sich zum Beispiel angewöhnt hat, sich morgens zuerst zu rasieren und dann die Zähne zu putzen, wird oft erstaunt feststellen, dass er am Wochenende, wenn er sich nicht rasiert, auch vergisst, die Zähne zu putzen.

Verhaltensintelligenz kann uns also helfen, für viele wiederkehrende Aufgaben des Alltags den besten und zeitsparendsten Ablauf zu finden.

Verankern Sie hilfreiche Routinen, indem Sie sich fragen:

1. Welche Tätigkeiten sind mir so wichtig, dass es sich für mich lohnt, eine Routine zu entwickeln?
2. Welche Routinen bedeuten mir so viel, dass sich sogar die Weiterentwicklung zu einem Ritual lohnt? Wie wäre es zum Beispiel mit einem Weiterbildungs-, Gesundheits- oder Muße-Ritual?

Gewinnen Sie Sicherheit und Stabilität durch Werte und Archetypen

Überlegen Sie einmal, wie oft Sie Tag für Tag gewisse Dinge wiederholen – und warum Sie dies tun. Wenn wir die gleichen Ideen wieder und wieder hören, das gleiche Lieblingsessen essen, unsere Lieblingsmelodie nicht oft genug hören können und vielleicht seit Jahren in den gleichen Urlaubsort fahren, dann spüren wir alle: Wiederholungen geben uns Sicherheit.

Zu den elegantesten Kontexten, die unserem Verhalten Stabilität verleihen, gehören unsere Werte: Viele Eltern sind zum Beispiel lebenslang dem Prinzip der Fairness und der Gleichbehandlung ihrer Kinder verpflichtet und haben damit einen sicheren und akzeptierten Rahmen, an dem sie ihr Verhalten ausrichten können.

Ein besonders faszinierender Kontext, der Verhalten strukturiert, sind die Archetypen, in denen sich das Weisheitswissen aller Kulturen und Zeiten verdichtet. Es ist sicher kein Zufall, dass die Märchen der Brüder Grimm und andere mündliche Überlieferungen, die seit Jahrhunderten von Generation zu Generation Archetypen weitergeben, nach wie vor zu den Lieblings-Gutenachtgeschichten unserer Kinder gehören, die nicht oft genug wiederholt werden können. Auch hier gewinnen wir an Sicherheit und Stabilität.

Fragen Sie sich also:

1. Welche Werte sind mir so wichtig, dass ich sie immer wieder praktizieren möchte, um meinem Leben den Sicherheitsrahmen zu geben, den wir im Zeitalter des Werteverlustes dringend brauchen?

2. Welche Archetypen – das heißt, welche Strukturen und Bilder, in denen sich menschliches Erfahrungswissen über Jahrtausende verdichtet hat – faszinieren mich so, dass ich mir vorstellen kann, sie als Kontexte zur Entwicklung meines Verhaltens zu nutzen?

Entwickeln Sie neue Verhaltensmuster

Um neue Verhaltensweisen zu entwickeln, stehen uns prinzipiell zwei Wege offen: Wir können entweder durch Muster-Intervention eine Kette alter Verhaltensschritte neu zusammenstellen oder völlig neue Muster aufbauen, die dann die alten überlagern.

So stellen Sie Verhaltensschritte neu zusammen:

1. Listen Sie alle Elemente des bisherigen Verhaltens auf.
2. Entscheiden Sie, wo die Kette unterbrochen werden soll.
3. Visualisieren Sie ein Unterbrechersignal, das Sie während des Verhaltens an den Ausstieg erinnert.
4. Praktizieren Sie das neue Verhalten und seien Sie sich bewusst, dass es sich am Anfang notwendig „unrund" anfühlt und Sie sich nicht auf Ihre Gefühle verlassen können.
5. Rechnen Sie mit einem Umlerntief „in der Mitte des Flusses".
6. Unterstützen Sie das neue Verhalten, bis es verankert ist.

Der Aufbau neuer Verhaltensweisen erfordert reale neue Erlebnisse, die uns neues Feedback geben. In diesen neuen Kontexten entwickeln wir dann neue Muster. Ein neuer Job, neue Hobbys, eine neue Liebe oder ein neues Zuhause erlauben über neue Erfahrungen ein neues Lernen und führen durch neues Feedback zu neuem Verhalten.

Die Evolution unseres Verhaltens kommt, wenn wir uns neuen Erfahrungen aussetzen, neues Feedback erhalten und bereit sind, dieses Feedback in neues Verhalten zu integrieren.

Dies ist sicher der Königsweg zu neuem Verhalten. Damit Sie ihn gehen können, stellen Sie sich folgende Fragen:

1. Mit welchem Verhalten in welchen Kontexten bin ich mit mir unzufrieden?

2. Bei welchen dieser Verhaltensweisen sollte ich den alten Verhaltensauslöser nutzen, um in Zukunft souveräner zu reagieren?
3. Welcher Auslöser in der realen Situation kann mir am besten meinen Vorsatz bewusst machen, mich anders zu verhalten?
4. Wie kann ich das neue Wunschverhalten visualisieren?
5. Wie kann ich mentales Training zur mehrfachen Vorstellung der neuen Verhaltensweise nutzen?
6. Welches Verhalten von mir missfällt mir in einem größeren Kontext (etwa die Angewohnheit, das ganze Wochenende zu vertrödeln)?
7. Welche neuen Alternativ-Aktivitäten können mir helfen, das alte Verhalten komplett zu überlagern (beispielsweise durch den Beitritt zu einem Verein, dessen Aktivitätsprogramm mir an jedem Wochenende hilft, meine Zeit sinnvoll zu strukturieren)?

12. Kapitel: Mit interpersonaler Intelligenz das Tor zum Gegenüber öffnen

Wer den Megatrend Mensch® ernst nimmt, für den gewinnt die interpersonale Intelligenz an Bedeutung. Als *interpersonale Intelligenz* haben wir die Fähigkeit definiert, die Absichten, Wünsche und Motive anderer Menschen zu verstehen. Was genau bedeutet das?

- Megatrend Mensch® heißt, andere Personen nicht nur als Rollen- oder Funktionsträger wahrzunehmen, sondern als integre Persönlichkeiten.
- Megatrend Mensch® meint, Mitarbeiter nicht nur als Rädchen zu definieren, die im Dienst des Ganzen zu funktionieren haben, sondern als Menschen mit Erwartungen, Wünschen, Visionen.
- Megatrend Mensch® besagt, einen Kunden nicht als jemanden zu sehen, der die Provision sichert, sondern als Menschen, dem man einen höchstmöglichen Nutzen stiften will.
- Megatrend Mensch® heißt, jedem Menschen, auch wenn er hierarchisch „niedriger" angesiedelt ist, auf Augenhöhe zu begegnen, als gleichberechtigtem Partner.

Behandle andere so, wie sie behandelt werden wollen

Je nachdem, wie ausgeprägt und trainiert unsere interpersonale Intelligenz ist, gelingt es uns, andere Menschen zu „lesen": Das heißt, wir können innerhalb kurzer Zeit erkennen, welches Verhalten bei ihnen besonders ausgeprägt ist, was sie steuert und motiviert. Und dann können wir sie so behandeln, wie *sie* behandelt werden wollen. Wem dies gelingt, der stößt das Tor zum anderen Menschen weit auf.

Damit gehen Sie auf die Beziehungsbedürfnisse der anderen ein. Sie geben zu erkennen, dass Sie sich mit Ihrem Gegenüber auseinandersetzen, ihn verstehen und bereit sind, sich seinem Verhaltensstil anzupassen. Womit Sie Ihren eigenen Stil nicht aufgeben. Aber Ihr Verhalten wird flexibler, und Sie können müheloser mit anderen Menschen umgehen.

Mit manchen Menschen liegen wir sofort auf einer Wellenlänge. Mit anderen, die gänzlich anders sind als wir selbst, fällt uns der Umgang schwerer: Wir müssen uns mit ihrem Anderssein auseinandersetzen, sie verstehen und in ihrem Anderssein würdigen.

Speziell im Berufsleben müssen wir mit beiden Gruppen zusammenarbeiten können, wenn wir Erfolg haben wollen, etwa in der Teamarbeit, im Kundenkontakt, als Berater und Trainer oder auch als Führungskraft, die vollkommen unterschiedliche Mitarbeiter zu führen hat.

Interpersonale Intelligenz ist also in allen Tätigkeiten wichtig, in denen Sie mit anderen Menschen kooperieren, sie beraten oder zu etwas motivieren wollen.

In zwei Schritten zur erfolgreichen Kommunikation

Der erste Schritt der erfolgreichen Kommunikation mit anderen besteht darin, den Typ Ihres Gegenübers zu erkennen, ihn quasi zu „lesen"[32]. An der Körpersprache und am Auftreten können Sie, mit etwas Übung, ziemlich rasch „ablesen", welchen Persönlichkeitstyp Ihr Gegenüber verkörpert.

Im zweiten Schritt geht es darum, die geeigneten Kommunikationsstrategien anzuwenden, die diesem Menschen entsprechen. Sie stellen sich dazu in Ihrem Verhalten und Ihrer Kommunikation auf Ihren Gegenüber ein, sodass dieser Vertrauen entwickelt und sich im Umgang mit Ihnen wohlfühlt.

---

32 Frank M. Scheelen, *So gewinnen Sie jeden Kunden*, Landsberg 1999

KUNDENBEZIEHUNGSANALYSE

Name: ____________________

Kreuzen Sie schnell, ohne lange zu überlegen, an, welche der angeführten Eigenschaften am ehesten auf die oben angeführte Person zutreffen.

Persönlichkeit	dominant	☐	offen	☐	unbekümmert	☐	reserviert	☐
Reaktion	rasche Antworten	☐	spricht frei heraus	☐	langsam/zögernd	☐	undurchschaubar	☐
Kleidung	pedantisch	☐	modisch	☐	angepasst	☐	konservativ	☐
Auto	beeindruckend	☐	sportlich	☐	funktionell	☐	traditionell	☐
Blickkontakt	direkt	☐	herzlich	☐	abschätzend	☐	flüchtig	☐
Körpersprache	ungeduldig	☐	offen	☐	reserviert/ruhig	☐	verschlossen	☐
Stimme	gefühlsbetont/direkt	☐	gefühlsbetont/lebhaft	☐	emotional/ruhig	☐	emotionslos/reserviert	☐
Schritt	energisch/schnell	☐	energisch/schwungvoll	☐	wenig Energie/gleichmäßig	☐	wenig Energie/beherrscht	☐
Gespräche	über Errungenschaften	☐	über Menschen	☐	über den Einkaufsvorgang	☐	über Details/Fakten	☐
Art des Zuhörers	ungeduldig	☐	abschweifend	☐	bereitwillig	☐	selektiv	☐
Wesensart	gebieterisch	☐	freundlich	☐	bejahend	☐	abschätzend	☐
Verhaltensweise	starkes Ego	☐	positiv/optimistisch	☐	nicht aggressiv	☐	kritisch/misstrauisch	☐
Ansprüche an	Design/Qualität	☐	Farbe/Style	☐	Zuverlässigkeit/Kosten	☐	technische Details	☐
Entschlossenheit	entschlossen	☐	spontan	☐	zögernd	☐	unentschlossen	☐
Befürchtungen	Zeit zu vergeuden	☐	jemand zu beleidigen	☐	Risiken einzugehen	☐	Fehler zu machen	☐
	TOTAL							

Quelle: INSIGHTS MDI International® Deutschland GmbH

Im Folgenden geben wir Ihnen eine Übersicht, woran Sie die acht Haupttypen (nach INSIGHTS MDI®) erkennen. Anschließend finden Sie hilfreiche Kommunikationsstrategien, die Ihnen den Kontakt mit den einzelnen Typen erleichtern.

Ihre Begegnung mit dem Direktor: offenbare Erkennungsmerkmale

Ihr Gegenüber wirkt unnahbar, verschlossen, fast unfreundlich? Ein kurzer kräftiger Händedruck reicht zur Begrüßung? Der Gesprächspartner mustert Sie mit strengen, eingehenden Blicken? Dann haben Sie es mit einem Direktor zu tun.

Der Direktor kommt umgehend zum Thema und spricht mit lauter, kräftiger Stimme. Er sitzt aufrecht und macht sich größer, als er tatsächlich ist. Dabei schaut er Ihnen klar und streng in die Augen, um Sie zu beeindrucken. Und er hält körperlich Abstand zu Ihnen.

Seine Gestik ist zurückhaltend und unterstreicht nur hin und wieder seine Worte. Emotionen zeigt er sparsam, etwa wenn er über ein erfolgreiches Projekt in echte Begeisterung bzw. über einen Misserfolg in Ärger gerät. Den äußert er am ehesten. Ist er unzufrieden, lässt er Sie das durch seinen Tonfall, Stirnrunzeln und seine Worte deutlich spüren.

Typisch für einen Direktor ist, dass er hinter einem breiten Schreibtisch sitzt und Sie davor auf einem kleineren Stuhl Platz nehmen lässt. Auch auf diese Art wahrt er den Abstand. Sein Schreibtisch ist meist aufgeräumt, verschiedene Stapel und Unterlagen geben aber den Eindruck wieder, dass hier ein viel beschäftigter Mensch mit wenig Zeit sitzt. An den Wänden oder in Regalen finden Sie zahlreiche Hinweise auf seine Erfolge. Sein Erscheinungsbild ist gediegen, konservativ und erlesen: teure Anzüge (bzw. schicke Kostüme), teurer Schmuck.

So kommunizieren Sie erfolgreich mit dem Direktor

- Versuchen Sie nicht, mit einem Direktor Small Talk zu machen, um „das Eis" zu brechen. Begrüßen Sie ihn höflich und mit seinem vollen Titel, sagen Sie einen verbindlichen Satz und kommen Sie dann umgehend auf das Geschäft zu sprechen.
- Reden Sie kurz, knapp und präzise. Der Direktor schätzt es, wenn Sie seine Zeit so wenig wie möglich beanspruchen. Hilfreich ist, wenn Sie sich vorher gut überlegen, welche Punkte wichtig sind und sich dann auf diese konzentrieren. Nennen Sie ihm Zahlen, Fakten, Konsequenzen und Optionen. Seine gezielten Zwischenfragen mögen Sie irritieren, aber Sie zeigen Ihnen, welche Aspekte den Direktor interessieren.
- Gehen Sie mit klaren Zielen in ein Gespräch mit dem Direktor. Dann können Sie es effektiv führen und verlieren Ihre eigenen Interessen nicht aus dem Auge.
- Überlassen Sie ihm ruhig die Führung und Themensetzung des Gesprächs, wenn ihm das wichtig ist.

Wichtig im Gespräch ist, dass Sie den Respekt des Direktors erlangen. Den zollt er nur Menschen, die sachlich, geschäftsmäßig, effektiv und selbstbewusst auftreten. Bringen Sie deshalb Ihre Ansichten mit Selbstsicherheit und Überzeugung vor. Das beeindruckt den Direktor, auch wenn er Ihnen das nicht zeigen wird. Er mag es, wenn jemand weiß, was er will. Wissen Sie es nicht, wird er Sie über den Tisch ziehen.

Bleiben Sie distanziert-freundlich und lassen Sie sich nicht von ihm provozieren. Ein Direktor testet gerne aus, ob sein Gegenüber die Fassung verliert, wenn er stichelt und ihn herausfordert. Mit bestimmtem, aber gelassenem Tonfall und entschiedenen klaren Aussagen gewinnen Sie seine Achtung.

Einem Direktor dürfen Sie ruhig ein bisschen schmeicheln, indem Sie seine Erfolge anerkennen und ihn als harten Verhandlungspartner rühmen. Er wird zwar abwinken, aber im Grunde teilt er Ihre Meinung und hört sie gerne.

Geben Sie einem Direktor immer das Gefühl, als Gewinner aus dem Gespräch zu gehen. Das bedeutet: Überlegen Sie sich vorher, was Sie ihm zugestehen wollen und was nicht. Lassen Sie ihn in einzelnen Punkten gewinnen, ohne dass er den Respekt vor Ihnen verliert.

Seien Sie nicht überrascht, wenn Sie mit einem Direktor zu schnellen Ergebnissen kommen und das Gespräch viel schneller beendet ist, als Sie dachten. Der Direktor will Ergebnisse sehen und ist entscheidungsstark.

Aussagen, die beim Direktor gut ankommen, sind:

- „Erstens ... zweitens ... drittens ...“
- „Folgende Vorteile haben Sie davon ...“
- „Sie haben drei Optionen ...“
- „Mit diesen Konsequenzen müssen Sie rechnen ...“

Ihre Begegnung mit dem Motivator: offenbare Erkennungsmerkmale

Zum Glück ist der Motivator zugänglicher als der Direktor. Er wird Sie freundlich begrüßen und mit Ihnen zunächst ein bisschen plaudern. Seine Körperhaltung ist zugewandt und offen, er wird Sie in eine Sitzgruppe einladen und auf Einschüchterungsversuche verzichten. An Urkunden, Pokalen und Auszeichnungen können Sie ablesen, dass Sie es mit einem erfolgreichen Menschen zu tun haben.

Der Motivator zeigt seine Gefühle wie Begeisterung und Freude, seine Mimik ist lebhaft, er unterstreicht seine Worte durch Gesten. Er strahlt Selbstbewusstsein aus, aber auch große Begeisterung für das, was er tut. Er wird Ihnen gerne über seine Erfolge berichten und Sie davon zu überzeugen suchen, dass Geschäfte mit ihm auch zu Ihrem Vorteil sind. Er möchte Sie zu einem Teil seines Netzwerks oder Teams machen und Ihnen das Gefühl geben, dass Sie beide an einem Strang ziehen.

So locker und angenehm das Gespräch mit dem Motivator verlaufen mag: Es entsteht daraus keine tiefere persönliche Beziehung. Letztlich geht es dem Motivator um Ergebnisse und um persönliche Anerkennung.

So kommunizieren Sie erfolgreich mit dem Motivator

Nach kurzem Small Talk kommt der Motivator schnell zum Thema. Das Gespräch mit ihm verläuft verbindlich und in angenehmen Tonfall. Streiten werden Sie sich mit einem Motivator wahrscheinlich nicht. Lassen Sie sich aber davon nicht täuschen: Er weiß genau, was er will. Durch seine überzeugende, gewinnende Art und seine Liebenswürdigkeit wird er Sie für seine Ziele einzunehmen versuchen. Er macht Ihnen rasch Vorschläge, die gut klingen, und wenn Sie sich nicht vorher vorbereitet haben, werden Sie sich nach dem Gespräch wundern, zu was Sie alles Ihre Zustimmung gegeben haben. Klarheit über die eigenen Ziele ist also auch für das Gespräch mit dem Motivator wichtig. Zudem gilt:

- Der Motivator hört nicht gerne lange zu.
- Konzentrieren Sie sich auf die wesentlichen Aspekte. Auch ihn interessieren vor allem die Konsequenzen seiner Entscheidung und welche Optionen sich ihm bieten.
- Können Sie Ihre Argumente gut präsentieren, so wird der Motivator Ihnen zuhören und versuchen, Ihre Seite zu verstehen.
- Mit ihm ist es möglich, Kompromisse zu machen.

Mit Sachlichkeit, Logik und Selbstbewusstsein können Sie den Motivator beeindrucken. Zu viele Details langweilen ihn aber ebenso wie trockene Vorträge. Er erwartet von Ihnen, dass Sie sich auch ein

Stück weit begeistern (lassen) und nicht nur emotionslos von Tagesordnungspunkt zu Tagesordnungspunkt schreiten. Mit freundlichem Lächeln und kleinen Schmeicheleien können Sie sich immer wieder auf seine Wellenlänge einschwingen.

Auch mit dem Motivator kommen Sie rasch zu Ergebnissen. Er entscheidet sich schnell und erwartet von Ihnen das Gleiche. Wenn Sie beim Motivator gut ankommen wollen, sagen Sie:

- „Folgende Punkte sind mir wichtig: …“
- „Das sind die Vorteile für Sie und Ihre Mannschaft …“
- „Von diesem Ergebnis profitieren wir alle.“
- „Toll, was Sie und Ihr Team erreicht haben.“
- „Lassen Sie mich kurz zusammenfassen …“

Ihre Begegnung mit dem Inspirator: offenbare Erkennungsmerkmale

Wenn jemand in einer Gruppe von Menschen im Mittelpunkt steht, am meisten redet und die anderen mit amüsanten und fesselnden Geschichten unterhält, dann haben Sie es wohl mit einem Inspirator zu tun:

- Er lacht viel, hat Charme und Witz und kommt spielerisch mit Menschen in Kontakt.
- Seine Körperhaltung ist sehr offen, er zeigt eine lebhafte, zeitweise theatralische und übertriebene Mimik und Gestik.
- Er spricht sehr bildhaft und lebendig. Seine Augen schweifen dabei meist unruhig und aufmerksam umher, auch im Vier-Augen-Gespräch mit Ihnen möchte er nicht, dass ihm etwas in der Umgebung entgeht.

- Er kann Sie mitten im Gespräch unterbrechen, um Sie auf eine prominente Person aufmerksam zu machen, die das Restaurant oder Café betritt.

Der Inspirator sagt, was ihm durch den Kopf geht, egal ob es sich um kreative Ideen oder banale Alltagsfragen handelt. Er kann die kühnsten Pläne ersinnen, wenn er in der richtigen Stimmung ist und sich für eine Idee begeistert. Umgekehrt merken Sie ihm deutlich an, wenn er einen schlechten Tag hat. Dann gibt er sich wenig Mühe, sich zusammenzureißen.

Das Büro eines Inspirators ist chaotisch, unaufgeräumt und voller Stapel mit Unterlagen zu einzelnen Projekten. Inspirierende Poster und Erinnerungsstücke an bestandene Abenteuer (Foto vom Bungee-Jumping, zerfetzter Tropenhelm einer Afrika-Expedition) zieren die Wände.

Er liebt extravagante Kleidung, mit denen er auffallen kann und auf die ihn andere ansprechen. Schreiende Farben, übertrieben großer Schmuck und poppige Frisuren sind typisch für ihn.

So kommunizieren Sie erfolgreich mit dem Inspirator

Der Gesprächseinstieg mit dem Inspirator fällt leicht – dafür sorgt seine Beredsamkeit. Stellen Sie ihm ein paar Fragen, hören Sie freundlich zu und zeigen Sie Anteilnahme und Interesse.

Seine Fabulierfreude hat aber auch einen Haken: Sie kommen zu keinen Ergebnissen, wenn Sie im Small Talk hängen bleiben. Im Gespräch mit dem Inspirator müssen Sie sanft und freundlich die Führung übernehmen und ihn immer wieder zum eigentlichen Thema zurückführen. Allerdings nicht, indem Sie ihn belehren oder auf seine Abschweifungen direkt hinweisen. Dann frustrieren Sie ihn, und er verliert die Lust am Gespräch – und damit auch seine Kreativität. Darum:

- Unterbrechen Sie ihn freundlich und mit Humor, dann wird er Ihnen dankbar sein, dass er mit Ihnen Spaß haben kann und trotzdem Ergebnisse erreicht.
- Nehmen Sie sich genügend Zeit für ein Gespräch mit ihm. Gehen Sie auf seine Ideen ein, wenn sie Ihnen interessant erscheinen: Das motiviert ihn und eröffnet Ihnen womöglich die Chance, einen ganz neuen und interessanten Ansatz kennenzulernen.

Fassen Sie Ihre Argumente in eine bildhafte, metapherreiche Sprache. Der Inspirator muss sich konkret vorstellen können, was Sie meinen. Geben Sie Beispiele, erzählen Sie von Menschen, die das erlebt haben, was Sie illustrieren möchten.

Machen Sie ihm konkrete Vorschläge und fragen Sie konsequent nach, was der Inspirator möchte. Denn er trifft nicht gerne Entscheidungen, und es fällt ihm schwer, sich festzulegen. Gehen Sie aber nicht aus dem Gespräch, ohne genau geklärt zu haben, wer was macht bzw. was die nächsten Schritte sind.

Und mit diesen Aussagen kommen Sie beim Inspirator gut an:

- „Haben Sie dieses Foto in Indien gemacht? Das sieht ja spannend aus!“
- „Das hört sich wahnsinnig interessant an.“
- „Sie sind ein fantastischer Erzähler. Es macht Spaß, Ihnen zuzuhören. Lassen Sie uns doch trotzdem jetzt über ... sprechen.“
- „Ihre Idee gefällt mir gut. Wir sollten uns überlegen, wie wir sie umsetzen können.“

Ihre Begegnung mit dem Berater: offenbare Erkennungsmerkmale

Der offene und zugängliche Berater ist zurückhaltender als der Inspirator. Statt der sprühenden Lebhaftigkeit spüren Sie bei ihm echtes Interesse an Ihrer Person. Durch seine Fragen möchte er herausfinden, was für ein Mensch Sie sind. Er ist auch bereit, sich Ihnen gegenüber zu öffnen, wenn er spürt, dass Sie an ihm Interesse haben. Mit ihm ist es möglich, eine echte Beziehung aufzubauen.

Der Berater schaut Ihnen offen in die Augen, stellt Fragen und hört zu. Er macht Small Talk, um einen Einstieg in ein tiefer gehendes Gespräch zu finden. Gerne spricht er über seine Werte und Überzeugungen.

Seine Körpersprache ist kontrolliert, anfangs wirkt er eher reserviert und zurückhaltend. Er beobachtet andere genau, da er herausfinden will, was für Menschen sie sind. Wenn er zu Ihnen Vertrauen gefasst hat, öffnet er sich und zeigt seine Gefühle.

Sein Büro ist gemütlich und in warmen Farben eingerichtet. Stillleben, Landschaftsbilder, Fotos von seiner Familie und vom gesamten Team oder Postkarten von Kollegen schmücken die Wände. Sein Outfit ist dezent, durchaus modisch, aber nicht besonders auffallend.

So kommunizieren Sie erfolgreich mit dem Berater

Versuchen Sie, das Vertrauen des Beraters zu gewinnen. Das Gespräch mit ihm ist dann von Gegenseitigkeit und Partnerschaftlichkeit geprägt. Sie erwerben es, wenn Sie bereit sind, sich auf ihn einzulassen, seine Perspektive zu verstehen und die Vorteile für beide Seiten zu sehen. Lassen Sie sich auf das Fairplay ein, so ist der Berater ein verlässlicher und loyaler Gesprächspartner, mit dem Sie in angenehmer und harmonischer Atmosphäre verhandeln und reden können.

Nehmen Sie sich deshalb genügend Zeit für das Gespräch. Merkt er, dass Sie eigentlich keine Zeit für ihn haben, wird er sich zurückziehen.

Der Berater versucht ehrlich, Ihr Anliegen zu verstehen. Er erwartet, dass Sie sich ebenso verhalten. Gehen Sie ausführlich auf seine Bedürfnisse ein und bemühen Sie sich, gemeinsam einen Kompromiss zu finden.

Konfrontationen meidet der Berater. Sind Sie sich nicht einig, so ist es wichtig, die Sachebene sehr deutlich von der Beziehungsebene zu unterscheiden. Versuchen Sie, ihm als Person und Mensch Anerkennung zu geben, während Sie so sachlich und fair wie möglich die widerstreitenden Ansichten miteinander verhandeln.

Aussagen, die beim Berater gut ankommen, sind:

- „Wie sind Sie darauf gekommen, sich mit diesem Thema zu beschäftigen?"
- „Ich lege Ihnen meine Sichtweise dazu dar, dann möchte ich gerne Ihre hören."
- „Lassen Sie uns eine Lösung finden, mit der wir beide glücklich sind."

Ihre Begegnung mit dem Unterstützer: offenbare Erkennungsmerkmale

Es gibt auch unauffällige Zeitgenossen. Der Unterstützer etwa gehört eher zu den Zuhörern, er ist zurückhaltend und neutral, und man sieht ihm nicht an, was er denkt oder fühlt. Er beobachtet andere intensiv, hält sich selbst aber sehr bedeckt. In größeren Gruppen geht er selten aus sich heraus, nur in Vier-Augen-Gesprächen oder ganz kleinen Gruppen wird er etwas Persönliches erzählen. Aber nur, wenn er vorher die Erfahrung gemacht hat, dass es dort gut aufgehoben ist.

Der Unterstützer zeigt entsprechend wenige Emotionen. Vor allem an seinen Augen merkt man aber, dass er anderen mit Respekt begegnet. Wer ihn höflich anspricht, kann mit einer freundlichen Antwort rechnen.

Seine Gestik ist zurückhaltend. Wenn er spricht, fällt sein ruhiger, gleichmäßiger Tonfall auf. Spontane Äußerungen macht er selten. Er trägt seine Argumente lieber strukturiert und logisch vor und hört anderen aufmerksam zu. Er zeigt durch seine zugewandte und konzentrierte Haltung, dass er andere ernst nimmt und bereit ist, auf sie einzugehen.

Sein Büro ist freundlich eingerichtet, mit einzelnen persönlichen Gegenständen geschmückt, die ihm etwas bedeuten. Slogans, die seine Überzeugungen und Werte ausdrücken, können die Wände zieren, etwa der Ausspruch eines Denkers. Seine Kleidung ist bequem und geschmackvoll, in gedeckten Farben, sodass er nicht weiter auffällt.

So kommunizieren Sie erfolgreich mit dem Unterstützer

Erst wenn der Unterstützer merkt, dass Sie offen mit ihm umgehen, wird er sich ein wenig öffnen. Er braucht Zeit, sich auf Sie und die Situation einzustellen. Er möchte mehr über den Menschen wissen, mit dem er es zu tun hat. Statt Small Talk ist es deshalb besser, wenn Sie ihm erst einmal etwas über sich oder Ihr Unternehmen erzählen.

Der Unterstützer braucht Harmonie und Stabilität – also:

- Überfallen Sie ihn nicht mit neuen Ideen oder Vorschlägen, sondern bereiten Sie ihn langsam darauf vor.
- Erklären Sie ihm, was er oder sein Team davon hat.
- Beantworten Sie seine Fragen und werden Sie nicht ungeduldig, wenn er es Ihrer Ansicht nach längst begriffen haben sollte.
- Der Unterstützer mag ausführliche Diskussionen, weil er dann das Gefühl bekommt, sich etwas gründlich überlegt zu haben.
- Spontane Aktionen oder Entscheidungen sind nicht seine Sache.

Beruhigend ist für den Unterstützer, wenn andere Menschen bereits Erfahrungen mit etwas gesammelt haben, was er anpacken soll. Nennen Sie ihm Beispiele, geben Sie ihm Gelegenheit, mit diesen Menschen zu sprechen.

Mit den folgenden Aussagen finden Sie den Zugang zum Unterstützer:

- „Ich habe mich viele Jahre mit dem Thema beschäftigt. Seit 1990 bin ich ..."
- „Was möchten Sie noch über mich/meine Firma/meine Arbeit wissen?"
- „Bitte sprechen Sie mich an, wenn Sie Fragen haben. Ich nehme mir gerne Zeit für ein ausführliches Gespräch."
- „Ich kann mir eine Stunde Zeit nehmen für das Gespräch. Ist das für Sie in Ordnung?"

Ihre Begegnung mit dem Koordinator: offenbare Erkennungsmerkmale

Ein Koordinator ist nicht besonders zugänglich. Das liegt einerseits daran, dass er eine Weile braucht, bis er Vertrauen zu anderen aufgebaut hat. Andererseits setzt er sich lieber mit sachlichen Themen auseinander. Er möchte gar nicht so viele Kontakte mit anderen Menschen und überlegt sich deshalb genau, ob er sich auf ein Gespräch mit Ihnen einlässt.

Der Koordinator lässt sich nicht gerne in die Karten schauen und ist deshalb sehr zurückhaltend in seiner Gestik und Mimik. Er hat sich gut unter Kontrolle und gibt nicht zu erkennen, welche Emotionen etwas bei ihm auslöst. Er wirkt ruhig, eher unscheinbar und wird von anderen gerne unterschätzt.

Auf sein Äußeres legt er keinen besonderen Wert, und darum kleidet er sich unauffällig und funktional. Sein Büro ist sparsam eingerichtet, mit wenigen persönlichen Gegenständen.

So kommunizieren Sie erfolgreich mit dem Koordinator

Sie ziehen den Koordinator in ein Gespräch, indem Sie ihm erklären, warum ein Thema für ihn interessant ist. Kann er das nachvollziehen, wird er sich auf das Gespräch einlassen – darum gilt:

- Setzen Sie ihm das Thema auseinander, erklären Sie die Sachlage und Ihre Position.
- Vermeiden Sie es, persönliche Fragen zu stellen oder etwas Persönliches von sich zu erzählen.
- Bereiten Sie Ihr Thema so gut vor, dass Sie Ihre Position strukturiert und logisch darstellen können. Dabei müssen Sie sich nicht auf die wichtigsten Aspekte beschränken, sondern können ruhig Details liefern.
- Beantworten Sie seine Fragen oder notieren Sie sich, wenn Sie ihm noch zusätzliche Informationen zukommen lassen wollen.

Andererseits dürfen Sie sich nicht vom Koordinator zu sehr ins Detail ziehen lassen. Sonst ufert das Gespräch aus. Führen Sie ihn immer wieder zum eigentlichen Thema zurück.

Respekt und Sachlichkeit sind die Schlüssel zu einer guten Kommunikation mit dem Koordinator. Dann arbeitet er mit Ihnen konstruktiv an guten Lösungen, bei denen Sie sicher sein können, dass sie gut durchdacht und umsetzbar sind.

Aussagen, die beim Koordinator gut ankommen, sind:

- „Lassen Sie uns das in aller Ruhe miteinander besprechen.“
- „Was für Informationen brauchen Sie noch?“
- „Ich gebe Ihnen zunächst einen kurzen Überblick und gehe dann ausführlich auf die einzelnen Punkte ein.“
- „Bis zum 15. Juli muss dieses Projekt stehen. Lassen Sie uns gemeinsam die notwendigen Einzelschritte festlegen.“

Ihre Begegnung mit dem Beobachter: offenbare Erkennungsmerkmale

Er spricht wenig und schaut dafür umso genauer hin. Er wirkt in sich gekehrt, nachdenklich, verschlossen und kalt – der Beobachter. Er ist ein Einzelgänger: Am Kontakt mit anderen Menschen ist er wenig interessiert, und er tut nichts, um andere für sich einzunehmen.

Nur wenn er einen Gesprächspartner gefunden hat, der ihn interessiert und mit dem er sich über sein Wissensgebiet austauschen will, redet er plötzlich. Andere staunen dann, wie gut er sich ausdrücken und wie lange und ausführlich er etwas ausführen kann. Ist er bei seiner Sache, dann kann er stundenlang diskutieren.

Mit Mimik und Gestik ist er sehr zurückhaltend. Seine Stimme ist einförmig und klingt leicht etwas scharf. Seine Argumentation ist logisch und schlüssig. Was er sagt, hat Hand und Fuß.

So kommunizieren Sie erfolgreich mit dem Beobachter

Ihren Versuch des Small Talks wird der Beobachter unhöflich abblocken. Sagen Sie direkt, über welches Thema Sie mit ihm sprechen wollen und warum es wichtig für Sie und für ihn ist. Dann nehmen Sie sich ausführlich Zeit, um ihm die Sachlage oder Ihre Position auseinanderzusetzen:

- Bleiben Sie dabei bei sachlichen Argumenten, Beobachtungen oder Beschreibungen. Mit Ihren Emotionen kann der Beobachter nichts anfangen.
- Er verlangt von sich, dass er seine Emotionen im Griff hat, und möchte, dass Sie es ebenso handhaben.

Auf ein Gespräch mit einem Beobachter sollten Sie sich gründlich vorbereiten, indem Sie die notwendigen Fakten sammeln, Ihre Position genau formulieren und die Ziele festlegen. Nur so verfügen Sie über genügend Argumente, um ihn zu überzeugen. Und nur so verhindern Sie, dass das Gespräch ergebnislos bleibt, weil Sie sich im Detail verfangen. Der Beobachter fällt nicht gerne Entscheidungen und meint, dass er immer noch mehr Informationen als Grundlage braucht. Versuchen Sie trotzdem, Entscheidungsprozesse zu beschleunigen.

Halten Sie Ergebnisse schriftlich fest und machen Sie dem Beobachter klar, was Sie von ihm bis wann erwarten – und verwenden Sie Aussagen wie:

- „Es geht um folgendes Thema ...“
- „Diese Punkte möchte ich mit Ihnen besprechen ...“
- „Ich habe mich seit zehn Jahren mit diesem Thema auseinandergesetzt. Mein beruflicher Hintergrund ist ...“
- „Ich brauche von Ihnen eine Entscheidung bis zum 15. Juli, weil ...“

Ihre Begegnung mit dem Reformer: offenbare Erkennungsmerkmale

Nach außen verschlossen, autoritär und sehr selbstbewusst – das ist der Reformer. Er macht den Eindruck, als fühle er sich den anderen überlegen, und oft entspricht das auch seiner inneren Einstellung. Er ist vor allem an Sachen und Themen interessiert. Auf Freundschaften und guten Beziehungen legt er persönlich wenig Wert. Andere Menschen beurteilt er nach ihrem Wissen und dem Wert, den sie für seine Arbeit haben.

Der Reformer ist sehr formell im Kontakt und legt auf gute Umgangsformen Wert. Er zeigt keine Emotionen und ist klar und präzise in seinen Äußerungen. Da er ergebnisorientiert ist, redet er meist nicht lange, sondern beschränkt sich auf das Wesentliche.

Sein Büro ist funktional eingerichtet, Sie werden keine Hinweise auf persönliche Vorlieben oder Interessen darin finden. Der Reformer bevorzugt teuere, exklusive Kleidung, die ganz auf seine persönlichen Bedürfnisse zugeschnitten ist.

So kommunizieren Sie erfolgreich mit dem Reformer

Sprechen Sie mit dem Reformer nur über das Geschäftliche und bemühen Sie sich nicht um eine persönliche Beziehung. Der Reformer wird Sie für Ihre Arbeit oder Ihr Wissen respektieren und nicht, weil Sie ein netter Mensch sind – darum:

- Bereiten Sie sich gut vor, um den hohen Ansprüchen des Reformers zu genügen.
- Untermauern Sie Ihre Argumentation mit Unterlagen, Beweisen und Zahlenmaterial.
- Machen Sie dem Reformer immer wieder das gemeinsame Interesse klar, damit er Sie nicht als Gegner, sondern als kompetenter Partner wahrnimmt.

Sie dürfen nicht empfindlich sein und seine Worte nicht auf die Goldwaage legen. Versuchen Sie die sachlichen Vorteile einer Zusammenarbeit zu erkennen – und da gibt es viele – und Ihre Person möglichst herauszuhalten. Stellen Sie sich auf harte Verhandlungen ein. Sie können aber auch sicher sein, dass Sie erstklassige Ergebnisse erreichen werden.

Nutzen Sie im Gespräch mit ihm diese Aussagen:

- „Folgende Argumente sprechen dafür ..."
- „Hier ist eine Studie zu dem Thema."
- „Damit wir eine optimale Lösung finden, sollten wir folgende Aspekte beachten ..."
- „Im Sinne einer hervorragenden Lösung des Problems sollten wir ..."

Das Anderssein akzeptieren: Es gibt nicht besser oder schlechter

Denken Sie daran, dass nur wenige Menschen eindeutig einem Typen zuzuordnen sind. Mit Sicherheit werden Sie mit etwas Übung die verschiedenen Verhaltensstile voneinander unterscheiden können. Probieren Sie dann Schritt für Schritt aus, wie sich die Zusammenarbeit oder das Zusammenleben bessert, wenn Sie die empfohlenen Kommunikationsstrategien anwenden.

Die Voraussetzung für den Erfolg ist, dass Sie die Andersartigkeit der verschiedenen Typen nicht bewerten, sondern schlichtweg als gegeben akzeptieren. Niemand ist besser oder schlechter, nur weil er anders ist. Entscheidend ist:

- Wie kommen Sie mit den anderen zurecht, wie können Sie mit ihnen kooperieren, auch wenn sie anders sind?

Komplementärprinzip und Kooperation: Wie Sie Ihr Team zu Spitzenleistungen führen

Viele Führungskräfte erleben immer wieder, dass sich ihre Mitarbeiter vehement dagegen wehren, im Team zu arbeiten, um zum Beispiel ein befristetes Projekt in Teamarbeit zu bearbeiten. Probleme gibt es häufig mit der „Chemie“, die zwischen Mitarbeitern nicht stimmt, die nun auf einmal zusammenarbeiten sollen.

Woran mag das liegen? Vielleicht auch daran, dass allzu häufig zu gleiche oder ähnliche Typen im Team sitzen, die sich blockieren und hemmen, aber nicht ergänzen.

Laut einer Untersuchung der *Financial Times* Deutschland bemängeln 50 Prozent der Führungskräfte, dass Teamarbeit aufgrund von „Streitigkeiten wegen nichts und wieder nichts“ ineffizient sei. Als Rezept für gute Teamarbeit wird dann Uniformität verschrieben: Je ähnlicher sich die Persönlichkeiten der Teammitglieder sind, desto geringer erscheint die Wahrscheinlichkeit, dass Streit entsteht. Gleich und gleich gesellt sich gern. In Wirklichkeit bedeutet „gleich und gleich“, dass alles gleich bleibt: Lauter Kreative ersinnen die tollsten Ideen, die leider nie umgesetzt werden. Lauter Koordinatoren gehen nie ein Risiko ein. Lauter Direktoren vergraulen die Kunden. Lauter Beobachter verlieren sich im Detail. Mögen sie sich untereinander verstehen, die Arbeit leidet darunter.

Besser ist der Ansatz, die einzelnen Persönlichkeitstypen mit Aufgaben zu versorgen, die genau ihrem Verhalten und ihren Stärken entsprechen, und so ein Team mit verteilten Kompetenzen zusammenzustellen, bei denen die Stärkeprofile der einzelnen Mitglieder einander ergänzen. Nach dem Komplementärprinzip ergänzen sich die Kompetenzen und Stärken der Teammitglieder zu einer „rund laufenden Maschine“.

Untersuchungen der Universität Innsbruck betätigen dies: In einer Studie auf der Grundlage der INSIGHTS-Methode fanden die Forscher heraus, dass leistungsfähige Teams aus Menschen bestanden, die sich in ihren Fähigkeiten, Erfahrungen und Verhaltenstypen ergänzten.[33] Je besser jedes einzelne Teammitglied für seine Aufgabe geeignet ist, desto größer sind die Synergien und desto geringer ist das Konfliktpotenzial.

Untersuchungen von Meredith Belbin mit seinen Studien zur Teamrollenanalyse[34] haben gezeigt, dass es acht verschiedene wichtige Arbeitsfunktionen oder unterschiedliche Präferenzen bei der Arbeit gibt:

- **Motivieren** – neue Ideen hervorbringen
- **Inspirieren** – anderen Ideen nahebringen
- **Helfen** – andere beraten
- **Unterstützen** – Strukturen und Stützen bieten

[33] Monika Stumpf, *Wann ist Führung erfolgreich*, KommEnt Nr. 6 12/01, S. 6

[34] R. Meredith Belbin, *Managementteams, Erfolg und Misserfolg*, Wörrstadt 1996

- **Koordinieren** – sich an bewährte Prozeduren halten
- **Beobachten** – Systeme überprüfen
- **Reformieren** – Methoden etablieren
- **Dirigieren** – testen und umsetzen

Diese Aufgaben müssen in einem Team wahrgenommen werden, damit die Teamziele kreativ, genau, effizient und pünktlich erreicht werden. INSIGHTS und andere Systeme gehen von einer neunten wesentlichen Funktion aus:

Zentrieren – Verbindungen schaffen, um ein Team zusammenzuhalten

Diese Funktion sorgt vor allem für Ausgleich zwischen den Persönlichkeitstypen, die sich in ihrer Art stark unterscheiden und deshalb Schwierigkeiten haben könnten, Verständnis und Toleranz füreinander aufzubringen.

Acht Typen – acht Aufgaben: das ausgewogene Team

Mithilfe der INSIGHTS-Persönlichkeitstypen können Teams zusammengestellt werden, die für die verschiedenen Aufgaben im Team bestens vorbereitet sind, nämlich:

- **Direktor**: Er treibt das Team an, übernimmt die Kontrolle, sorgt für Entscheidungen und Ergebnisse. Er hat die Aufgaben im Blick, die erledigt werden müssen.
- **Motivator**: Er visualisiert die Zukunft und kann das große Bild zeichnen. Er sorgt für Schwung und Begeisterung und dafür, dass das Team nicht stagniert, sich durch Innovation weiterentwickelt und neue Aufträge erhält.
- **Inspirator**: Er unterhält die Verbindungen und Netzwerke nach außen, ergreift die Initiative, um Entwicklungen anzuschieben,

und begeistert andere dafür. Er kümmert sich darum, dass das Team gemeinsam lachen und Spaß haben kann.

- **Berater**: Er bemüht sich um Ausgleich und Zusammenhalt des Teams, zeigt Verständnis für andere, behält das menschliche Element im Auge. Er achtet darauf, dass die Bedürfnisse der Einzelnen nicht zu kurz kommen.

- **Unterstützer**: Er liefert Einsichten und Hintergründe. Er trägt zur Umsetzung bei und macht deutlich, aus welchen Überzeugungen heraus das Team seine Aufgabe erfüllt, und sorgt so dafür, dass es nicht von seinem Weg abkommt.

- **Koordinator**: Er kümmert sich um den reibungslosen Ablauf und die ordnungsgemäße Umsetzung. Er kennt die Fakten, versteht den Prozess und berücksichtigt auch die Details.

- **Beobachter**: Er entwirft und analysiert die Konzepte, nach denen das Team arbeitet. Er dringt tief in die Probleme ein und sorgt dafür, dass kaum Fehler im Detail entstehen.

- **Reformer**: Er beobachtet den logischen Ablauf und reagiert sofort, wenn etwas schiefläuft. Er bedenkt das Für und Wider, entdeckt Widersprüche in Konzept oder Planung und sorgt für die Umsetzung.

Ein derart zusammengesetztes Team ist ausgewogen in seiner Zusammensetzung. Es sind einerseits Typen vertreten, deren Augenmerk speziell der Erfüllung der Aufgaben gilt:

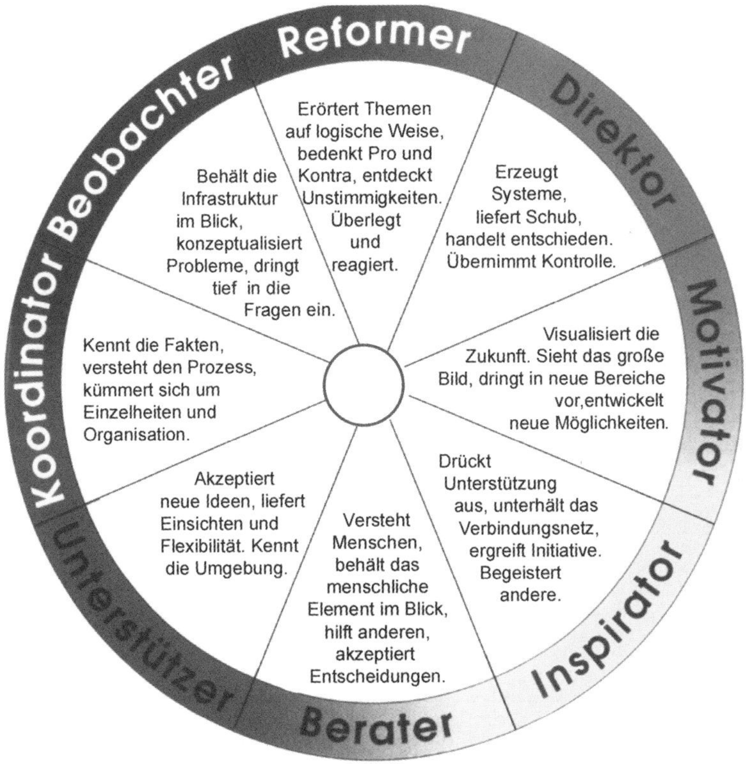

Auf der anderen Seite sind Persönlichkeitstypen vertreten, die sich besonders auf den Prozess konzentrieren und dafür sorgen, dass das Team harmonisch und motiviert arbeitet sowie gut miteinander kommuniziert:

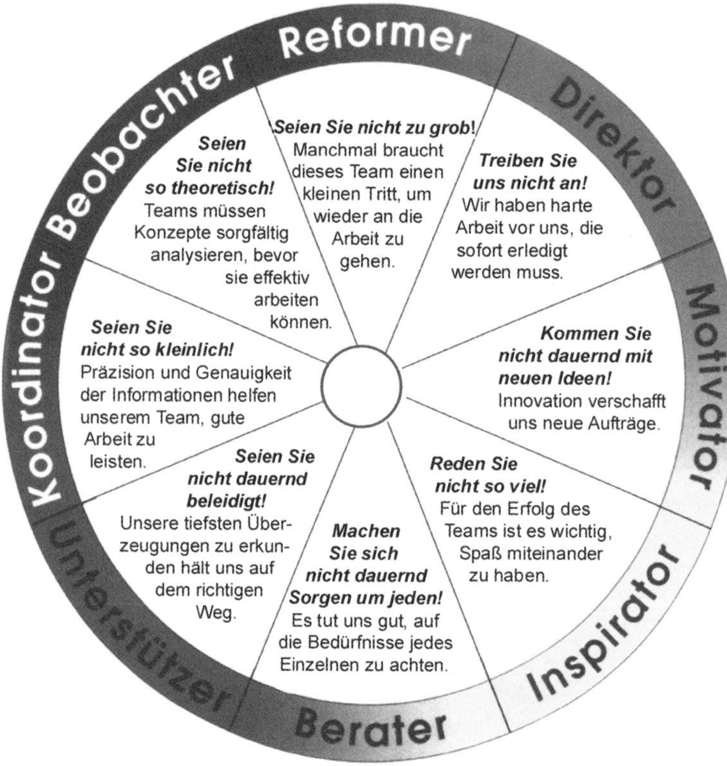

Versteht das Team, nicht zuletzt durch die Vermittlung des Teamleiters, dass beide Dynamiken entscheidend sind für die effektive Erfüllung der Teamaufgaben, dann ist es möglich, in gegenseitiger Anerkennung und Respekt miteinander zu arbeiten und Unterschiede als etwas Positives zu betrachten.

Ausgewogene Teams tragen auch dazu bei, dass die einzelnen Persönlichkeitstypen mehr Verständnis und Toleranz füreinander entwickeln. Gerade Typen, die einander auf dem Rad gegenüberliegen, also sehr unterschiedliche Verhaltensstile bevorzugen, lernen die Stärken des anderen zu schätzen. Typen, die dazwischenliegen, können vermitteln und zum gegenseitigen Verständnis beitragen.

Ein ausgewogenes Team wird für die Entscheidungsfindung länger brauchen als ein Team, das aus lauter ähnlichen Typen besteht. Aber in die Entscheidung fließen unterschiedliche Perspektiven ein. Dies gewährleistet, dass weniger Fehler und Irrtümer unterlaufen. Probleme werden von ausgewogenen Teams „vierseitig" gelöst, nämlich durch

1. **Intuition**: Ideen werden gesammelt, um Lösungen für das Problem zu entwickeln.
2. **Wahrnehmung**: Fakten werden zusammengetragen und Details des Problems betrachtet.
3. **Denken**: Das Problem wird objektiv analysiert, um Ursache und Wirkung jeder möglichen Lösung zu berücksichtigen.
4. **Fühlen**: Es wird darüber nachgedacht, wie sich die möglichen Lösungen des Problems auf die beteiligten Leute auswirken.

„Weise sein heißt, das für richtig und gut Erkannte auch umzusetzen." Vielleicht haben Sie schon einige Ideen, lieber Leser, welche Strategien und Techniken von *Stärken stärken* Sie in Ihr Leben integrieren wollen. Ein Master-Fahrplan zur Umsetzung, mit dem wir bei unseren Klienten ausgezeichnete Erfahrungen gemacht haben, möchten wir Ihnen in diesem Schlusskapitel vorstellen. Er besteht aus insgesamt sechs Schritten:

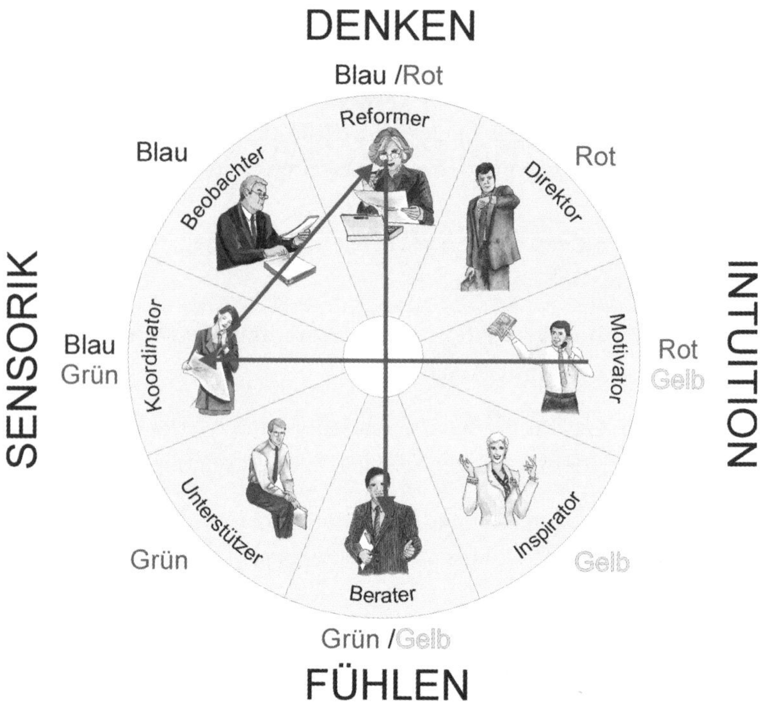

1. Herausarbeiten des eigenen Talent- und Persönlichkeitsprofils
2. Der Bestimmung der eigenen Lebensaufgabe
3. Dem Finden der Marktnische, die zu unseren Talenten und Stärken passt und dem Entwickeln eines Expertenstatus für diesen Markt
4. Dem Design unseres privaten Lebensstils, der ideal zu den weiteren Talenten passt, die wir entwickeln wollen
5. Der Entwicklung unseres persönlichen Aktionsplans: Wie praktizieren wir Verhaltensintelligenz bei der Umsetzung?

Teil V: Der Masterplan für ein stärkenzentriertes Leben

„Weise sein heißt, das für richtig und gut Erkannte auch umzusetzen.“ Vielleicht haben Sie schon einige Ideen, lieber Leser, welche Strategien und Techniken von *Stärken stärken* Sie in Ihr Leben integrieren wollen. Ein Master-Fahrplan zur Umsetzung, mit dem wir bei unseren Klienten ausgezeichnete Erfahrungen gemacht haben, möchten wir Ihnen in diesem Schlusskapitel vorstellen. Es besteht aus insgesamt fünf Schritten:

1. Herausarbeiten des eigenen Talent- und Persönlichkeitsprofils.
2. Der Bestimmung der eigenen Lebensaufgabe.
3. Dem Finden der Marktnische, die zu unseren Talenten und Stärken passt und dem Entwickeln eines Expertenstatus für diesen Markt.
4. Dem Design unseres privaten Lebensstils, der ideal zu den weiteren Talenten passt, die wir entwickeln wollen.
5. Der Entwicklung unseres persönlichen Aktionsplans: Wie praktizieren wir Verhaltensintelligenz bei der Umsetzung?

13. Kapitel: Wie Sie Ihr Leben auf Ihre Stärken fokussieren – die praktische Umsetzung

Das eigene Talent- und Persönlichkeitsprofil klar herausarbeiten

Ihr Anspruch bei dieser Übung sollte sein, das Selbstbild Ihrer Stärken so kristallklar und gestochen scharf herauszuarbeiten, wie Sie es noch nie zuvor in Ihrem Leben getan haben. Denn je klarer Sie erkennen: „Dies hier sind meine Talente und Stärken, und jene Dinge dort drüben sind nicht meine Sache", umso stabiler ist das Fundament, auf dem Ihr Masterplan ruht. Je höher wir hinaus wollen, umso sorgfältiger sollten wir die Basis vorbereiten: „Wer einen Eiffelturm baut, sollte beim Fundament nicht pfuschen."

Für ein Lebenskonzept voller Enthusiasmus und Begeisterung ist unser Herz ein besserer und weiserer Ratgeber als unser Kopf. Die erste Übung „Das lachende Herz" zum Talentprofil besteht deshalb darin, mit einem ganz feinen Kamm die Erinnerungen unserer Kindheit durchzugehen und eine möglichst lückenlose Liste all der Tätigkeiten zu erstellen, bei denen von Anfang an Ihr Herz gelacht hat. Typischerweise muss man kein Sherlock Holmes sein, um sich selbst hier auf die Spur zu kommen.

Da wir von den Dingen, bei denen unser Herz Freudensprünge gemacht hat, natürlich nie genug kriegen konnten, durchziehen sie unsere Kindheit und Jugend zumeist wie ein roter Faden. Beispiel: Von meinem ersten Roller angefangen über Gokarts, Fahrräder, Gleitschuhe, Schlitten, Skier bis hin zum ersten Moped war Geschwindigkeit für mich immer schon reines und pures Glück. Gelegentliche Unfälle haben mich davon ebenso wenig abbringen können wie die Kommentare meiner Eltern und Nachbarn vom „ Geisteskranken" oder die mahnenden Worte meiner Freunde, bei manchen Mopeds würde man eher stürzen, als dass der Ständer den Boden berühren könnte.

Ähnlich war es beim Lesen: Die ersten Jahre holperte ich ein bisschen, aber als ich es dann irgendwann richtig konnte, schleppte ich jede Woche aus der Stadtbücherei Berge von Sachbüchern nach Hause.

Was ich Ihnen mit der Beschreibung dieser beiden Erinnerungen vermitteln will, ist: Wovon unser Herz voll ist, das wissen wir Jahrzehnte später – lupenrein, kristallklar und in allen Einzelheiten. Und in aller Regel haben wir so viele Erinnerungsbeispiele zu jedem Talent, dass wir letzte Schatten des Zweifels („Hat mir das wirklich Freude gemacht?") leicht ausräumen können. Da es um Dinge geht, die wir von klein auf geliebt haben, gilt auch hier das Testkriterium der Liebe: Wenn wir Zweifel haben, ob es wirklich Liebe ist, ist es im Zweifel keine Liebe.

Die zweite Übung „Leuchtende Augen im Erwachsenenalter" besteht darin, die Recherche vom freudigen Herzen im Erwachsenenalter fortzusetzen: Je mehr Aktivitäten Sie auflisten und je größer Ihre innere Identifikation mit jeder Tätigkeit ist, umso qualitativ hochwertiger ist Ihre Datenbasis für die nächste Übung.

Wie wir im vierten Kapitel herausgearbeitet haben, gibt es inhaltsbezogene Talente und Präferenzen (zum Beispiel Tennis spielen oder Maschinenbau) und kontextbezogene Begabungen (zum Beispiel lernen, helfen wollen, für andere da sein, bis zur Grenze gehen, sich selbst übertreffen wollen).

Die dritte Übung „Talentmuster und Strukturen" lädt Sie deswegen ein, herauszufinden, ob und welche themenübergreifenden Konzepte es gibt, die Ihr Herz mit Freude erfüllen.

Eine Präferenz für Geschwindigkeit ist beispielsweise genauso übergreifend wie eine Begabung zum Lernen oder Helfenwollen. Wenn Sie Geschwindigkeitsfan sind, dann wissen Sie: Was immer Sie tun – Autofahren, Skifahren oder im Büro anstehende Aufgaben zu bearbeiten – die Faszination, es mit Höchstgeschwindigkeit zu tun, ist Ihr Begleiter.

Und wenn es ein zentrales Thema Ihres Lebens ist, anderen Menschen zu helfen, dann ist es relativ gleichgültig, ob ein Nachbar einen

Schraubenzieher ausborgen möchte, eine Arbeitskollegin Liebeskummer hat oder ein Bekannter von Ihnen einen neuen Job sucht: Der Kontext des Helfenkönnens und Gebrauchtwerdens lässt Ihr Herz höher schlagen!

Wenn wir uns unsere kontextbezogenen Präferenzen bewusst machen, ist dies in doppelter Weise nützlich. Zum einen gibt es uns ein ganz klares Bild der Kontexte und Umgebungen, in denen wir besonders gut wachsen; zum anderen zeigt es auch, wo Schwächen liegen können (Wenn Geschwindigkeit unser Lebenselixier ist, dann wird unsere Geduld sehr auf die Probe gestellt, wenn irgendwelche Bürokraten uns ihr Schneckentempo aufdrängen wollen.).

Wie wir im vierten Kapitel festgestellt haben, ist das, was wir mit freudigem Herzen tun, in aller Regel ein Talent – aber eben nicht immer. Die Tests zu den messbaren Grundintelligenzen geben Ihnen deshalb Gelegenheit, Ihre „Herzenserkenntnisse" in Übersicht 4 zu objektivieren.

Dies ist aus zwei Gründen zu empfehlen: Zunächst gibt unsere Neokortex regelmäßig erst dann grünes Licht, wenn neben dem Herzen auch unser Verstand aufgrund guter Gründe ja sagen kann. Weiterhin sagt unsere Begeisterung für eine Tätigkeit noch nichts über die Ausprägung unserer Begabung im Vergleich zu anderen Menschen aus: Wenn ich ein begeisterter und leidenschaftlicher Sänger bin, hilft mir das geschulte Ohr eines erfahrenen Gesanglehrers sehr, um zu erfahren, ob ich die Metropolitan-Oper oder besser nur den örtlichen Kirchenchor als Karriereziel ins Visier nehmen soll.

Anders gesagt: Ein Intelligenzquotient von 130 im Bereich logisch-mathematischer Intelligenz sichert die Berufswahl, Physiker zu werden, fundierter ab als das bloße Bauchgefühl, schon immer gerne mit Zahlen umgegangen zu sein.

Die Christiani-Unternehmer AG und das Scheelen-Institut haben deshalb ein umfangreiches Talent-Test-Instrumentarium entwickelt, das weit über die Testmöglichkeiten eines Buches hinausgeht. Wenn Sie Ihre Talente (oder die Ihrer Kinder oder Ihres Management- oder Vertriebsteams) als Ausgangsbasis für ein systematisches Talente-Entwicklungsprogramms noch präziser bestimmen wollen, dann finden Sie nähere Informationen bei www.talent-check.de.

Die fünfte Übung bei der Herausarbeitung eines eigenen Talentprofils ist dann die Durchführung der Motivatorenanalyse. Sie erlaubt Ihnen, an Ihren persönlichen Bestleistungen nachzuvollziehen, welche „Motivationsknöpfe" Sie aufgrund Ihrer Begabungen und Persönlichkeitsmerkmale besitzen, die Sie bei Bedarf über sich hinauswachsen lassen. Bitte notieren Sie Ihre wichtigsten Motivatoren in Übersicht 5.

Die sechste Übersicht zum Talentprofil besteht dann darin, Ihr bisheriges Ergebnis mit den 34 Talentprofilen der Gallup-Organisation abzugleichen. Bei meiner Selbsteinschätzung habe ich mich in elf der 34 Talentfelder ganz oder teilweise wiedererkannt. Als ich dann Gallups Internet-Test zur Objektivierung gemacht habe, wurden mir in der Tat fünf meiner elf Vermutungen als „Haupttalente" bestätigt. Da ich mich in der Gewichtung des Gallup-Tests weitgehend wiedergefunden habe, kann ich Ihnen den Test weiterempfehlen.

Die nächsten drei Übungen zum Erstellen Ihres Talente- und Stärkenprofils bestehen darin, die INSIGHTS-Analyse zu Ihren Werten, Verhaltenspräferenzen und Verhaltensstärken durchzuführen (siehe die INSIGHTS-Werteanalyse auf S. 183 ff., die Analyse der Verhaltenspräferenzen und der daraus resultierenden Persönlichkeitstypen S. 196 ff. und die Verhaltenskompetenzanalyse auf S. 231 ff.).

Die zehnte und letzte Übung zum Erstellen des Talentprofils besteht darin, für Ihre Talente eine erste – noch unverbindliche – Vorauswahl zu treffen in solche Talente, die Sie beruflich nutzen wollen, und die, die Sie in Ihr Lebenskonzept privat integrieren: Nachdem ich in meinem Beruf als Management-Coach sehr glücklich bin, steht für mich ein Berufswechsel zum Bergführer, Skilehrer, Testfahrer oder Rennprofi nicht an. Die damit verbundenen Aktivitäten konnte ich deshalb direkt als zentrale Elemente für meinen privaten Lebensstil verbuchen. Überlegen Sie bei der zehnten Übung auch, welche Chancen Sie haben, den Einsatz beruflicher und privater Begabungen zu kombinieren: Für mich bietet es sich z. B. an, Strategieseminare mit den Vorständen eines Großunternehmens in Form einer einwöchigen Alpenüberquerung mit dem Mountainbike durchzuführen. Dies aktiviert beispielsweise das limbische System der Teilnehmer auf ganz besondere Weise.

Konzepte, die bei Tagesetappen von 1600 Höhenmetern diskutiert und abends am Lagerfeuer mit Handschlag verabschiedet werden, hinterlassen einen nachhaltigeren Eindruck als das, was in palisandergetäfelten Konferenzräumen und dunkelblauen Zweireihern verabschiedet wird.

Die eigene Lebensaufgabe bestimmen

In der indischen Weisheitslehre gibt es das Erfolgsgesetz des Dharma. Dharma ist ein Wort aus dem Sanskrit und bedeutet *Lebensauftrag* oder Lebensvision.

Diesem Gesetz zufolge haben wir alle ein einzigartiges Talent und eine einzigartige Art, dieses auszudrücken. Die Inder glauben, dass es für jeden von uns einen Grund gibt, warum wir auf der Welt sind, und dass es unsere Aufgabe ist, diesen Grund herauszufinden und durch das Ausleben unserer Talente zu erfüllen.

Die Frage, ob unser Leben einen „objektiven“, uns vorgegebenen Sinn hat oder ob wir sogar Schöpfer unseres Schicksals sind und unseren Lebenssinn subjektiv selbst festlegen können, muss jeder für sich persönlich beantworten.

Dass die Orientierung auf einen höchsten Lebenssinn hin – unsere Lebensmission – sehr hilfreich ist, ist dagegen unter religiösen wie weltanschaulich neutralen Erfolgslehrern unbestritten. Wer seine Lebensmission kennt und weiß, welches Vermächtnis er der Welt hinterlassen will, der hat den Fixpunkt gefunden, an dem sein Leben größer wird und über seine individuelle Existenz hinausweist (Übung 11).

Dieser feste Punkt erlaubt uns, alle unsere Werte und unser ganzes Handeln auf ihn auszurichten. Er wird damit für unser Leben bildhaft gesprochen zu dem festen Punkt, den Archimedes gesucht hatte, um die ganze Welt aus den Angeln heben zu können.

Die Empfehlung vieler Werke der Erfolgsliteratur, eine Lebensaufgabe auszuwählen und sich für diese zu entscheiden, funktioniert in der Praxis meist deswegen nicht, weil der willige Leser überhaupt nicht weiß, wo er mit der Suche beginnen soll. Wer dagegen ein glasklares Bild seiner stärksten Talente hat, für den wird die Bestimmung des Lebenssinns sehr viel leichter:

Meine Haupttalente waren im Gallup-Test beispielsweise Erfolgsorientierung, Kommunikation, strategisches Denken, Lernen und der Wunsch nach Bedeutung. Eine Kombination dieser Talente könnte beispielsweise darin liegen, möglichst viel über die Mechanismen des beruflichen Erfolges zu *lernen*. Dann könnte ich mein *strategisches Denken* nutzen, um die Spreu vom Weizen zu trennen und komplexe Sachverhalte so klar und einfach zu strukturieren, dass sie leicht beherrschbar werden. Anschließend könnte ich dieses Management-Know-how überzeugend *kommunizieren*, so wie ich als Erstklässler immer schon „Lehrer, aber nicht fürs ABC“ werden wollte. Und mein *Wunsch nach Bedeutung und Erfolgsorientierung* könnte mich dann motivieren, möglichst gute Arbeitsergebnisse abzuliefern.

Meine Lebensvision ließe sich dann beispielsweise in die Worte fassen: „*Meine Lebensaufgabe ist es, Menschen zu inspirieren und zu coachen, ihre Stärken zu erkennen und zu eigenem und fremdem Wohle zu entwickeln.*“

(Wenn mich Kunden fragen, warum ich nicht nur Persönlichkeitscoach *[Weck den Sieger in dir]* und nicht nur Marketingexperte *[Magnet-Marketing – Erfolgsregeln für die Märkte der Zukunft]* sein möchte, dann liegt die letzte Antwort in genau dieser Lebensmission: Persönlichkeit ohne Marketing-Know-how – so bedauerlich es ist – zählt heute wenig; und Imageoptimierung ohne persönliche Substanz hat langfristig – Gott sei Dank – ebenfalls keinen Erfolg. Also ist meine Aufgabe in dieser Welt, Menschen und Unternehmen zu helfen, Qualität zu entwickeln und diese Qualität dann optimal zu verkaufen.)

Die zwölfte Übung des Masterplans lädt Sie ein, Ihre Lebensaufgabe zu formulieren. Fragen Sie sich, in welchem Business ein Mensch mit seinen einzigartigen Talenten und Stärken idealerweise tätig sein könnte. Was könnten Sie für Ihre Kunden besser tun als die meisten anderen? Welchen Effekt könnte die lebenslange Entfaltung Ihrer Talente auf das Leben oder die Arbeit anderer Menschen haben?

Marktnische finden und den eigenen Expertenstatus entwickeln

Vielleicht können Sie sich noch an Mark Spitz erinnern – den Mann, der 1972 bei den Olympischen Spielen sieben Goldmedaillen gewann und damit zu einem der erfolgreichsten Schwimmer aller Zeiten wurde.

Die Chancen stehen relativ gut, dass jeder von uns, der damals gegen Mark Spitz hätte antreten müssen, zweiter Sieger geworden wäre – unabhängig davon, ob der Wettkampf stromaufwärts, stromabwärts oder aber in stehendem Gewässer ausgetragen worden wäre. Nun mal angenommen, Sie hätten gegen Mark Spitz ein Rennen stromabwärts organisieren können, bei dem er die ruhige Bahn in Ufernähe und Sie die mit der Hauptströmung in Flussmitte bekommen hätten. In diesem Falle hätten Sie als Hobbyschwimmer, der nie über den Gewinn einer Stadtmeisterschaft hinausgekommen ist, ausgezeichnete Chancen, den größten Schwimmstar aller Zeiten abzuhängen.

Was die Strömung beim Schwimmen ist, das sind die Markt- und Branchentrends in der Wirtschaft. Weil Menschen und Unternehmen sich in permanenter Interaktion mit ihrer Umwelt entwickeln, wird auch weltmeisterliches unternehmerisches Talent in den falschen Märkten und Branchen dahindümpeln, während den unternehmerischen Stadtmeistern im richtigen Marktumfeld Flügel wachsen. Bill Gates hätte mit seinem unternehmerischen Talent sicher auch als Möbelhändler eine Familie ernähren können, aber es ist sehr zweifelhaft, ob er mit einer Möbel- und Matratzenfirma namens Microsoft nur in die Reichweite seines Microsoft-Software-Erfolgs gekommen wäre.

Die 13. Übung des Stärken-Masterplans lädt Sie deswegen ein, sich eine ideale Talent-Marktpassung zu erarbeiten. Fragen Sie sich deswegen: Welches Entwicklungspotenzial haben die von mir ins Auge gefassten Branchen? In welcher Wachstumsbranche werden meine Talente besonders gebraucht? Da ich die Trends der Wirtschaft von morgen in einem anderen Buch (*Magnet-Marketing – Erfolgsregeln für die Märkte der Zukunft,* Frankfurt 2002, Bestellung möglich über www.christiani-consulting.com) beschrieben habe, lade ich Sie ein, sich dort mit dem Potenzial der unterschiedlichen Märkte und Branchen im Detail zu befassen, wenn dieses Thema Sie näher interessiert.

Bei der Expertenpositionierung geht es als Nächstes um die Frage, wie Sie mit Ihren Talenten sichtbar mehr Nutzen bieten als Ihre Mitbewerber. Angenommen, Ihre Intelligenzen, Talente und Persönlichkeitseigenschaften würden Sie dazu befähigen, ein außerordentlich guter Kinderarzt zu sein. Wie schaffen Sie es dann, in einer kleineren Stadt mit fünf Kinderarztpraxen der Kinderarzt zu sein, der in den Augen der Mütter „das beste Händchen" für ihre Kinder hat? Wie werden Sie zu demjenigen, dessen Wartezimmer immer magische 30 Prozent voller ist als das seiner Kollegen?

Wir alle wissen aus eigener Erfahrung: In jeder Stadt gibt es Ärzte – Hausärzte, Orthopäden, Zahnärzte, Kinderärzte, Urologen –, deren Praxis 30 Prozent mehr frequentiert wird als die ihrer Kollegen. Wir wissen auch, dass 30 Prozent mehr Kundenfrequenz bei dem hohen Fixkostenblock einer Arztpraxis möglicherweise 100 Prozent mehr Gewinn bedeutet. Und wir ahnen alle, dass „der beste Doktor der Stadt" nicht 100 Prozent besser ist als seine Kollegen. Vielleicht ist er – wenn überhaupt – nur 3 Prozent besser, *versteht es jedoch meisterhaft, seinen Nutzenvorsprung sichtbar besser zu kommunizieren.*

Möglicherweise verblüfft der „beste Kinderarzt der Stadt" Ihren Jüngsten mit detailliertem Wissen um Pokemon und Digimon –

weshalb der Kleine den nächsten Impftermin kaum noch abwarten kann.

Da wir als Amateure die Qualität vieler Dienstleister nicht objektiv beurteilen können, machen wir unser Urteil an den Kleinigkeiten fest, die wir beobachten können: Der fleckige Kittel einer Arzthelferin lässt uns vermuten, dass man es in dieser Praxis mit der Hygiene nicht so genau nimmt, während umfangreiche Pokemon-Kenntnisse, die der Doktor im Small Talk mit unserem Sohnemann durchblicken lässt, sein Herz für Kinder enthüllt.

Wie Sie an diesem Beispiel sehen, erfordert die Positionierung als Experte *unabhängig vom fachlichen Können ein eigenes Know-how zur Kommunikation dieses Könnens.*

Übung 14 gibt Ihnen deshalb die Gelegenheit, sich mit den wichtigsten strategischen Schlüsselfragen hierzu zu beschäftigen (das komplette Strategie-Know-how finden Sie in *Magnet-Marketing*, a.a.O., S. 155 ff.).

- Wo kann ich mit meinen Talenten sichtbar (mindestens 30 Prozent) mehr Nutzen bieten als andere?
- Kann ich durch Spezialisierung auf die Bedürfnisse bestimmter Zielgruppen einen sichtbaren Mehrnutzen bieten?
- Wie kann ich mein Unternehmen (mich selbst) durch die richtige Kommunikation als Marke in den Köpfen meiner Kunden verankern?
- Wie würde mein Business in fünf Jahren aussehen, wenn ich dann unangefochtener Marktführer bin?

Design eines talentezentrierten Lebensstils

Oft verbringen wir Zeit mit Tätigkeiten, die uns nichts bedeuten, an Orten, die uns gleichgültig sind, und das möglicherweise noch mit Menschen, die uns ebenfalls egal sind – und das nur aus einem einzigen Grund: *Weil wir glauben, wir müssten diese Dinge tun.*

Ob Sie in Ihrem Leben zumindest überwiegend in der richtigen Richtung zu Motivation und Enthusiasmus unterwegs sind, lässt sich an einigen Frühwarnsignalen schnell überprüfen:

1. Haben Sie öfter das unterschwellige Gefühl, dass Ihrem Leben etwas fehlt?
2. Haben Sie manchmal das Gefühl, dass Sie irgendwo nicht im Einklang sind mit sich selbst oder dass in Ihrem Leben irgendetwas falsch läuft?
3. Gibt es Menschen in Ihrem Leben, die dazu beitragen, dass Sie öfter unglücklich sind?
4. Verspüren Sie einen starken Drang nach Veränderung?
5. Fühlen Sie sich morgens öfter leer als energiegeladen?
6. Würden Sie Menschen, Aufgaben, Telefonaten, Briefen und Routinen lieber aus dem Weg gehen, wenn dazu die Möglichkeit bestünde?
7. Gibt es nichts, was Sie entweder motivieren oder demotivieren könnte (weil Sie sich nämlich von wichtigen Dingen, die Sie berühren könnten, ohnehin schon zurückgezogen haben)?
8. Haben Sie keine großen, leidenschaftlichen Wünsche mehr oder wissen Sie nicht mehr genau, wie diese Wünsche aussehen?

Wenn Sie einige dieser Fragen bejaht haben, spricht viel für die Diagnose: „*Geschieden von Ihrem Herzen*", wie die Amerikaner dies sehr plastisch ausdrücken (divorced from your heart).

Was Ihr Leben in diesem Fall braucht, ist eine massive Injektion von Freude und Begeisterung, damit Ihr limbisches System umschalten kann von „Druck in der Magengrube" zu „Hüpfen im Herzen".

Machen Sie sich bewusst, dass Freude, Begeisterung, Lust und Liebe unser ganzes Leben durchdringen und alle Wahrnehmungen emotional einfärben: Wer frisch verliebt ist, sieht die Welt in einem völlig anderen (rosaroten) Licht. Er ist fröhlicher, optimistischer, großzügiger, aufgeschlossener – anders ausgedrückt: Seine Emotionen fließen und expandieren. Ob der Grund dafür die Liebe zu einem Menschen, einer Idee, einem Projekt oder einem neuen Oldtimer ist, ist dabei weniger entscheidend.

Wer liebt, ist ein besserer Vater, eine bessere Mutter, ein besserer Chef, ein besserer Nachbar – zusammengefasst also – ein besserer Mensch. Je mehr also Ihr Lebensstil exakt um die Dinge herumgeschneidert ist, die Sie schon immer liebend gern getan haben, umso mehr Positiv-Gelegenheiten geben Sie sich selbst, Ihr Leben zu lieben.

Für alle, die glauben, man müsse erst alle anderen glücklich machen, bevor man anfangen dürfe, sich um sein eigenes Glück zu kümmern, wollen wir daran erinnern, dass unser Tun dem Sein folgt.

Wenn Sie den Tag als glückliche Mutter oder glücklicher Vater starten, dann steckt Ihr Glück Ihre Kinder an. Und alle Brote, die Sie Ihren Kindern schmieren mit dem Gesichtsausdruck „Das-sich-mich-wieder-um-euch-kümmern-muss-obwohl-ich-doch-so-gestresst-bin", gehen Ihren Kids auf den Geist – und es ist nur eine Frage der Zeit, bis sie es Ihnen sagen! Entscheiden Sie sich also höchst eigennützig – und im Interesse aller Menschen, mit denen Sie zu tun haben –, Ihren Lebensstil punktgenau auf Ihre Talente auszurichten.

Übung 15 lädt Sie dazu unter anderem mit den vier strategischen Fokus-Fragen ein:

- Von welchen Aktivitäten sollten Sie mehr in Ihrem Leben haben, um Ihre Talente und Stärken auszuleben?
- Von welchen Aufgaben und Routinen sollten Sie weniger haben, weil sie Sie am Ausleben dessen hindern, was Sie lieben?
- Welche Aktivitäten sollten Sie in Ihrem Leben neu starten?
- Und welche Aktivitäten sollten Sie in Ihrem Leben komplett stoppen?

Übung 16 gibt Ihnen dann Gelegenheit, diese Vorüberlegungen zu einer „Lebensstil-Vision" weiterzuentwickeln: Angenommen, Sie wären in fünf Jahren so weit, Ihr Leben komplett an Ihren Stärken auszurichten:

- Wie sieht dann ein „Bilderbuchjahr" in Ihrem starken Leben aus? Schreiben Sie dazu ein detailliertes Drehbuch, je genauer, desto besser!
- Wie sieht in Ihrem stärkezentrierten Leben dann eine „Bilderbuchwoche" aus?
- Und wie sieht ein „Bilderbuchtag" aus, dem Sie ausschließlich Ihre Stärken widmen?

Die Ausarbeitung unseres persönlichen Aktionsplans

Aufbauend auf den Prinzipien der „stammhirngesteuerten" Verhaltensintelligenz, unterscheiden sich unsere Umsetzungskonzepte sehr deutlich von dem, was allgemein zur Verhaltensänderung – meistens unter der Überschrift „Motivation für und durch klare Ziele" – angeboten wird. Unser Konzept basiert auf den fundamentalen musterprägenden Kontexten von

1. Zeitkategorien,
2. Routinen,
3. Ritualen,
4. Raumkategorien und
5. der Visualisierung von Werte- und Archetypen-Strukturen.

Zeitkategorie

Von Altmeister Johann Wolfgang von Goethe – einem Menschen, der sicher frei ist von dem Verdacht, mit Geistesgaben kümmerlich bedacht worden zu sein – stammt der Satz: „*Gegenüber der Fähigkeit, die Arbeit eines einzigen Tages sinnvoll zu planen, ist alles andere im Leben ein Kinderspiel.*" Derselbe Goethe, der auf der ewigen Weltbestenliste aller Genies von Tony Buzan als das viertgrößte Genie aller Zeiten geführt wird, erkannte auch: „*Alle bedeutenden Menschen, die in ihrer Lebensweise eine gewisse Regelmäßigkeit und feste Grundsätze besitzen ..., können sehr leicht in den Augen oberflächlicher Betrachter als Pedanten erscheinen.*"

Wir glauben, dass wir Ihnen ein Organisationsprinzip zur Tagesgestaltung anbieten können, das vermutlich auch Goethe angenehm überrascht hätte, weil es seinen Anforderungen zur sinnvollen Planung, der Regelmäßigkeit und Grundsatzorientierung vollständig entspricht.

Stellen Sie sich einmal vor, Sie hätten die Möglichkeit, Ihren idealen Tag, an dem Sie möglichst viele Ihrer Talente und Stärken leben wollen, systematisch zusammenzubauen: Sie bekämen dazu insgesamt 100 Bauklötze, von denen jeder einen Zeitwert von zehn Minuten hätte und zugleich 1 Prozent der insgesamt zur Verfügung stehenden Aktivzeit repräsentieren würde. Die Klötze gäbe es in verschiedenen Farben, zum Beispiel in Rot für aktive Arbeitszeiten, in Grün für Muße und in einem schönen Braun für „Erhaltungsaktivitäten" wie Rasieren, Duschen, Essen und Körperpflege.

Sie könnten sich beliebig viele Arbeits-, Muße-, Freizeit- und sonstige Bauklötze nehmen und müssten nur darauf achten, dass Sie insgesamt nicht mehr als hundert Klötze verbauen. Anschließend würden Sie Ihren idealen Stärkentag mutig zusammenstellen und ihn dann am nächsten Tag testweise leben. Dabei würde Ihnen dann beispielsweise auffallen, dass Sie nach dem Mittagessen lieber zwei grüne Muße-Bauklötze mehr hätten und Sie dafür gerne von Ihren 42 Arbeits-Bauklötzen zwei zurückgeben. Nach vier Tagen würden Sie dann feststellen, dass sich bei Ihnen zu Hause Kleider- und Postberge türmen, weil Sie überhaupt keinen Organisationsbaustein eingebaut haben.

Und so würden Sie durch diese Lern- und Feedbackschleifen nach wenigen Wochen die Strukturen und Kategorien für Ihren idealen Tag gefunden haben. Es würde alles getan, was getan werden muss, und Ihr Tagesablauf wäre so optimiert, dass Sie möglichst viel Zeit mit Ihren Talenten und Stärken verbringen und Ihr Leben genau die Balance hat, die Sie sich wünschen …

Könnte es sich lohnen, einige Wochen lang täglich wenige Minuten Aufmerksamkeit zu investieren, um die Zeitkategorien zu bestimmen, mit denen wir unser Leben maßgeschneidert um unsere Stärken herum organisieren können? Die Frage ist: *Wie können wir den Kontext eines Tages so leicht und übersichtlich strukturieren, dass unser Stammhirn die Kategorien bilden kann, die wir brauchen, um aus dem Unterbewussten heraus zeitsouverän zu werden?*

Wir möchten Ihnen dazu eine einfache Antwort anbieten: den „100er-Rahmen“. Das Prinzip des 100er-Rahmens besteht darin, Ihren aktiven Tag vom Aufwachen bis zum Schlafengehen – ähnlich wie in dem Bauklötzebeispiel – in 100 Aktivitätsblöcke von zehn Minuten Dauer zu untergliedern. Wenn Sie also um 6.20 Uhr aufstehen, dann geht Ihr 100er-Block bis um 23.00 Uhr. Mit dem 100er-Rahmen erarbeiten Sie sich zunächst eine Grundstruktur Ihres idealen Tages, indem Sie jedem Zeitblock eine Aktivität zuordnen und die Kategorie bestimmen, die dazugehört. Wenn Sie sich also von 6.20 Uhr bis 6.40 Uhr rasieren, duschen und die Zähne putzen und für Sie Ihre Morgentoilette in die Kategorie „Erhaltungsarbeiten“ fällt, dann ist damit die Zuordnung der ersten beiden Blocks erledigt. Wenn Sie so den Gesamtablauf Ihres idealen Tages durchstrukturieren und dabei möglichst viel Zeit in Ihre Talente, Stärken und Lieblingsaktivitäten investieren, haben Sie nachher auf einen Blick geklärt:

- welche Zeitkategorien es in Ihrem idealen Tag gibt,
- wie viel Prozent Ihrer Zeit Sie in welcher Kategorie verbringen und

- ob die Proportionen der einzelnen Kategorien zueinander stimmen.

Wenn Sie jetzt beginnen, Ihre ideale Zeitstruktur in die Praxis umzusetzen, werden Sie durch Versuch und Irrtum schnell feststellen, wo Ihre Struktur durch Feintuning weiter optimiert werden muss.

Das Prinzip des 100er-Rahmens, der uns erlaubt, unseren Tag in eine Dezimalordnung zu bringen, hat bei vielen Klienten in wenigen Wochen zu einem völlig neuen Zeitgefühl und einer neuen Zeitsouveränität geführt.

Der 100er-Rahmen gibt Ihnen eine einfache Übersicht Ihrer Zeitkategorien und zeigt, *wie Sie sich entschieden haben, Ihr Leben ideal um Ihre Stärken herum leben zu wollen.* Sie sind jederzeit frei, spontan davon abzuweichen und mit einem netten Nachbarn sechs Zeitblocks bei einem Bier zu investieren. Wenn Sie vorher wissen, dass dies Ihre sechs Weiterbildungsblocks für diese Woche sind, und Sie trotzdem gerne zusagen, weil Ihnen daran liegt, den neuen Nachbarn kennenzulernen, dann haben Sie in Kenntnis Ihrer Prioritäten entschieden. Wenn Sie dagegen merken: „Das hier werden sieben weitere Bier zu den 18 Bieren von gestern, und meine Weiterbildung geht auch flöten, da sage ich lieber ab …“, dann ist dies ebenfalls okay, weil Sie auch in diesem Fall Ihr Leben am roten Faden Ihres Stärkekonzepts ausrichten konnten und deswegen Ihre Entscheidung fundiert getroffen haben.

Routinen

Unser Stammhirn liebt Routinen, weil sie uns Sicherheit und Stabilität geben. Je bewegter unser Leben an der Oberfläche ist, umso wichtiger ist es, dass unser Tag ein Fundament von Grundsätzen und Regelmäßigkeiten aufweist, ähnlich wie Goethe es im Leben vieler bedeutender Menschen ausgemacht hat.

Hier bietet Ihnen die Struktur des 100er-Rahmens eine sehr gute Ausgangsbasis: Wenn Sie sich Ihre Aktivitäten in den einzelnen Kategorien anschauen, dann erkennen Sie sofort, wo es für Sie Sinn macht, immer wiederkehrende Handlungsabläufe zu systematisieren und als Routine zu perfektionieren. Fragen Sie sich beispielsweise (Übung 18):

- Gibt es für diese Aktivitäten eine bessere Reihenfolge?
- Was sollte ich ergänzen?
- Was sollte ich weglassen?
- Welche Aktivitäten könnte ich bündeln?

Auf diese Weise können Sie Ihre Verhaltensroutinen Stück für Stück und Block für Block optimieren. Da sich nach einer alten Faustformel von Arbeitsmethodikern durch eine elegante Optimierung von Arbeitsabläufen regelmäßig 30 Prozent Zeit einsparen lässt und die meisten Menschen pro Tag mindestens 20 Blocks Routineaufgaben haben, ergibt sich allein hier ein konkretes Einsparungspotenzial von sechs Blocks.

Rituale

Aktivitäten, die Ihnen besonders wichtig und wertvoll sind, können Sie von einer Routine weiterentwickeln zum Ritual. Vielleicht möchten Sie Ihre Morgenmeditation oder das gemeinsame Frühstück mit der Familie am Wochenende zu einem solchen Ritual ausbauen.

Für die Meditation können Sie sich dann vielleicht einen bestimmten Platz im Schlafzimmer reservieren, einen kleinen Gebetsteppich als Unterlage besorgen, eine Kerze und ein Räucherstäbchen anzünden und damit auch Ihrem limbischen System schnell klarmachen, dass ein weiteres Highlight Ihres Tagesablaufs kommt (Übung 19).

Zur Hervorhebung des Familienfrühstücks beschließen Sie vielleicht, nicht in der Küche, sondern im Esszimmer zu frühstücken. Sie sorgen für Tischdekoration, Musik, frisch gepresste Säfte und immer wieder andere Lieblingsspeisen. Sie sehen: Routinen werden durch exquisite Ausarbeitung zum Ritual. Wir brauchen Aufmerksamkeit, Sorgfalt, vielleicht noch Schmuck und Dekoration, um Schönheit und Ästhetik zu vermitteln, Musik und Kunst und vor allem die innere Identifikation mit dem Sinn dieser Überhöhung des Alltags!

Raumkategorien

Ein einfacher Kunstgriff, die prägende Wirkung einer Zeitkategorie oder Routine für unser Stammhirn weiter zu verstärken, besteht darin, den zeitlichen Kontext mit einem Raumkontext zu verbinden (Übung 20). Meditiere ich zur selben Zeit am selben Platz und bitte zum Familienfrühstück, bei dem niemand fehlen darf, ins Esszimmer statt in die Küche, dann verstärke ich die Botschaft für unser Unterbewusstsein nachdrücklich.

So beobachten viele Menschen, dass, wenn sie im Urlaub sind (Zeitkategorie) und wegfahren (Raumkategorie), es ihnen viel leichter fällt, abzuschalten, als wenn sie den Urlaub in den eigenen vier Wänden verbringen.

Unsere Garderobe ist ebenfalls ein wichtiger Raumanker – auch und gerade für unsere Stimmung. Frauen wissen dies oft besser zu nutzen als Männer: Wenn es einen Anzug oder ein Kostüm gibt, in dem Sie sich besonders gut fühlen, kann es durchaus helfen, diesen Raumanker zum Beispiel für schwierige Verhandlungen als Stimmungsverstärker zu nutzen.

Aus meinen Train-the-Trainer-Seminaren für die deutschen Bundestrainer weiß ich beispielsweise, dass viele Topathleten bei ihrer Wettkampfkleidung ganz penibel das auswählen, was ihnen „Glück“ bringt (Maskottchen).

Die Visualisierung von Werte- und Archetypen-Strukturen

Die Orientierung eines stärkezentrierten Lebens an zentralen Archetypen ist ein besonders eleganter und erfolgreicher Weg, unsere Verhaltensintelligenz zu entfalten.

Wie wir aus den Forschungen von Carl Gustav Jung und anderen Tiefenpsychologen wissen, wird in unserer Psyche das Erfahrungswissen und die Weisheit von Tausenden Generationen, die vor uns gelebt haben, in Form von sogenannten Archetypen codiert. Es ist sicher kein Zufall, dass der Sieg des Guten über das Böse in fast allen Kulturen ein zentrales Thema unserer Existenz ist und nach wie vor fast alle Abenteuer- und Actionfilme dominiert:

Ein Grund für die Beliebtheit von Märchen bei Kindern und Action-Spielfilmen bei Erwachsenen liegt schlicht darin, dass wir es genießen, im Spiegel der Handlung die Helden-Komponenten unserer eigenen Psyche zu entdecken. In diesen Kontext gehört auch, dass einfache Arbeiter, die gebeten wurden, einen Persönlichkeitstest so auszufüllen, wie James Bond ihn vermutlich ausfüllen würde, sich aufgrund der Testergebnisse plötzlich für Toppositionen empfahlen. Falls Sie also für Ihr stärkezentriertes Leben mehr Disziplin brauchen, dann helfen Ihnen 20 Selbstorganisationsprinzipien weniger gut weiter als die klare Vorstellung, wie ein Krieger Ihr Leben leben würde.

Unser Gehirn versteht Superzeichen zur Verhaltenssteuerung besser als Einzelanweisungen (die Anweisung eines Rhetoriklehrers: „Reden Sie so, als sprächen Sie zu Ihrer Familie“ koordiniert mehr Einzelelemente zur Mimik, Gestik und Stimme, als sich sprachlich überhaupt ausdrücken ließen). Das gilt insbesondere dann, wenn unsere Psyche bereits über umfangreiche Referenzinformationen verfügt. Integrieren Sie deshalb in Ihr Masterkonzept die Archetypen, die Sie optimal unterstützen können, Ihre Talente zu Stärken zu entwickeln (Übung 21).

14. Kapitel: Die Lerntechniken der Genies zur Entwicklung von Weltklasseleistungen

Die simple Fähigkeit des Lesens und Schreibens war vor tausend Jahren eine höchst seltene Qualifikation, die nur von wenigen Weisen und Schriftgelehrten beherrscht wurde: Wer ihrer mächtig war, qualifizierte sich damals nahezu automatisch für eine Beratungstätigkeit in Fürstenhäusern oder sogar am königlichen Hofe.

Heutzutage lässt sich dagegen der dezente Hinweis, man könne lesen und schreiben auch von Zwölfjährigen nicht mehr zur Selbstdarstellung in eigener Sache verwenden (nach den Erkenntnissen der PISA-Studie könnte es allerdings sein, dass diese Zeiten wiederkommen!).

Der Grund hierfür liegt nicht darin, dass Menschen in den letzten tausend Jahren so viel intelligenter geworden wären, sondern zeigt nur, dass wir die Methoden zur Wissens- und Skill-Vermittlung bei der rationalen Intelligenz in den letzten tausend Jahren so entwickelt haben, dass davon heute fast alle Mitglieder unserer Gesellschaft profitieren können.

Wenn also die Frage, wie viel wir aus einer Grundintelligenz herausholen können, wie unser Beispiel zeigt, auch stark von der Effizienz unserer Lernmethoden abhängt, dann – so spekulieren Lernpsychologen – müsste man aus den Studiertechniken bekannter Genies möglicherweise ableiten können, welche Lernmethoden am besten geeignet sind, Weltklasse-Talente zu Weltklasse-Stärken zu entwickeln.

Die grundlegenden Untersuchungen zu dieser Frage gehen bis auf die 20er-Jahre des letzten Jahrhunderts zurück. Wissenschaftler haben inzwischen die Lebensläufe, Denk-, Lern- und Studiertechniken von mehreren hundert Genies intensiv untersucht und sind dabei auf faszinierende Übereinstimmungen gestoßen. Mindestens drei Lerntechniken scheinen dabei tatsächlich als Lernturbos zu wirken und Menschen zu erlauben, aus ihren Talenten das meiste zu machen. Die gemeinsamen Lerngewohnheiten der Genies sind:

1. das „zwanghafte Aufschreiben“,
2. das „geborgte Genie“ und
3. das Image-Streaming.

Das „zwanghafte Aufschreiben“

Die Lernforscherin Catherine Cox befasste sich schon in den 20er-Jahren des letzten Jahrhunderts intensiv mit den Lern- und Studiertechniken von Genies. Sie untersuchte insgesamt 300 Genies der Geschichte, unter anderem Sir Isaak Newton, Thomas Jefferson und Johann Sebastian Bach.

Frau Cox fand beim Studium der Biografien ihrer Genies auffallend ähnliche Gewohnheitsmuster: Genies schrieben beispielsweise schon in jungen Jahren ausführlich ihre Gedanken und Gefühle in Tagebüchern, Gedichten und Briefen an Freunde und Familienangehörige nieder. Diese Neigung fand sie unabhängig von der jeweiligen Talent-Domäne bei Wissenschaftlern genauso wie bei Staatsmännern oder Generälen.

Wir wissen nun aufgrund verschiedener Untersuchungen, dass weniger als ein Prozent aller Menschen dazu neigen, ihre Wahrnehmungen, Gedanken und Erfahrungen in Protokollen, Tagebüchern, Briefen oder Büchern aufzuschreiben. Diejenigen, die – in welcher Disziplin auch immer – geistige Höchstleistungen erbringen, gehören interessanterweise fast alle dazu: Von einigen der ganz Großen – zum Beispiel Leonardo da Vinci oder Thomas Alva Edison – sind noch heute viele tausend Seiten ihrer Aufzeichnungen und Notizen erhalten.

Warum und wie der Prozess des klüger Werdens durch Aufschreiben funktioniert, ist noch nicht bis in letzte Einzelheiten geklärt.

Die Neurobiologin Marian Diamond konnte in einem Experiment mit Ratten zeigen, dass diese in stark stimulierender Umgebung eine Menge zusätzlicher neuronaler Verbindungen entwickeln, *wenn sie durch eine Feedbackschleife Informationen über ihr eigenes Handeln bekamen.*[35]

Eine Kontrollgruppe von Ratten, die der ersten Gruppe bei ihren stimulierenden Spielen zuschauen durfte, entwickelte genauso wenig neue neuronale Verbindungen wie eine zweite Kontrollgruppe, die in ihrer normalen Umgebung verblieb. Die Forscher konnten damit beweisen, dass die deutliche Zunahme von neuronalen Verbindungen nur dann einsetzte, wenn die Ratten mit ihrer Umwelt interagierten, das heißt die Stimulation durch ihre Umgebung auf sie zurückwirkte.

Gehirnforscher schließen aus solchen und ähnlichen Experimenten, dass die physische Entwicklung unseres Gehirns nicht nur von unserem genetischen Erbe und äußeren Reizen abhängig ist. Als dritte wesentliche Komponente kommt *das Feedback unserer eigenen spontanen Aktivität hinzu.*

Anders gesagt: Indem wir die Kräfte des Selbstausdrucks und unseren sensorischen Feedbacks nutzen, können wir die Beschaffenheit unseres Gehirns verändern. Die erste Regel der Lernpsychologie heißt deswegen:

Was wir denken oder tun, wirkt neurologisch vielfach auf uns zurück: Jedes Mal, wenn wir unsere Ideen aufschreiben, verbessern wir unsere Fähigkeit, neue Gedanken zu bekommen und als solche wahrzunehmen.

Und jedes Mal, wenn wir „vergessen", einen neuen Gedanken festzuhalten, stärken wir die Verhaltensgewohnheit des Vergessens.

Noch anders ausgedrückt: *Das „zwanghafte Aufschreiben" unserer Ideen, Gedanken und Gefühle stärkt durch die Feedbackschleife des Selbstausdrucks (Fühlen des Schreibens und Sehen des Geschriebenen) unsere Rechnerleistung im Gehirn.*

---

[35] Zitiert nach Win Wenger, a.a.O., S. 87

Entwickeln Sie deswegen die Gewohnheit, überall dort, wo Sie Ihre Talente entfalten wollen, großzügig von der Kunst des Aufschreibens Gebrauch zu machen (Übung 22)!

Das „geborgte Genie"

Das geborgte Genie ist eine Lernmethode, die von dem russischen Psychologen Dr. Vladimir Raikow entdeckt und erforscht worden ist.

Raikow versetzte seine Versuchspersonen in einen Zustand der Tiefenhypnose und suggerierte ihnen, sie würden durch Reinkarnation zu einem Genie der Geschichte. Raikow konnte anschließend feststellen, dass Menschen, denen er suggeriert hatte, sie seien Rembrand, im Zustand der Hypnose Kunstwerke anfertigten, die weit jenseits ihrer „normalen" Begabung lagen. Manche wollten nachher selbst nicht glauben, zu welchen Leistungen sie im Zustand der Hypnose fähig waren.

Interessanterweise konnten die Versuchspersonen die in der Hypnose entdeckten Fähigkeiten später auch ohne erneute Hypnose nutzen – und zwar auch dann, wenn sie vorher zu denen gehört hatten, die nicht glauben wollten, dass sie die Urheber dieser Kunstwerke waren.[36]

Lernpsychologen vermuten, dass der Raikow-Effekt mit einem Phänomen zusammenhängen könnte, das wir in anderer Form von den sogenannten „multiplen Persönlichkeitsstörungen" her kennen.

Wir wissen, dass unser Gehirn bei dieser Störung in der Lage ist, verschiedene Persönlichkeiten abzuspalten und zu speichern. Menschen mit dieser Persönlichkeitsstörung haben – je nach Persönlichkeitsmuster, in dem sie gerade sind – verschiedene Handschriften und unterschiedliche künstlerische Fähigkeiten; sie sprechen verschiedene Sprachen, haben in einem Persönlichkeitsmuster Allergien und in anderen nicht und – was die Forscher am meisten ver-

[36] Win Wenger, Richard Poe, *Der Einkaufsfaktor*, Freiburg 1977, S. 207

blüfft – entwickeln unterschiedliche Gehirnwellenmuster, obwohl diese bei uns Menschen ähnlich individuell und unverwechselbar sind wie unsere Fingerabdrücke.[37]

Warum wir in verschiedenen Bewusstseinszuständen Talente aktivieren können, auf die wir sonst keinen Zugriff haben, ist bis heute nicht vollständig geklärt.

Interessant ist, dass viele Genies – und zwar völlig unabhängig voneinander und in verschiedenen Zeitaltern – immer wieder mit der Technik gearbeitet haben, sich symbolisch die Identität eines anderen auszuleihen, um Zugriff zu ansonsten brachliegenden eigenen Fähigkeiten zu bekommen.

So berichten beispielsweise Mitarbeiter von Walt Disney, dass dieser sich die Identität seiner Zeichentrickfiguren „auslieh" (insbesondere immer wieder in die Rolle von Mickey Mouse hineinschlüpfte) und sogar ihre Körperhaltung komplett imitierte, um sich für den Fortgang der Handlung inspirieren zu lassen.

Von dem berühmten amerikanischen General George S. Patton wird sogar berichtet, dass er sich für die Reinkarnation großer Generäle der Vergangenheit hielt.

Napoleon Hill – der Urvater des positiven Denkens – beschreibt in seinem Buch *Denke nach und werde reich* die verwandte Technik der Master-Mind-Group. Hill traf sich in seiner Vorstellung jeden Abend vor dem Einschlafen mit neun großen Männern aus der amerikanischen Geschichte – unter anderem Thomas Alva Edison und Abraham Lincoln – und bat sie um Rat zu Fragen, die ihn gerade beschäftigten. Hill beobachtete, dass die vorgestellten Personen nach einigen Wochen ein starkes Eigenleben entwickelten und seine Fantasie mit Eingebungen speisten, mit denen er nie gerechnet hatte.

Der amerikanische Lernforscher Win Wenger, den ich seit vielen Jahren kenne und als einen der renommiertesten Experten seines Fachgebiets schätze, hält die Methode des geborgten Genies für die

---

[37] Michael Talbot, *Das holographische Universum*, München 1992, S. 76 u. S. 98

wirksamste Talent-Optimierungs-Technik überhaupt. Er empfiehlt „Genie-Anfängern“ folgende Übung (23), die sich auch in unseren Seminaren bewährt hat:

Das geborgte Genie

1. Entscheiden Sie sich für ein Talent, das Sie optimieren wollen.
2. Wählen Sie ein Genie, das diese Fähigkeit weltmeisterlich beherrscht.
3. Stellen Sie sich eine landschaftlich reizvolle Umgebung vor und beschreiben Sie sie in allen Einzelheiten.
4. Sehen Sie jetzt, wie das Genie ins Bild kommt und beschreiben Sie ihn oder sie in allen Einzelheiten.
5. Schlüpfen Sie in Ihrer Vorstellung in den Experten hinein und beschreiben Sie die Szene aus seiner Sicht; achten Sie auf Unterschiede in der Wahrnehmung zu Ihrer eigenen Beschreibung.
6. Üben Sie dann in der Person des Experten die Tätigkeit aus, die Sie perfektionieren wollen.
7. Beschreiben Sie diese Tätigkeit in allen Einzelheiten.
8. Protokollieren Sie anschließend detailliert, was Sie gelernt haben.

Image-Streaming nach Win Wenger

Win Wenger beschäftigt sich seit über 25 Jahren mit den effizientesten Lerntechniken weltweit und ist vermutlich der einzige Experte, der für sich in Anspruch nehmen kann, eine Lern- und Kreativitätsmethode entwickelt zu haben, die langfristig und bleibend den IQ steigert – ein Phänomen, das viele Testpsychologen überhaupt nicht lustig finden. Wengers Methode – von ihm Image-Streaming genannt – ist einfach zu erlernen und funktioniert wie folgt:

1. Sie schließen die Augen und beschreiben die inneren Bilder, die Sie sehen, laut nach außen (einem externen Beobachter oder Sie diktieren sie einem mitlaufenden Kassettenrekorder).
2. Es gibt nur drei Gebote: Erstens die Bilder laut zu beschreiben, zweitens alle Sinne einzusetzen und drittens in der Zeitform Präsens zu berichten.

Als Einführung in diese Übung bitten wir Teilnehmer im Seminar, ihrem Sitznachbarn mit geschlossenen Augen 15 Minuten lang ihr Wohnzimmer zu beschreiben. Die meisten Teilnehmer sind über diese Zeitvorgabe verblüfft und glauben, dass sie mit ihrer Beschreibung in maximal drei Minuten fertig sind. Sie stellen dann jedoch sehr erstaunt fest, dass unsere inneren *Bilder während des Beschreibens* und *durch das Beschreiben* immer klarer, deutlicher und plastischer werden und sich dieser Bilderstrom durch unsere eigenen Beobachtungen immer weiter verstärkt, *ohne zu einem Ende zu kommen.*

Wenn Sie sich die Zeit nehmen, diesen Prozess einmal selbst auszuprobieren und zu erleben, werden Sie feststellen:

1. Image-Streaming ist ein *sich selbst verstärkender Prozess.*
2. Je mehr wir uns auf die Beschreibung unserer inneren Bilder einlassen, umso besser fokussieren wir auf diese Bilder und umso klarer, deutlicher und plastischer werden sie.
3. Unsere eigene Beschreibung *hält den Bilderstrom im Fließen.*
4. Unsere Beschreibung nach außen ist ein Teil der Feedbackschleife. Sie folgt *nicht nur dem Bilderstrom, sondern hilft auch, ihn zu schaffen* und ihn am Leben zu erhalten.

Win Wenger, der übrigens berichtet, dass Leonardo da Vinci bereits vor 500 Jahren mit dieser Methode viele seiner Erfindungen konzipierte, hat seine Methode von verschiedenen Forschern testen lassen.[38]

[38] Wenger, a.a.O., S. 79

Bekannt geworden in der Lernpsychologie sind insbesondere die Experimente von Charles P. Reinert, einem Physikprofessor der Southwest State University in Minnesota, der bei seinen Studenten nachweisen konnte, dass 5,9 Stunden Image-Streaming zu einer dauerhaften IQ-Steigerung von 5,31 Punkten führte.

Wenger berichtet in seinen Seminaren selbst, dass die Ausbeute von 0,8 IQ-Punkten für 60 Minuten Image-Streaming sich auch dann linear fortsetzt, wenn das Training länger durchgeführt wird.

Top-Kreativitätsexperten von IBM und anderen Think-Tanks, die Image-Streaming beruflich regelmäßig einsetzen, erreichten Spitzenwerte von 150 IQ-Punkten (wobei Wenger auf meine Nachfrage allerdings einräumte, dass in solchen Think-Tanks niemand beschäftigt ist, der nicht schon zu Beginn mit einem weit überdurchschnittlichen IQ aufwarten kann!).

Regelmäßiges Image-Streaming hat noch eine weitere faszinierende Wirkung: Im Kolb-Learning-Style-Inventory – einem Lerntest, der ermittelt, inwieweit die Versuchsperson auf die vier Lernstile „konkrete Erfahrung", „abstrakte und konzeptbezogene Prozesse", „reflektierende Beobachtung" und „aktive experimentielle Überprüfung" zurückgreift – sind die Anwender des Image-Streaming die einzigen Probanden, die auf Dauer in ihrem Lernstil immer ausgeglichener werden und dem Optimum des ausgewogenen Einsatzes der Lernstile am nächsten kommen.

Neurologen erklären die dauerhafte Intelligenzsteigerung und die Optimierung des persönlichen Lernstils im Prinzip so:

Wenn wir als Kinder Radfahren gelernt haben und dann bis zum Rentenalter nicht mehr radeln, dann können wir auch nach 50 Jahren Radabstinenz unmittelbar an unsere Bewegungserfahrungen zum Fahrradfahren anknüpfen.

Dies liegt daran, dass unser Gehirn sich die Fertigkeit des Radfahrens durch den Zusammenschluss von Millionen Neuronen zu einem sogenannten neuronalen Netz eingeprägt hat. Der Psychologe Donald Hebb entdeckte dabei schon in den 40er-Jahren, dass bei regelmäßigem Austausch von Signalen zwischen Zellen in beiden Zellen neurochemische Veränderungen stattfinden, die ihnen die Interaktion erleichtern (der sogenannte Hebb-Effekt).

Wenn wir nun 50 Jahre später erneut radfahren, fließen die Impulse wieder durch dieselben Netze – genauso wie Regenwasser gewöhnlich durch die Rinnen fließt, die sich beim letzten Regenguss in der Erde gebildet haben.

Image-Streaming ist nun wie Radfahren eine erlernte Fertigkeit. Je öfter wir beides üben, umso stärker werden die Hebbschen Verbindungen, die bestimmte wichtige Teile des Gehirns miteinander zusammenführen.

Wissenschaftler erklären die erstaunlichen Wirkungen des Image-Streaming auf unsere Testintelligenz und das Ausbalancieren unserer Lernstile durch die spezielle Kombination und Vernetzung vieler mentaler Aktivitäten, die sonst fast nie gleichzeitig stattfinden: *Sprechen, zuhören, analysieren, inneres Sehen, hören, riechen, schmecken, fühlen und die kreative Produktion neuer innerer Bilder werden typischerweise nur beim Image-Streaming miteinander verbunden.*

Bevor Sie jetzt voller Enthusiasmus aufspringen und Ihre Talente mit einer Stunde Image-Streaming täglich auf Weltklasse-Level puschen, bleiben Sie noch einen Augenblick hier.

Das Beste beim Image-Streaming habe ich Ihnen nämlich noch gar nicht vorgestellt: So sehr es sich allein schon wegen der beschriebenen Trainingseffekte lohnen würde, so liegt der noch viel größere Nutzen dieser Methode in ihrer tatsächlichen grenzenlosen Produktivität von neuen Gedanken und Ideen.

Wenn Sie die nächsten 30 Tage jeden Tag zehn Minuten lang Ihrer Frau oder Ihrem Mann Ihr Wohnzimmer beschreiben, dann werden Sie nicht nur jeden Tag innovative Ideen zur Inneneinrichtung haben, sondern mit diesem Investment von insgesamt fünf Stunden (30 x 10 Minuten = 300 Minuten) so viel Einrichtungsideen generiert haben, dass Sie damit eine zwölfteilige Aufsatzserie in „*Schöner Wohnen*“ füllen könnten.

Wenn Sie zufällig nicht gerade Innenarchitekt sind, wird Sie dieser Vorschlag vermutlich nur zum Teil begeistern.

Doch es liegt ja allein bei Ihnen, diese gigantische Ideenproduktivität auf Themen zu lenken, die Sie mit Ihrem Masterplan voranbringen:

Wie wäre es zum Beispiel mit 30 Blocks Image-Streaming zu Ihrer 5-Jahres-Vision vom stärkezentrierten Leben; fünf Blocks Image-Streaming zu jedem Talent, das Sie mit Wissen und Skills zu einer Stärke ausbauen wollen; zehn Blocks Image-Streaming zu Ihrem idealen Tagesablauf, der von morgens bis abends Ihre Lieblingsaktivitäten so geschickt kombiniert, dass Ihr jubelndes Herz vom vielen Hüpfen Muskelkater bekommt?

Also, geben Sie Gas. Übung 24 bietet Ihnen neben den Regeln für Image-Streaming zehn lohnende Einstiegsthemen.

15. Kapitel: Talent-Coach für andere werden

Je mehr Sie sich mit Ihrem Masterplan für ein stärkezentriertes Leben beschäftigen, umso schneller werden Sie feststellen, wie viel Lebensfreude, Energie und Begeisterung es freisetzt, wenn wir immer öfter „unser Leben leben“ und die Dinge tun, die wir am besten können, für die wir die meiste Anerkennung bekommen und die wir schon von Kindesbeinen an am liebsten getan haben: „Wenn es so etwas gibt wie ein Paradies auf Erden“, sagte mir ein Coaching-Teilnehmer im letzten Jahr, „dann ist es die Möglichkeit, das eigene Leben leben zu können!“

Je länger Sie stärkenorientiert leben, umso öfter werden Sie sich fragen, wie Sie früher überhaupt anders zurechtgekommen sind. Gleichzeitig wird Ihr Wunsch wachsen, dieses Konzept auch den Menschen zu empfehlen, die Ihnen nahe stehen. Der Prophet gilt zwar wenig im eigenen Land, wie jeder Volksmund weiß, aber das bezieht sich vor allem auf die Variante vom ungebetenen Rat, der selten gern gehört wird (Übung 25).

Die meisten unserer Coaching-Teilnehmer wurden schon nach wenigen Wochen von Familienangehörigen, Freunden und Arbeitskollegen auf ihren neuen Energielevel, ihre Tatkraft und ihre Entschiedenheit angesprochen. Je öfter uns solche Fragen gestellt werden, umso mehr Routine entwickeln wir und umso überzeugender werden wir darin, unsere Lebensphilosophie des Stärken-Stärkens anderen nahe zu bringen.

Wir haben in vielen Dutzend Einzelcoachings mit Unternehmern, Freiberuflern und Top-Athleten persönlich die Erfahrung gemacht, dass der wichtigste Erfolgsschlüssel in der präzisen und umfassenden Erhebung der individuellen Talente und Stärken liegt.

Letztlich ist es dabei ähnlich wie beim Kochen: Das beste Rezept und die ausgefeiltesten Kochkünste helfen wenig, wenn die Rezeptzutaten nicht richtig abgewogen und bemessen sind.

Wir haben deswegen in diesem Buch großen Wert darauf gelegt, Ihnen zur Bestimmung Ihrer Talente und Stärken an objektiven und subjektiven Testverfahren all das anzubieten, was in Buchform vermittelbar ist.

Natürlich erlauben individuelle Testverfahren, wie sie unsere Profis im Einzelcoaching einsetzen können, ein noch viel genaueres Maßnehmen. Das Scheelen-Institut und die Christiani Consulting KG arbeiten deshalb zur Zeit daran, möglichst viele dieser Testmodule auch in einer internetfähigen Version anzubieten, um Ihnen einen möglichst einfachen Zugriff zu erlauben.

Über den Fortschritt dieses Projekts können Sie sich bei Interesse unter www.talent-check.de informieren. Unser Partner youngworld in München hat auf vielfache Nachfrage hin bereits einen zweitägigen Talente-Workshop für Kinder im Angebot.

Als Vater von drei Sprösslingen im Alter von acht bis elf Jahren habe ich natürlich sofort die Gelegenheit genutzt, das Bild, das meine Frau und ich von unseren Söhnen gewonnen hatten, durch die Testbatterie von youngworld unter Anleitung einer erfahrenen Psychologin überprüfen zu lassen. Da ich mich beruflich seit vielen Jahren mit dem Konzept des Stärken-Stärkens beschäftige und meine Kinder entsprechend sorgfältig beobachtet hatte, erwartete ich – offen gesagt – keine großen Überraschungen.

Der Talente-Test von youngworld für Kinder umfasst die Talentfelder „Handwerkliches Geschick und gestalterische Fähigkeiten", „Körperkoordination und Sportlichkeit", „Musikalische Intelligenz", „Kreative Fähigkeiten und Ideenreichtum", zwei Intelligenztests sowie ein Persönlichkeitsprofil. Um eventuelle Einschätzungsunterschiede nicht im Nachhinein zu übersehen oder wegdiskutieren zu wollen, habe ich vorher für jedes Kind meine Eigeneinschätzung zu diesen Talentfeldern schriftlich niedergelegt.

Als einige Wochen nach dem Workshop die ausführliche Analyse mit 18 Seiten DIN A4 zu jedem Kind kam, waren meine Frau und ich natürlich sehr gespannt.

Um das Ergebnis vorwegzunehmen: Bis auf ein einziges Begabungsfeld – die hohe musikalische Intelligenz unseres jüngsten Sohnes, die meine Frau und ich als in diesem Bereich maximal durchschnittlich Begabte überhaupt nicht erkannt hatten – stimmten unsere Beobachtungen in allen Fällen vom Trend her.

Das große Aha-Erlebnis kam dann beim Detailstudium: youngworld gibt die Begabungsstärke im sogenannten Prozentrang an. Ein Prozentrang von 90 bedeutet beispielsweise, dass 90 Prozent aller Kinder in diesem Test schlechter oder gleich gute Ergebnisse erzielt haben wie die Versuchsperson.

Bei meiner Einschätzung der Prozentränge lag ich bei manchen Talenten meiner Söhne um zehn bis 15 Prozent daneben. Das mag auf den ersten Blick nicht allzu viel erscheinen, doch ich möchte Ihnen am Beispiel unseres ältesten Sohnes Raphael einmal aufzeigen, warum gerade dieses Feintuning so unglaublich wichtig ist.

Überraschung Nr. 1: Raphael – der als „heller Kopf“ bekannt ist – erreichte im handwerklichen Geschick 78 Prozent (wo ich maximal 65 Prozent vermutet hatte) und in den Teildisziplinen Materialbeherrschung und Fingerkoordination sogar 92 Prozent beziehungsweise 89 Prozent.

Überraschung Nr. 2: Bei den sportlichen Fähigkeiten, die ich mit 80 Prozent schon hoch eingeschätzt hatte, erreichte er 88 Prozent; seine Einzelwertungen in Balance und Körperbeherrschung sowie Kraft und Ausdauer lagen sogar bei jeweils 96 Prozent.

Überraschung Nr. 3: Die musikalische Begabung, die wir etwas unter dem Durchschnitt vermutet hatten, lag nur bei insgesamt 9 Prozent.

Überraschung Nr. 4: Die Intelligenztests lagen im Prozentrang von 90 (entspricht 120 IQ-Punkten) und waren wie erwartet überdurchschnittlich; zwischen der technischen Begabung (100 Prozent) und der sprachlichen (45 Prozent) lag jedoch eine sehr große Bandbreite.

Überraschung Nr. 5: Raphaels Kreativität – die ich im Vergleich zu seinen analytischen Fähigkeiten nicht so hoch eingeschätzt hatte – lag mit 87 Prozent deutlich über dem Durchschnitt, die Ideenflüssigkeit mit 99 Prozent sogar im Spitzenbereich (Raphaels Einverständnis, sein Beispiel zu schildern, war übrigens davon abhängig, dass ich eingestehe, ihn bis auf Musik eher unterschätzt zu haben – was ich hiermit getan habe).

Seit der PISA-Studie ist bewiesen, was viele Eltern immer schon ahnten: Unsere Kinder werden in der Schule zu wenig gefordert. Könnte es darüber hinaus auch sein, dass wir manchmal *unsere Kinder zu wenig fordern, weil wir ihnen einfach nicht genug zutrauen*?

Mein Bild von Raphael und die Art, wie und wo ich ihn fordere und fördere, ist jedenfalls deutlich anders geworden.

1. Er bekommt viel mehr Chancen, seine Feinmotorik weiterzuentwickeln (was ihm als Technik-Talent und Lego-Technik-Fan richtig gut gefällt)!
2. Im Sport, wo er säckeweise Talent hat, aber manchmal etwas lustlos ist, heißt es beim Skifahren jetzt: Im Zweifel für die schwierigere Piste (was ihn im letzten Winter sehr stolz machte, wenn er „allein mit Papa" losziehen durfte).
3. In der Musik bleibt die Einladung erhalten, sich damit zu beschäftigen (ein kleiner Mitzieheffekt besteht durch seinen jüngeren Bruder), aber jede Erwartung von elterlicher Seite haben wir zurückgenommen (was mit großer Befreiung aufgenommen wurde).
4. Seine ausgeprägte technische Begabung (100 Prozent) fördern wir noch konsequenter als früher; dafür, dass ihm im Deutschen nicht alles zufliegt (mit 45 Prozent knapp unter dem Durchschnitt) gibt es jetzt mehr Verständnis.
5. Seine außerordentliche Kreativität, die er oft durch sein sachliches Auftreten überdeckt, wird jetzt viel aufmerksamer gefördert als früher.

Mit diesem Beispiel möchte ich Folgendes veranschaulichen: Wenn wir bei der Einschätzung unserer eigenen Talente oder der unserer Kinder vom Trend her richtig, aber von der Genauigkeit des Ergebnisses her nur 10 bis 15 Prozent danebenliegen, dann bleiben einige Superchancen bereits ungenutzt.

Die Erkenntis-Ausbeute für meine Frau und mich war bei unseren Söhnen Darius und Constantin ähnlich hoch wie bei Raphael. Ich empfehle Ihnen deshalb aus tiefster Überzeugung: Wenn Sie Kinder haben, dann nehmen Sie bei deren Talenten genau Maß: Ihre Kinder werden es Ihnen ein Leben lang danken. Und wenn Sie bei sich selbst noch nicht ganz sicher sind, dann nehmen Sie auch bei sich genauer Maß: Sie werden es sich ein Leben lang danken.

Und nun auf zu einem stärkezentrierten Leben. Es ist unser Leben und unsere Karriere. Wir haben entschieden, wie sie begonnen hat, und wir entscheiden uns jeden Tag, in welche Richtung sie weitergeht. Wir wünschen Ihnen dabei beruflich und privat den Erfolg und das Glück, das Sie sich erhoffen!

Ihr

Alexander Christiani

Frank M. Scheelen

Anhang

Übungen und Arbeitsblätter zum Masterplan „Stärken stärken“

Übung 1: Liste meiner Lieblingsaktivitäten aus der Kindheit. Mein Herz hat gelacht und meine Seele jubiliert, wenn ich als Kind ... tun konnte:

Übung 2: Liste meiner Lieblingsaktivitäten und Flow-Erlebnisse aus dem Erwachsenenalter: Meine Augen leuchten, wenn ich ... tun kann:

Übung 3: Talentmuster und Strukturen

- Welche Gemeinsamkeiten haben meine Lieblingsaktivitäten (oder was haben zumindest einige von ihnen gemeinsam)?
- Welche inhaltlich übergreifenden Kontexte gibt es, die mich inspirieren (zum Beispiel Wettbewerb, gewinnen, helfen können ...)?

Übung 4: Die Optimierung meiner Talente durch meine Testergebnisse bei den Grundintelligenzen:

Übung 5: Meine Hauptmotivation gemäß der Motivatorenanalyse:

	schwach 1	2	mittel 3	4	stark 5
1. Selbst in Aktion sein					
2. Anderen zuschauen können					
3. Vergangene Erlebnisse					
4. Zukunftsperspektive					
5. Identifikation mit dem Sinn der Aufgabe					
6. Wohlgefühl während des Ereignisses					
7. Wettkampf- oder Rekordorientierung					
8. Allein arbeiten können					
9. Companionship					
10. Äußere Faktoren					
11. Anerkennung					
12. Sachfeedback					
13. Herausforderung					
14. Gute Vorbereitung					
15.					
16.					

Übung 6: Die 34 Talentfelder der Gallup-Organisation; Liste meiner Selbsteinschätzung: Welche Talentfelder erkenne ich bei mir wieder?

Übung 7: Die INSIGHTS-Werteanalyse:

Übung 8: Die INSIGHTS-Analyse zu den Verhaltenspräferenzen:

Übung 9: Die INSIGHTS-Analyse zu unseren Verhaltensstärken und Kompetenzen:

Übung 10: Talentschwerpunkte, die ich beruflich beziehungsweise lieber privat nutzen möchte:

1. Meine stärksten beruflichen Talente und Kompetenzen:
2. Lieblingsaktivitäten, die ich privat nutzen kann und will, um neue Begeisterung in mein Leben zu bringen:
3. Kombinationsideen aus beiden Talentbereichen:

Übung 11: Die Entwicklung meiner Lebensvision:

Für welche Aufgaben bin ich mit meinen einzigartigen Talenten in besonderer Weise geeignet?

- Welches Vermächtnis möchte ich der Welt hinterlassen?
- Angenommen, es gäbe ein Buch des Lebens, in dem nach unserem Tod ein biografischer Kurzeintrag über unser Leben erscheint: Was sollte dort über mich stehen, das heißt, womit möchte ich den Menschen in Erinnerung bleiben?

Übung 12: Konkretisierung meiner Lebensmission zur beruflichen Lebensaufgabe:

- In welchem Business sollte ein Mensch mit meinen Talenten und Werten tätig sein?
- Was kann ich für welche Kunden deutlich besser als andere?
- Welchen Effekt könnte die lebenslange Entfaltung meiner Talente auf das Leben und die Arbeit anderer Menschen haben?

Übung 13: Die ideale Marktpassung finden:

- Welches Entwicklungspotenzial besteht in den von mir ins Auge gefassten Branchen mittelfristig beziehungsweise langfristig?
- In welchen Wachstumsbranchen werden meine Talente in welcher Form gebracht?

Übung 14: Überlegungen zur Positionierung als Experte:

- Wo kann ich mit meinen Talenten und Stärken sichtbar (mindestens +30 Prozent) mehr Nutzen bieten als andere?
- Welches Wissen und welche Skills muss ich noch erwerben, um meine Talente zu Stärken auf Expertenlevel wachsen zu lassen?
- Kann ich durch die Spezialisierung auf Problemlösungen für bestimmte Zielgruppen einen sichtbaren Mehrnutzen bieten?
- Wie kann ich meinen Zusatznutzen so bildhaft kommunizieren, dass ich mich als Marke in den Köpfen meiner Kunden etabliere (Beispiel vom „Pokemon-Kinderarzt")?
- Wie sieht mein Business in fünf Jahren idealerweise aus, wenn ich bis dahin zum unangefochtenen Marktführer aufgestiegen bin?

Übung 15: Design eines talentezentrierten Lebensstils für mein Privatleben.

Fragen zur Stärkenzentrierung:

1. Wovon könnten Sie mehr in Ihrem Leben haben, um Ihre Talente und Stärken auszuleben?
2. Wovon sollten Sie weniger haben, weil es Sie am Ausleben dessen hindert, was Sie lieben?

3. Was in Ihrem Leben sollten Sie neu starten?

4. Was in Ihrem Leben sollten Sie komplett stoppen?

Frühwarnsignale für ein Enthusiasmusdefizit:

1. Haben Sie öfter das unterschwellige Gefühl, dass Ihrem Leben etwas fehlt?

2. Haben Sie das Gefühl, dass Sie irgendwo nicht im Einklang sind mit sich selbst oder irgendetwas in Ihrem Leben falsch läuft?

3. Gibt es Menschen in Ihrem Leben, die dazu beitragen, dass Sie oft unglücklich sind?

4. Haben Sie einen starken Drang nach Veränderung?

5. Fühlen Sie sich morgens öfter leer als energiegeladen?

6. Würden Sie Menschen, Aufgaben, Telefonaten, Briefen und Routinen lieber aus dem Weg gehen?

7. Gibt es nichts, was Sie entweder motivieren oder demotivieren könnte (weil Sie sich ohnehin von allem weit genug zurückgezogen haben)?

8. Haben Sie keine großen, leidenschaftlichen Wünsche mehr oder wissen Sie nicht mehr genau, wie diese Wünsche aussehen?

Übung 16: Die Lebensstilvision: Mein Leben in fünf Jahren.

Angenommen, Sie wären in fünf Jahren soweit, Ihr Leben komplett an Ihren Stärken auszurichten:

➤ Wie sieht dann ein Bilderbuchjahr in Ihrem starken Leben aus?

➤ Wie sieht eine Bilderbuchwoche in Ihrem starken Leben aus?

- Und wie sieht ein Bilderbuchtag aus, den Sie ausschließlich Ihren Stärken widmen?

Übung 17: Der 100er-Rahmen für meine Zeitkategorien:

Zeitspanne
10 x 10er-Blocks
Von … bis …

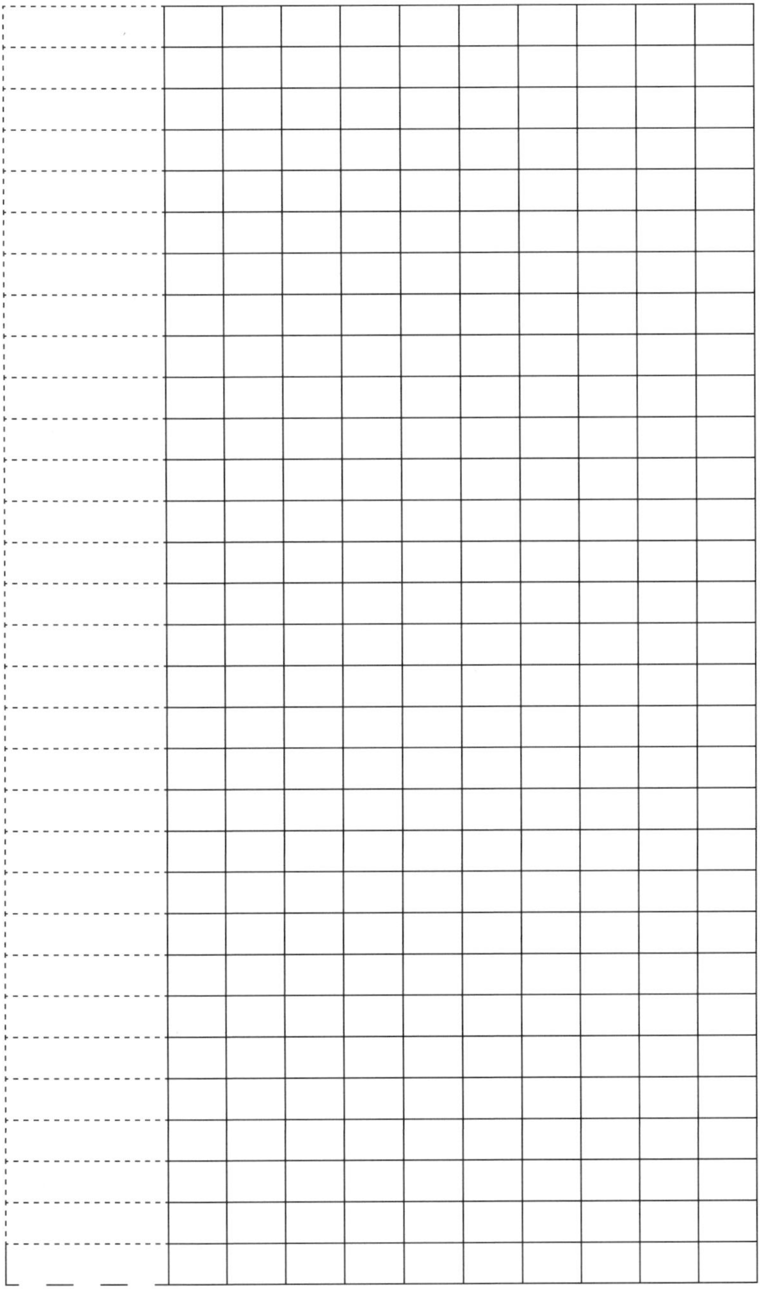

100er-Rahmen

Übung 18: Routinen entwickeln:

- Gibt es für diese Abfolge von Aktivitäten eine bessere Reihenfolge?
- Was sollte ich ergänzen?
- Was sollte ich weglassen?
- Welche Aktivitäten könnte ich bündeln?

Übung 19: Rituale entwickeln:

- Welche Routinen möchte ich zu Ritualen ausbauen, um meinem Leben neue Highlights zu geben und meine Verhaltensgewohnheiten weiter zu festigen?

Übung 20: Raumkategorien:

- Welchen Tätigkeiten will ich – vor allem in der Gewohnheitsbildungsphase – neben einer festen Zeit auch einen festen Raum geben?
- Wo werden neue Gewohnheiten von mir durch neue räumliche Umgebungen (zum Beispiel im Urlaub oder auf Reisen) bedroht?
- Welche sonstigen Raumanker (Garderobe, Schmuck etc.) funktionieren bei mir besonders gut?
- Wo in meinem Zuhause gibt es „schmutzige Plätze" (= Orte, an denen ich emotional völlig unterschiedliche Dinge tue, die ich besser entzerren sollte, zum Beispiel das Lesen im Bett, wenn ich anschließend nicht einschlafen kann)?

Übung 21: Wertestrukturen und Archetypen:

- Welche Werte und Tugenden unterstützen mich ideal in meinem Masterplan?

- Welche Archetypen unserer Kultur (zum Beispiel Helden, Krieger, Magier, Weise usw.) verkörpern diese Werte am besten?

Übung 22: Zwanghaftes Aufschreiben:

- Welche Utensilien (zum Beispiel Leinenkladden à la Leonardo da Vinci) und welche Gewohnheiten brauche ich, um zu einem genieähnlich disziplinierten Aufschreiber zu werden?

Übung 23: Geborgtes Genie:

- Mit welchen Themen will ich die Übung „geborgtes Genie" ausprobieren, um mir ein Bild von meiner Leistungsfähigkeit machen zu können?

Übung 24: Image-Streaming:

- Übungsbeschreibung:

  1. Die Augen schließen und mindestens zehn Minuten lang die inneren Bilder beschreiben, die wir sehen. Die Beschreibung erfolgt – **dies ist die Voraussetzung dafür, dass die Übung funktioniert** – laut nach außen, entweder an einen externen Beobachter oder durch Diktat auf einen mitlaufenden Kassettenrekorder.

     Anmerkung: Die Vermutung vieler Teilnehmer, Image-Streaming mit einer Analyse der inneren Bilder im inneren Dialog würde auch funktionieren, ist schlichtweg falsch: In dieser Variante fehlt nämlich das Feedback, auf dem der Erfolg der ganzen Übung aufbaut.

  2. Die drei Hauptgebote heißen deswegen:

     Die Bilder laut beschreiben,
     alle Sinne einsetzen und
     in der Zeitform der Gegenwart berichten.

- Entscheiden Sie sich, welchen 10-Minuten-Aktivitätsblock von Ihrem 100er-Rahmen Sie jeden Tag für Image-Streaming reservieren.
- Hier zehn Themen, die für Image-Streaming sehr lohnend sind:

  1. Mein Bilderbuchjahr eines starken Lebens in fünf Jahren.
  2. Meine Bilderbuchwoche in fünf Jahren.
  3. Mein Bilderbuchtag in fünf Jahren.
  4. Mein Unternehmen in fünf Jahren, nachdem wir bis dahin zum Marktführer geworden sind.
  5. Wie ich im Leben sein möchte.
  6. Was ich im Leben tun möchte.
  7. Was ich im Leben haben möchte.
  8. Marketing-Konzept für mein Unternehmen.
  9. Idealzustand des nächsten Ziels, an dem ich arbeite.
  10. Idealzustand der Problemlösung, an der ich gerade arbeite.

Übung 25: Talentpräzisierung:

Für welche mir nahe stehenden Menschen wäre eine präzisere Erhebung ihrer Talente und Begabungen sinnvoll (zum Beispiel bei mir selbst, meinem Lebenspartner, meinen Kindern, Freunden, wichtigen Arbeitskollegen)?

Literaturverzeichnis

Araoz, Claudio Fernandez: *Great People Decisions*. New Jersey 2007)

Bartel, Andreas: *Im Rausch der Gefühle*. Focus Nr. 27 2002

Belbin, R. Meredith: *Managementteams, Erfolg und Misserfolg*. Worrstadt 1996

Buckingham, Marcus; Coffman Curt: *First break all the Rules*. New York 1999

Buckingham, Marcus; Coffman Curt: *Discover your Strenghts*. New York 2001

Buzan,Tony;Keene, Raymond: *Buzan's Book of Genies and how to unleash your own*. London 1994

Chang: *The Passion Plan*. San Francisco 2000

Christiani, Alexander: *Weck den Sieger in dir – In 7 Schritten zu dauerhafter Selbstmotivation*. Wiesbaden 1997/2000

Christiani, Alexander: *Magnet Marketing – Erfolgsregeln für die Märkte der Zukunft*. Frankfurt am Main 2002

Eysenck, Hans-J.: *Die Ungleichheit der Menschen – Ist Intelligenz erlernbar?* München 1975

Gardner, Howard: *Abschied vom IQ – die Rahmen-Theorie der vielfachen Intelligenz*. Stuttgart 1991

Gardner, Howard: *Intelligenzen – Die Vielfalt des menschlichen Geistes*. Stuttgart 2002

Gelb, Michael J.: *Das Leonardo-Prinzip*. Köln 1998

Hill, Napoleon: *Denke nach und werde reich.* Genf 1966

Jung, Carl Gustav: *Gesammelte Werke in 20 Bänden,Band 6 – Psychologische Typen.* Düsseldorf 1995

MacLean, Paul D.: *The Tribune Brain in Evolution.* New York Plenum Books 1990

Moore, Robert; Gillette, Douglas: *King, Warrior, Magician, Lover.* New York 1990

Pöppel, Ernst: *Der Rahmen. Ein Blick des Gehirns auf unser Ich.* München, Wien 2006

Pöppel, Ernst: *Zum Entscheiden geboren: Gehirnforschung für Manager.* München, Wien 2008

Scheelen, Frank M.: *Menschenkenntnis auf einen Blick.* München 2002

Scheelen, Frank M.: *So gewinnen Sie jeden Kunden.* Landsberg 1999

Scheelen, Frank M.: *Personal Leadership.* Landsberg 2000

Schwanitz, Dietrich: *Bildung – Alles, was man wissen muss.* München 2002

Schwarzenegger, Arnold: *Die Karriere eines Bodybuilders.* Gossau 1979

Spranger, Eduard: *Lebensformen, Psychologie und Ethik der Persönlichkeit.* Tübingen 1966

Stumpf, Monika: *Wann ist Führung erfolgreich.* KommEnt Nr.6 12/01

Talbot, Michael: *Das holographische Universum.* München 1992

Traufetter, Gerald: *Stimmen aus dem Nichts.* Der Spiegel 15/2006)

Wenger Win; Poe, Richard: *Der Einsteinfaktor.* Freiburg 1997

Über die Autoren

Alexander Christiani – Wirtschaftsjurist und Vertriebsprofi mit über 20-jähriger Erfahrung als Trainer, Consultant und Coach – zählt heute zu den gefragtesten Beratern führender Spitzenleister aus Wirtschaft, Wissenschaft und Sport. Der Autor mehrerer Bestseller aus dem Bereich Marketing und Persönlichkeitsentwicklung ist Experte für die Gestaltung von Kaufprozessen, um Kunden zum Kauf, zum Wiederkommen und zum Weiterempfehlen einzuladen - und dies auf den Systemebenen Individuum, Unternehmen und Markt.

Alexander Christiani verbindet auf ungewöhnliche Weise die Erkenntnisse aus den unterschiedlichsten Wirtschafts- und Wissenschaftsbereichen zu einem einzigartigen und in sich stimmigen Konzept. Er arbeitet mit Führungskräften in ganz Europa und trainiert alle Inhalte in deutscher und englischer Sprache.

Durch seine hervorragenden USA-Kontakte überträgt und vermittelt er Management- und Marketing-Methoden, die sich in Amerika in der Praxis bewährt haben, auf unsere Verhältnisse. Mehr als einen Monat investiert er jährlich darin, sich mit internationalen Top-Referenten und Spezialisten auszutauschen und sorgt auf diese Weise für ständige Innovation im Denken und Handeln.

Lehren und Lernen als lebendiger Austausch war von Anfang an das Motto von Alexander Christianis Karriere. So auch heute: Existenzgründer können von den Erfahrungen eines „alten Hasen“ lernen, „gestandene Unternehmer“ profitieren von dem Innovationsgeist und den vielfältigen neuen Management-Ansätzen, die Alexander Christiani in seinen Seminaren und Vorträgen vermittelt.

Seinen akademischen Hintergrund erwarb der Wirtschafts-Coach durch das Studium der Wirtschafts- und Rechtswissenschaften in Deutschland sowie der Psychologie in den USA. Nach dem 2. Staatsexamen stieg der Jurist bei einer der renommiertesten Fachkanzleien für Wirtschaftsrecht in Köln ein. Doch statt einer Teilhaberschaft folgte er schon bald seiner Berufung, ging in die USA und intensivierte seine Weiterbildung als Trainer. Nach seiner Rückkehr übersetzte er die neuesten Erkenntnisse der Kognitionswissenschaften auf europäische Verhältnisse und entwickelte eine Motivations-Strategie, die heute auch von vielen seiner Kollegen gelehrt wird. Er ist Mitglied in zahlreichen anerkannten Qualitätsgemeinschaften, wie beispielsweise beim Q-Pool 100, im Club 55 und der Who-Is-Who Historical Society sowie „Trainer des Jahres 2001" in Österreich und Träger zahlreicher Auszeichnungen aus dem In- und Ausland.

Alexander Christiani ist Berater, Coach und Trainer aus Leidenschaft. Das ist für jeden zu spüren, der ihm begegnet. Begeisterung, die aus dem Herzen kommt, ist ansteckend: Seit über 20 Jahren inspiriert er die Menschen, die mit ihm arbeiten. Sein eigener und der Erfolg seiner Kunden beweist, dass berufliche Spitzenleistung untrennbar verbunden ist mit persönlichem Wachstum, Balance aller Lebensbereiche, Flexibilität und Offenheit.

Christiani Consulting KG
Aduchtstr. 7
D-50668 Köln
info@christiani-consulting.com
www.christiani-consulting.com
deutschlandweit kostenlose Rufnummer 0800–2247478
(0800-AChristiani)

Frank M. Scheelen, der Experte für Zukunftsbusiness und Beziehungsmanagement, ist erfolgreicher Unternehmer, bekannter Bestseller-Autor und visionärer Speaker. „Megatrend Mensch® Wachstum durch Kompetenz" ist das Leitbild seiner ganzheitlichen Unternehmensberatung, der es um die Entwicklung aller menschlichen Potenziale und Kompetenzen geht. Zahlreiche renommierte Unternehmen europaweit vertrauen seinem Know-how und seinen Strategien zur langfristigen Erfolgssteigerung.

Mit seiner Expertise und seiner langjährigen Erfahrung im strategischen HR- und Change Management ist Frank M. Scheelen als „Certified Human Resource Professional" ausgezeichnet. Er ist exklusiver Lizenzträger sowie Master-Ausbilder für INSIGHTS MDI® und ASSESS in Zentraleuropa, außerdem Präsident des Q-Pool 100, der Offiziellen Qualitätsgemeinschaft Internationaler Wirtschaftstrainer und -berater. Mit seinen langjährigen Kontakten auf dem us-amerikanischen Markt ist Frank M. Scheelen mit der Herausgeberschaft der deutschsprachigen Ausgabe des bekannten Magazins „Executive Excellence" betraut. Er ist Mitglied im „Club 55", der Gemeinschaft europäischer Marketing- und Verkaufsexperten, sowie Lehrbeauftragter der University of Applied Science, München. www.frank-scheelen.de; www.scheelen-institut.de

Seine Themen:

- Megatrend Mensch®: Wachstum mit Kompetenz
- Zukunftsbusiness: Success is human!
- Change Management: Trends und neue Wege für Unternehmen.

- Management mit Kompetenz: Der Weg zum erfolgreichen Unternehmen
- Beziehungs-Kompetenz: Mitarbeiter und Kunden begeistern

Sprachen: Englisch, Deutsch

SCHEELEN® AG: „Wir fördern menschliches und unternehmerisches Wachstum" – unter diesem Slogan versteht sich die SCHEELEN® AG als Ihr Businesspartner mit umfassendem beraterischem Ansatz. Wir realisieren für unsere Kunden individuelle Beratungs, Trainings- und Coachingprogramme zur Förderung von Kompetenzen und zur Entwicklung von Potenzialen für Einzelne, Teams und Organisationen. Eine Basis dafür sind die von uns exklusiv vertriebenen Diagnostiktools INSIGHTS MDI® und ASSESS sowie die Entwicklung individueller Kompetenzmodelle.

Unsere Fachgebiete:

- Unternehmensberatung
- Personaldiagnostik
- Training & Coaching
- Vorträge & Speaking
- Bildungsverlag

Klettgaustraße 21
D-79761 Waldshut-Tiengen,
Tel +49 (0) 77 41/ 96 94-0
Fax +49 (0) 77 41/ 96 94 20
www.scheelen-institut.de
info@scheelen-institut.de

Stichwortverzeichnis

I

J

K

L

M

N

O

P

R